动物科学职教师资本科专业培养资源开发项目（VTNE060）特色教材

现代养殖技术技能实训

唐晓玲◎主编

中国农业科学技术出版社

图书在版编目(CIP)数据

现代养殖技术技能实训 / 唐晓玲主编. --北京：中国农业科学技术出版社，2021.11

ISBN 978-7-5116-5431-1

Ⅰ.①现… Ⅱ.①唐… Ⅲ.①养殖-农业技术-中等专业学校-教材 Ⅳ.①S8

中国版本图书馆 CIP 数据核字(2021)第 145682 号

责任编辑 金 迪 张诗瑶
责任校对 贾海霞
责任印制 姜义伟 王思文

出 版 者 中国农业科学技术出版社
北京市中关村南大街 12 号 邮编：100081
电 话 (010) 82106625 (编辑室) (010) 82109702 (发行部)
(010) 82109709 (读者服务部)
传 真 (010) 82109698
网 址 http://www.castp.cn
经 销 者 各地新华书店
印 刷 者 中煤(北京)印务有限公司
开 本 185 mm×260 mm 1/16
印 张 18
字 数 438 千字
版 次 2021 年 11 月第 1 版 2021 年 11 月第 1 次印刷
定 价 85.00 元

《动物科学职教师资本科专业培养资源开发项目（VTNE060）特色教材》

编委会

《现代养殖技术技能实训》
编者名单

主　编　唐晓玲　（湖南环境生物职业技术学院）

副主编　彭慧珍　（中国农业科学院农业环境与可持续发展研究所）

何　俊　（湖南农业大学动物科学技术学院）

韩大勇　（江苏农牧科技职业学院）

编　者（按姓氏笔画排序）

马玉勇　（湖南省衡阳市农业科学院）

文贵辉　（湖南环境生物职业技术学院）

邓近平　（湖南正虹科技股份有限公司）

包铁柱　（内蒙古科左中旗民族中等专业学校）

李　明　（内蒙古扎兰屯农牧学校）

李春娥　（湖南省永州市第六中学）

邹振兴　（湖南环境生物职业技术学院）

张　玉　（内蒙古农业大学动物科学技术学院）

张佩华　（湖南农业大学动物科学技术学院）

钟金凤　（湖南环境生物职业技术学院）

谢铁牛　（湖南省安化职业中等专业学校）

审　稿　刘俊栋　（江苏农牧科技职业学院）

前言

为贯彻落实《国务院关于大力发展职业教育的决定》关于实施“职业院校教师素质提高计划”的精神，切实提高中等职业学校教师队伍的整体素质，教育部、财政部制订了《关于实施中等职业学校教师素质提高计划的意见》（教职成〔2006〕13号）。“十二五”期间，中央财政安排了专项资金，支持全国重点建设职教师资培养培训基地等有关机构，开展职教师资专业本科专业培养标准、培养方案、核心课程和特色教材开发项目建设，开发80个重点专业的本科专业培养标准、培养方案、核心课程和特色教材，促进职教师资培养工作的科学化、规范化，提升职教师资基地的培养能力，完善职教师资培养体系，提高中等职业学校教师队伍的整体素质。湖南农业大学主持了“动物科学教育专业职教师资专业本科专业培养标准、培养方案、核心课程和特色教材开发”项目，通过大量的调查研究发现，现代养殖技术技能实训是中等职业教育养殖类专业教师必须掌握的核心技能之一，但中等职业教育养殖类专业教师缺乏现代养殖技术技能的现象普遍存在，急需在师资培养培训工作中得到解决。据此编者根据教育部有关文件精神和要求，组织全国7所相关院校经验丰富的教师以及行业一线技术人员编写了这部中等职业教育动物科学教育专业教师培养核心教材《现代养殖技术技能实训》。

中等职业教育专业教师是中等职业教育完成“培养面向生产、建设、服务和管理第一线需要的技能型人才”任务的关键，掌握的知识技能要根据生产实际不断更新。因此，中等职业教育师资培养使用的教材既不能是普通的本科专业教材，又不能是普通的技术培训教材，而是要以职业教育教师的职业教育属性构建教材内容体系，做到理论知识新但以“必需、够用”为度，突出“实践性、应用性和职业性”，加强实践教学，强调职业教育教师专业技能的培养。所以，过分强调技术的高、新、尖，过分强调理论知识的系统性或过于简单的技术培训教材都不能满足中等职业教育教师培养的需要。动物科学教育专业由于其自身培养目标的特殊性，在教学过程中要特别注重学生职业技能的训练，注重职业岗位能力、自主学习能力、解决问题能力、社会能力和创新能力的培养。目前，许多高校正大力推行工学结合，突出实践能力培养，改革人才培养模式，动物科学教育专业的教学模式也在发生改变，传统学科体系的教学模式正逐步转变为行动体系的职业教学模式。基于此，编者在编写《现代养殖技术技能实训》教材时，在编写思路上考虑学生胜任职业所需的知识和技能，直接反映职业岗位或职业角色对从业者的能力要求，依据职业活动体系的规律，采取以工作过程为中心的行动体系，以项目为载体，以工作任务为驱动，以学生为主体，适应“理实一体、教学做合一”的项目化教学模式需要，将全书分为养猪技术技能实训、养牛技术技能实训、养羊技术技能实训、养禽技术技能实训和动物防疫技术技能实训五个模块，共 35 个项目，每个项目由项目任务目标、项目任务描述、项目任务要求、项目训练材料、项目相关知识、项目实施（职业能力训练）、项目过程检查、项目考核评价、项目训练报告等相关内容组成。其中项目任务目标主要描述通过项目实施要求学生达到的知识目标和技能目标；项目任务描述主要描述项目实施要完成的工作任务和任务主要内容；项目任务要求主要描述完成项目任务对学生的知识技能、训练安全和职业行为等要求；项目实施（职业能力训练）主要描述项目实施的路径与步骤以及操作要点与要求；项目相关知识主要阐述与项目相关的知识点，让学生的知识面和操作能力得到拓展；项目过程检查主要描述加强学生实训的过程管理内容；项目考核评价主要描述对学生的学习进行评价打分的标准，作为评价学生是否合格的依据；项目训练报告主要提供与学习内容相关的工作任务，让学生进行分析与操作，使学生的学习内容得到巩固。

本书由唐晓玲任主编。具体分工：邓近平、文贵辉、钟金凤编写模块一，张佩华、韩大勇、包铁柱编写模块二，彭慧珍、张玉、谢铁牛编写模块三，何俊、马玉勇、李春娥编写模块四，唐晓玲、邹振兴、李明编写模块五。全书由主编拟定编写大纲，提出编写要求，并进行最后统稿。江苏农牧科技职业学院二级教授刘俊栋博士对全书进行了审定，提出了许多宝贵的意见。在教材的编写过程中，还得到了教育部、湖南农业大学、湖南环境生物职业技术学院各级领导和专家的大力支持与帮助，在此一并表示衷心的感谢。

在本书编写过程中，参考了大量的文献资料，在此谨向有关作者表示衷心的感谢。由于编者水平有限，难免会出现不妥之处，敬请各位专家、同行和广大读者批评指正。恳请各位同行和广大读者在使用本书的同时能向编者提出宝贵意见，以便再版时进一步完善。

编　者

2020 年 12 月于雁城

目　录

模块一

养猪技术技能实训

项目一　猪的品种识别、外貌鉴定及体尺测量

通过本项目的实训，掌握不同品种猪的识别要点、外貌特征的鉴定要素和体尺测量的方法。

一、项目任务目标

（1）通过观看幻灯片、视频、微课等，使学生学会辨认几种常见的猪品种及类型，并能复述其外貌特征和生产性能。

（2）通过活体进行外貌特征、体尺测量等手段能够识别所属品种及类型。

二、项目任务描述

1. 工作任务

（1）掌握地方猪种的类型及特点。

（2）熟悉优良地方猪种。

（3）了解我国培育的猪种。

（4）重点掌握引进猪种的外貌特征及生产性能。

2. 主要工作内容

（1）掌握猪体尺测量项目的概念及测量方法。

（2）掌握不同品种及类型外貌特点。

（3）对比不同品种及类型外貌特征的区别。

（4）完成猪的品种及类别的鉴别。

三、项目任务要求

1. 知识技能要求

（1）掌握不同品种及类型的外貌特征理论知识要点。

（2）地方品种作为拓展知识进行学习，了解其基本知识即可。

（3）认真利用不同品种及类型的外貌特征理论知识要点对活体及图片进行鉴别。

（4）在对活体进行品种及类型鉴别时，要正确利用体尺测量工具，体尺测量工具用后要及时保管。

（5）要做好对活体鉴别后的饲养和管理工作。

（6）本学习情境结束时需上交品种及类型鉴别的结果。

（7）本次品种及类型鉴别的结果作为本次作业的任务。

2. 实习安全要求

在对活体进行品种及类型鉴别时，尤其在对活体进行体尺测量时要正确使用测量工具，注意人、猪安全，防止猪只伤人。

3. 职业行为要求

（1）对活体鉴别场所要符合要求。

（2）测量工具要准备充足。

（3）着装整齐。

（4）遵守课堂纪律。

（5）具有团结合作精神。

四、项目训练材料

1. 器材

猪品种图片、相关课件、多媒体设备、记录本、报告单、测杖、卷尺、皮尺、直尺、计算器。

2. 动物

6 月龄后备种猪。

3. 其他

工作服、工作帽、口罩、眼镜、胶皮手套、围裙、胶靴、毛巾、肥皂、脸盆。

五、项目实施（职业能力训练）

（一）猪的品种识别及外貌鉴定

工作程序	操作要求
职业素养	正确着装，穿好工作服、胶靴、戴工作帽、眼镜、围裙、胶皮手套，做好工作前准备。
猪的经济类型	1. 瘦肉型 这类猪能够有效地利用饲料中蛋白质和氨基酸产生大量的瘦肉，瘦肉量一般占胴体的 56% 以上。猪的体型特点是腿臀发达，肌肉丰满，背腰平直或稍弓。背膘厚度 1.5～3.5cm。猪的中躯呈长方形，有的体长大于胸围 15cm 以上。这类猪的体质结实。 2. 脂肪型 脂肪型猪能够产生大量的脂肪，胴体瘦肉率 45% 以下。这类猪的体型特点是短、宽、圆、矮、肥。猪的中躯呈正方形，体长与胸围基本相等，且两者的差不超过 2cm。背膘厚在 4cm 以上，体质细致。 3. 兼用型 兼用型又分为肉脂兼用和脂肉兼用型，胴体中瘦肉和脂肪的比例基本一致，胴体瘦肉率 45%～55%。体型特点介于脂肪型和瘦肉型两者之间。

工作程序	操作要求
地方品种	我国有着丰富的猪品种资源，根据《中国猪品种志》统计，我国有地方品种68个，培育品种12个，从国外引入并经我国长期驯化的品种6个，共计86个，居世界之首。 1. 地方猪种的类型及特点 依据猪种起源、体形特点和生产性能及自然分布，将我国地方猪种划分为华北型、华南型、江海型、西南型、华中型、高原型六大类型。 （1）华北型。主要分布于淮河、秦岭以北地区。全身被毛多为黑色，嘴筒较长，头平直，耳大下垂，额部有纵行皱褶，体质强壮，皮肤厚。乳头8对左右，每窝产仔数一般在12头以上，母性强，泌乳性能好，耐粗饲，消化能力强。该类型猪的优点是繁殖力高，抗逆力强；缺点是生长速度慢，后腿欠丰满。代表猪种有民猪、八眉猪、黄淮海黑猪、汉江黑猪和沂蒙黑猪等。 （2）华南型。主要分布于我国的南部和西南部边缘地区。毛色多为黑白花，在头、臀部多为黑色，腹部多为肉色，背腰宽，但多凹，腹大下垂，腿臀丰满。头较小，面部微凹，耳小直立。额部多有横行皱褶，被毛多为黑色或黑白花。皮肤比较薄，毛稀。繁殖力较差，有乳头5~6对，每窝产仔6~10头。该类型猪的优点是早期生长快，骨细，屠宰率高；缺点是抗逆性差，脂肪多。代表猪种有两广小花猪、香猪、滇南小耳猪、海南猪等。 （3）江海型。主要分布于汉水和长江中下游沿岸以及东南沿海地区。江海型猪毛黑色或有少量白斑，头中等大小，耳大下垂，背腰稍宽、平直或微凹。腹大，骨骼粗壮，皮厚、松软且多皱褶。乳头在8对以上，每窝产仔13头以上，高者达15头以上。该类型猪的最大优点是繁殖力极强；缺点是皮厚，体质不强。代表猪种有太湖猪、虹桥猪、姜曲海猪等。 （4）西南型。主要分布于四川盆地和云贵高原以及湘、鄂的西部。西南型猪头较大，颈粗短，额部多有横行皱纹且有旋毛。背腰宽而凹，毛色全黑或黑白花。乳头6~7对，每窝产仔数一般为8~10头。该类型猪屠宰率和繁殖力略低。代表猪种有荣昌猪、内江猪等。 （5）华中型。主要分布于长江和珠江流域的广大地区。毛色以黑白花为主，头尾多为黑色，体躯中部有大小不等的黑斑，个别有全黑者，背腰宽且凹，腹大下垂，皮薄毛稀，头不大，额部有横行皱褶，耳中等大小，下垂。乳头6~7对，每窝产仔10~13头。该类型猪的优点是骨骼较细，早熟易肥，肉质优良；缺点是体质疏松，体质较弱。代表猪种有宁乡猪、浙江金华猪、华中两头乌猪等。

工作程序	操作要求
地方品种	（6）高原型。主要分布于青藏高原。被毛多为全黑色，少数为黑白花和红毛。体躯较小，结实紧凑，四肢发达，蹄坚实而小，嘴尖长而直，绒毛浓密，善于奔走，行动敏捷。乳头多为5对，每窝产仔5~6头。该类型猪的优点是抗逆性极好，放牧能力强；缺点是生长速度慢，繁殖力低。代表猪种主要是藏猪。 2. 优良地方猪种 （1）民猪。①产地与分布。原产于东北和华北部分地区。现分布于东北三省、华北及内蒙古地区。②体型外貌。按体型大小及外貌特点可分为大、中、小三种类型，目前民猪多属于中型猪，头中等大，嘴鼻直长，额部有纵行皱纹，耳大下垂，体躯扁平，背腰狭窄稍凹，后躯斜窄，腹大下垂，四肢粗壮；被毛为黑色，冬季密生棕红色绒毛。乳头7~8对。③生产性能。民猪性成熟早，母猪4月龄左右时出现初情期，母猪发情症状明显，配种受胎率高；护仔性极强。初产母猪产仔数11头左右，经产母猪13头左右。民猪有较好的耐粗饲性和抗寒能力，在较好的饲养条件下，8月龄体重可达90kg，屠宰率为72%左右，瘦肉率为46%左右。 （2）香猪。①产地与分布。香猪是我国小体型地方猪种。中心产区在贵州省从江县、三江县与广西壮族自治区环江县等。主要分布在贵州省和广西壮族自治区接壤的榕江县、荔波县等。②体型外貌。体躯短而矮小，被毛多为黑色，有“六白”或“六白”不全的特征。头较直，耳较小呈荷叶状，稍下垂或两侧平伸，身躯短，背腰宽而微凹，腹大下垂，后躯较丰满，四肢矮细，乳头5~6对。③生产性能。成年公猪平均体重37.4kg，母猪平均体重40.0kg。母猪平均产仔数为4~6头。香猪体型小，经济早熟，瘦肉率较高，肉质细嫩鲜美，可加工成烤猪或腊肉。香猪是我国向微型猪方向发展的猪种与宝贵基因库。 （3）太湖猪。①产地与分布。主要分布于长江中下游的江苏省、浙江省和上海市交界的太湖流域的广大地区。②体型外貌。头大额宽，额部皱纹多而深，耳特大而下垂，形似大蒲扇。全身被毛黑色或青灰色，毛稀疏，腹部皮肤呈紫红色。乳头为8~9对。③生产性能。太湖猪以繁殖力高著称于世，经产母猪每头产仔15头左右，泌乳力高，母性好。成熟早，肉质好，性情温顺，易于管理。7~8月龄体重可达75kg，屠宰率65%~70%，瘦肉率40%~45%。 （4）荣昌猪。①产地与分布。主要产于四川省荣昌、隆昌两县。②体型外貌。荣昌猪体型较大，被毛除两眼周围或头部有大小不等的黑斑外，均为白色。头大小适中，面微凹，耳中等大，下垂，额面皱纹横行，有旋毛。体躯较长，发育匀称，背腰微凹，腹大而深，臀部稍倾斜，四肢细致结实。乳头6~7对。③生产性能。荣昌猪日增重313g左右，以7~8月龄体重80kg左右屠宰为宜，屠宰率平均为69%，瘦肉率为42%~46%。性成熟早，初产母猪产仔数平均为6.7头，经产母猪平均产仔数为10.2头。

工作程序	操作要求
地方品种	（5）金华猪。①产地与分布。产于浙江省金华地区的义乌、东阳和金华三县。②体型外貌。体型中等偏小，耳中等大小且下垂。背微凹，腹大微下垂，臀略倾斜。毛色除头颈和臀部为黑色外，其余均为白色，故有“两头乌”之称。四肢纤细而短，皮薄毛稀。头型分“寿字头”和“老鼠头”两种类型。两种头型的猪其体型也略有区别，前者分布于金华和义乌等地，个体较大，生长快，背稍宽，四肢较粗；后者分布于东阳，个体小，头长，背窄，四肢高而细。乳头为 8 对。③生产性能。金华猪繁殖力高，一般产仔 14 头左右，母性好，护仔性强，仔猪育成率高。成年公猪体重平均 111kg，成年母猪体重平均 97kg。一般饲养条件下，10 月龄育肥猪体重可达 70～75kg，通常于 50～60kg 屠宰，后腿可制成 2～3kg 重的火腿，即为著名的金华火腿。平均日增重 464g，屠宰率平均为 71%，瘦肉率平均为 43%。
培育品种	（1）三江白猪。原产于东北地区三江平原。以长白公猪为父本、民猪为母本，经杂交选育而育成的我国第一个瘦肉型猪品种。全身被毛白色，嘴直，两耳下垂或稍前倾，背腰较长，平直，后躯丰满。四肢强健，蹄质坚实。成年公猪体重平均 187kg，成年母猪体重平均 138kg。初产母猪平均窝产仔猪 10 头，经产母猪平均产仔猪 13 头。生长育肥猪平均日增重 500g 以上，料肉比为 3. 32：1，瘦肉率 58%以上。 （2）新淮猪。新淮猪是用江苏省地区的淮猪与大约克夏猪杂交育成的新猪种，为肉脂兼用型品种，主要分布在江苏省下游地区。全身被毛黑色，仅在体躯末端有少量白斑。头稍长，嘴平直微凹，耳中等大，向前下方倾垂。背腰平直，腹稍大但不下垂，臀略倾斜，四肢健壮，乳头 7 对以上。成年公猪体重 230～250kg，成年母猪体重 180～190kg。屠宰率平均 71%，瘦肉率 45%左右。 （3）上海白猪。主要分布在上海近郊。以大白猪和苏白猪为父本、上海本地猪为母本，经过杂交培育而成的肉脂兼用型猪种。全身被毛白色，头部平直而微凹，耳中等大小略向前倾，腹大而下垂，背宽，腿臀丰满。成年公猪平均体重 258kg，成年母猪平均体重 177kg。初产母猪窝产仔猪平均 9. 5 头，经产母猪窝产仔猪平均 13 头。生长育肥猪平均日增重 615g，瘦肉率 52%左右。 （4）北京黑猪。主要分布在北京郊区及河北、河南和山西等地区。用北京地区饲养的华北型黑母猪与巴克夏公猪、大白公猪、苏白公猪和高加索公猪经过杂交培育而成。全身被毛黑色，体质结实，背腰平直，腿臀丰满，四肢健壮，头大小适中，两耳直立或平伸，面微凹额较宽。以大白公猪、长白公猪与北京黑母猪杂交，或以杜洛克公猪、长白公猪与北京黑母猪杂交都能获得较强的杂种优势。 （5）豫南黑猪。豫南黑猪于 2008 年 10 月正式通过国家畜禽遗传资源委员会审定，是河南省自主培育的第一个国家级猪新品种。体型中等，被毛黑色，头中等大，颈短粗。嘴较长直，耳尖下垂，额部较宽有少量皱纹，背腰平直，腹稍大，臀部较丰满，四肢健壮，蹄质坚实，系部直立。乳头 7 对以上，排列整齐，乳房发育良好。

工作程序	操作要求
引入猪种	（1）长白猪。①培育和引进简介。原产于丹麦，是世界著名的瘦肉型品种之一。由于其体躯长，毛色全白，又称为长白猪。1887 年用英国大白猪与丹麦本地猪杂交选育成的瘦肉型猪。②品种特征。头小颈短，嘴筒直，耳大向前倾，体躯特别长，体长与胸围比例约为 10∶8.5，后躯特别丰满，背腰平直，稍呈拱形，整个体躯呈流线型，皮薄，被毛白色而富于光泽。乳头 7 对以上。成年公、母猪平均体重分别为 246.2kg 和 218.7kg。公猪 6 月龄出现性行为，母猪 6 月龄开始发情，一般公猪 10 月龄，母猪 8 月龄开始配种。初产母猪平均产仔数 10.8 头，平均断奶窝重 107.16kg；经产母猪平均产仔数 11.33 头，平均断奶窝重 146.77kg，育肥期日增重 718~724g。③杂交利用。我国各地用长白猪作为父本开展杂交利川。长白猪体质相对较弱，抗逆性差，易发生繁殖障碍及裂蹄。若以长白猪作为杂交改良第一父本，与地方猪种和培育猪种杂交，效果较好。 （2）大约克夏猪（大白猪）。①培育和引进简介。原产于英国北部的约克郡及其邻近地区。1852 年正式确定为品种，后逐渐分化出大、中、小三型，并各自形成独立的品种。我国于 1936 年引入其大型品种。②品种特征。体格大、体型匀称。耳立、鼻直、背腰多微弓、四肢较高、被毛全白、少数额角皮上有小黑斑、乳头 7 对。成年公、母猪平均体重分别为 263kg 和 224kg。性成熟较晚。经产母猪平均产仔数为 12.15 头，60 日龄平均断奶窝重 133.2kg。增重快、饲料利用率高。肥育期平均日增重 689g，料肉比为 3.09∶1。③杂交利用。大白猪适应性强，繁殖力高，产仔数 10~12 头，在现代商品肉猪生产中常作为母本。由于该猪同时具有生长快、饲料利用率高、瘦肉多等特点，以其作为父本与地方母猪进行二元、三元或多元杂交也有良好的杂交效果。 （3）皮特兰猪。①培育和引进简介。原产于比利时，是由法国的贝叶杂交猪与英国的巴克夏猪进行回交，然后再与英国的大白猪杂交育成的瘦肉型品种。皮特兰猪是目前世界上瘦肉率最高的猪种。②品种特征。瘦肉率高，后驱和双肩肌肉丰满。毛色呈灰白色并带有不规则的深黑色斑块，偶尔出现少量棕色毛。头部清秀，颜面平直，嘴大且直，双耳略微向前；体躯呈圆柱形，腹部平行于背部，肩部肌肉丰满，背直而宽大，有的个体的后躯似球形，肌肉特别发达。母猪初情期一般在 190 日龄左右，经产母猪平均窝产仔猪 10 头。生长迅速，育肥阶段平均日增重达 700g 左右，料肉比 2.65∶1，6 月龄体重可达 90~100kg，屠宰率 76%，瘦肉率可高达 70%。③杂交利用。皮特兰猪瘦肉率极高，背膘薄。由于皮特兰猪产肉性能高，多用作父本进行二元或三元杂交，能显著提高杂种后代的瘦肉率。

工作程序	操作要求
引入猪种	（4）汉普夏猪。①培育和引进简介。原产于美国，也是北美分布较广的品种。由于该猪的肩部及其前肢为一白色的被毛环所覆盖，故称之为“白带猪”。②品种特征。嘴筒长直，耳中等大小且直立。体型较大，体躯较长，四肢稍短而健壮。背腰微弓，较宽。腿臀丰满。毛色为黑色，在猪体的肩部、前肢有一个白色的毛环。乳头 6 对以上，产仔数为 9～10 头。成年公猪体重 315～410kg，母猪 250～340kg，瘦肉率 64%左右。③杂交利用。汉普夏猪突出的优点是眼肌面积大、瘦肉率高，不足之处是繁殖力偏低。因此，汉普夏猪主要作为杂交用的父本（特别是终端父本）利用，以提高瘦肉率。
外形鉴定时的注意事项	（1）鉴定的场所，应选择在一块面积约 $9m^2$ 较平坦的地方，以避免地形不平、姿势不正等导致鉴定时产生错觉，影响鉴定的准确性。 （2）猪的外形是适应于当地的生产条件的，故鉴定以前应先了解其产地的农作制度、积肥和饲养管理方法等外界环境条件。 （3）猪的外形特征也随品种的不同而有所差异，鉴定前，应先熟悉被鉴定品种是属于哪一经济类型的品种，必须了解该品种的外形特征，如属于新培育的品种则应了解其培育目标，掌握其应具有的外形特征。 （4）有机体是统一的整体，各部分是相互联系的，鉴定时应先观察整体，看各部分结构是否协调匀称，体格是否健壮，而后观察各部分，鉴定时应抓住重点，各个部位不可等同对待。 （5）应在种猪体况适中时鉴定，避免体况过肥或过瘦时鉴定。鉴定时，不仅观察其外形，还要注意其机能动态，特别是采食、排粪、排尿等行为，病态表现的猪不予鉴定。

（二）猪的体尺测量

工作程序	操作要求
猪的体尺测量	体尺测量可以避免肉眼鉴定带有的主观性。用于测量的工具有测杖、卷尺等。测定前要先检查并调整到正确的刻度。 测量体尺部位的多少，依据需要而定。用于经济类型鉴定至少要测体长和胸围，估测猪的体重也需要测体长和胸围，如图 1-1 所示。

工作程序	操作要求
猪的体尺测量	图 1-1　猪的体尺测量 （1）体长。用软尺从两耳根连线中点起，沿背线量至尾根的距离。 （2）胸围。用软尺沿肩胛骨后缘测量的胸部垂直周径。 （3）腿臀围。自左侧膝关节前缘，经肛门，绕至右侧膝关节前缘的距离，用软尺紧贴体表量取。 （4）体高。自鬐甲至地面的垂直距离，用测量杖量取。 （5）胸深。用测杖上部卡于猪肩胛部后缘背线，下部卡于胸部，上下之间的垂直距离即胸深。 （6）胸宽。左右肩胛骨后缘切线间的宽度。 （7）背高。背部最凹部到地面的垂直距离。
体尺测量注意事项	（1）校正测量工具；测量场地要求平坦，猪的头颈、四肢应保持自然平直站立的姿势，下颌与胸腹应基本在一条水平线上。 （2）种猪在 6 月龄、10 月龄和成年时，早晨喂饲前或喂饲后 2h，各测量 1 次。 （3）测量时应保持安静，切忌追赶鞭打，造成猪群紧张，影响测量效果。 （4）同一部位最好重复测量 2~3 次，尽量减少误差。

六、项目过程检查

（一）猪的品种识别及外貌鉴定结果

序号	检查项目	检查标准	学生自检	教师检查
1	猪的品种及类型识别的准备	准备充分，细致周到		

序号	检查项目	检查标准	学生自检	教师检查
2	猪的品种及类型识别的计划实施步骤	实施步骤合理，有利于提高评价质量		
3	猪的品种及类型识别准确性	符合相应品种		
4	实施过程中动物的站立姿势	站立姿势标准		
5	实施前测量工具的准备	鉴定所需工具准备齐全，不影响实施进度。		
6	教学过程中的课堂纪律	听课认真，遵守纪律，不迟到、不早退		
7	实施过程中的工作态度	在工作过程中乐于参与		
8	上课出勤状况	出勤95%以上		
9	安全意识	无安全事故发生		
10	环保意识	猪粪便及时处理，不污染周边环境		
11	合作精神	能够相互协作，相互帮助，不自以为是		
12	实施计划时的创新意识	确定实施方案时不随波逐流，有合理的独到见解		
13	实施结束后的任务完成情况	过程合理，语言表述清楚		
检查评价	评语： 组长签字： 教师签字： 年 月 日			

（二）猪的体尺测量

序号	检查项目	检查标准	学生自检	教师检查
1	测量工具	能校正测量工具		
2	测量场地	测量场地要求平坦		

序号	检查项目	检查标准	学生自检	教师检查
3	猪体姿势	测量时猪体站立应保持自然姿势		
4	测量部位	测量部位，方法正确		
5	测量时间	规定时间内完成任务		
6	教学过程中的课堂纪律	听课认真，遵守纪律，不迟到、不早退		
7	实施过程中的工作态度	在工作过程中乐于参与		
8	上课出勤状况	出勤95%以上		
9	安全意识	无安全事故发生		
10	环保意识	猪粪便及时处理，不污染周边环境		
11	合作精神	能够相互协作，相互帮助，不自以为是		
12	实施计划时的创新意识	确定实施方案时不随波逐流，有合理的独到见解		
13	实施结束后的任务完成情况	过程合理，语言表述清楚		
检查评价	评语： 组长签字：　　　　教师签字： 年　　月　　日			

七、项目考核评价

评价类别	项目	子项目	个人评价	组内互评	教师评价
专业能力（60%）	资讯（5%）	收集信息（3%）			
		引导问题回答（2%）			
	计划（5%）	计划可执行度（3%）			
		设备材料工具、量具安排（2%）			

评价类别	项目	子项目	个人评价	组内互评	教师评价
专业能力（60%）	实施（25%）	工作步骤执行（5%）			
		功能实现（5%）			
		质量管理（5%）			
		安全保护（5%）			
		环境保护（5%）			
	检查（5%）	全面性、准确性（3%）			
		异常情况排除（2%）			
	过程（5%）	使用工具、量具规范性（3%）			
		操作过程规范性（2%）			
	结果（10%）	结果质量（10%）			
	作业（5%）	完成质量（5%）			
社会能力（20%）	团结协作（10%）	小组成员合作良好（5%）			
		对小组的贡献（5%）			
	敬业精神（10%）	学习纪律性（5%）			
		爱岗敬业、吃苦耐劳（5%）			
方法能力（20%）	计划能力（10%）	考虑全面（5%）			
		细致有序（5%）			
	实施能力（10%）	方法正确（5%）			
		选择合理（5%）			
评价评语	评语： 组长签字：　　教师签字： 年　　月　　日				

八、项目训练报告

撰写并提交实训总结报告。

项目二　猪的人工授精技术

通过本项目的实训，掌握猪的精液采集方法、猪精液的稀释方法和保存方法、猪的精液品质鉴定方法、母猪发情的判断方法及猪的人工授精技术。

一、项目任务目标

（1）明确人工授精的概念、目的和意义。
（2）理解精液稀释液对精子的作用。
（3）掌握精子的形态结构特点及畸形精子的种类。
（4）掌握精子活力、精子密度的等级划分标准及可以输精的精液标准。
（5）正确掌握采精的步骤和注意事项。
（6）正确掌握输精的步骤和注意事项。
（7）学会采精。
（8）学会进行精液品质检查，准确判断精子活力、密度、形态和精液的 pH 值。
（9）学会配制精液稀释液和进行精液的稀释。
（10）学会输精。
（11）要爱护和善待动物。

二、项目任务描述

1. 工作任务
（1）采精。
（2）精液品质检查。
（3）稀释精液。
（4）精液保存。
（5）输精。
2. 主要工作内容
（1）明确人工授精的概念、目的和意义。
（2）学会配制精液稀释液并理解精液稀释液对精子的作用。
（3）掌握精子的形态结构特点及畸形精子的种类。
（4）掌握精子活力、精子密度的等级划分标准及可以输精的精液标准。
（5）正确掌握采精的步骤和注意事项。
（6）正确掌握输精的步骤和注意事项。

三、项目任务要求

1. 知识技能要求

（1）掌握猪人工授精的概念、意义。

（2）掌握人工授精与本交相比的优点。

（3）认真学习采精的过程和注意事项。

（4）做好采精前的准备工作，会正确使用显微镜。

（5）学会配制精液稀释液并进行精液的稀释。

（6）学会判断正常精液的色泽、气味和进行精液品质检查。

（7）精液稀释后能正确保存。

（8）在输精前对所有用到的器物进行消毒，做好输精前的准备工作。

（9）熟练掌握输精时的每个关键步骤，能顺利输精。

（10）了解公、母猪的生理结构和性行为习性。

（11）了解母猪的发情周期并能进行发情鉴定。

2. 实习安全要求

在采精和输精时注意人、猪安全，防止猪只伤人。

3. 职业行为要求

（1）要做好采精和输精前的准备工作。

（2）能准确判断精液的品质，把握每次输精的量及输精次数。

（3）爱护动物。

（4）遵守猪场管理秩序。

（5）具有团结合作精神。

四、项目训练材料

1. 器材

低倍显微镜、假猪台、显微镜、保温箱、恒温水浴锅、消毒蒸锅、量筒、烧杯、储精瓶、注射器、集精杯、医用纱布、普通天平。

2. 动物

1只种公猪、5只发情母猪。

3. 其他

工作服、工作帽、口罩、眼镜、胶皮手套、围裙、胶靴、毛巾、肥皂、脸盆。

五、项目实施（职业能力训练）

（一）采精前的准备与操作要求

工作程序	操作要求
采精前准备	人工授精是指用器械采取公畜的精液，再用器械把精液注入发情母畜生殖道内，以代替公、母畜自然交配的一种配种方法。其优点是扩大优良种畜利用率；降低种畜饲养成本；减少因自然交配导致的疾病传播。 猪的人工授精技术教学内容包括采精前的准备、采精技术、精液品质检查、精液稀释和保存、输精技术 5 个部分。 采精前的准备包括采精场地的准备、假母猪的准备、采精材料的准备和种公猪的准备 4 个方面。
采精场地的准备	采精应设有专用场地，并与人工授精实验室相连（图 1-2）。采精场地应设在室内，要求宽敞、平坦、安静、清洁、避光，场内应设有假母猪、防滑垫和防护栏。场地大小通常为 3. 5m×3m。 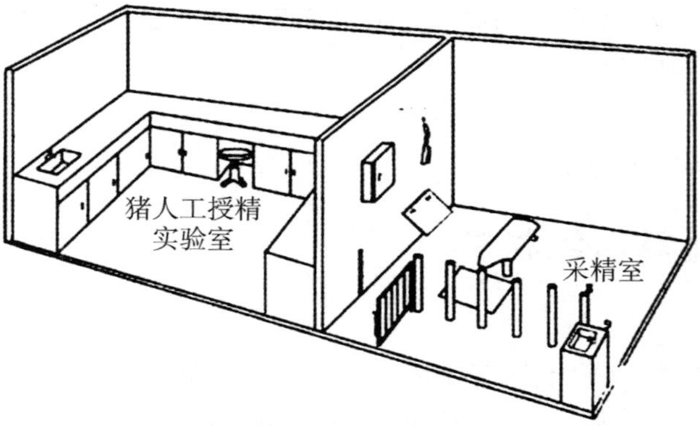 图 1-2　采精场地布局

<table>
<tr><th>工作程序</th><th>操作要求</th></tr>
<tr><td>假母猪的准备</td><td>假母猪的选择要尽量满足种公猪的要求。假母猪的骨架可用木材或金属材料制成。要求大小适宜、坚固稳定、表面柔软干净和母猪轮廓一致。假母猪台长 100cm、底长 40cm、台宽 26cm、底宽 30cm，台高高处为 56~70cm、低处为 49~63cm（图 1-3）。 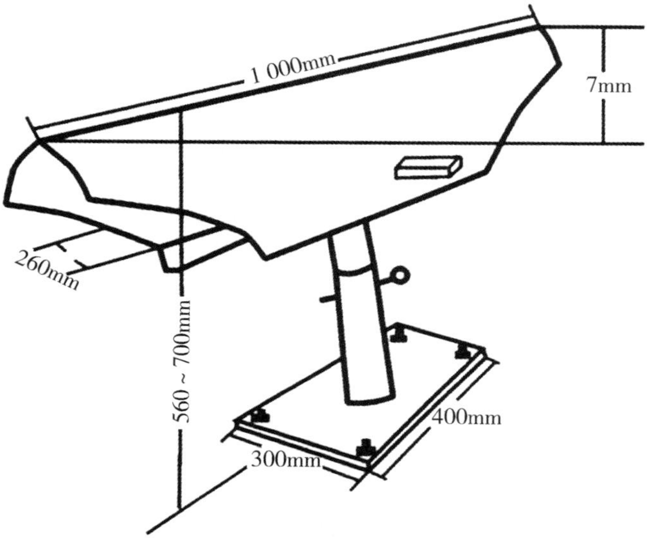

1 000mm
7mm
260mm
560 ~ 700mm
400mm
300mm

图 1-3　假母猪尺寸</td></tr>
<tr><td>采精材料的准备</td><td>采精前必须备齐采精用的材料，采精材料主要有采精杯、无菌过滤网、一次性无菌袋、一次性无菌手套、玻璃棒、橡皮胶圈、无菌纸巾等。</td></tr>
<tr><td>种公猪的准备</td><td>采精用的种公猪要求品质优良，健康无病，有正常性反射活动。采精前要对种公猪进行调教训练，建立良好的条件反射，以便顺利完成采精（图 1-4）。 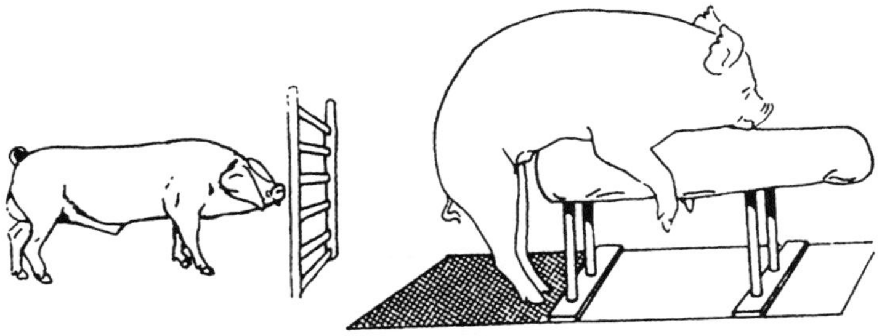

图 1-4　种公猪的调教</td></tr>
</table>

（二）采精技术与操作要求

工作程序	操作要求
采精技术	把经过采精训练后的公猪赶到采精室台猪旁，采精者戴上医用乳胶手套，将公猪包皮内尿液挤出去，并将包皮及猪后部用0.1%高锰酸钾溶液擦洗消毒。待公猪爬上台猪后，根据采精者操作习惯，蹲在台猪的左后侧或右后侧，当公猪爬跨抽动3～5次，阴茎导出后，采精者迅速用右（左）手，手心向下将阴茎握住，用拇指顶住阴茎龟头，握的松紧以阴茎不滑脱为度。然后用拇指轻轻拨动阴茎龟头，其余四指则一紧一松有节奏地握住阴茎前端的螺旋部分，使公猪产生快感，促进公猪射精。公猪开始射出的精液多为精清，并且常混有尿液和其他脏物，不必收集。待公猪射出较浓稠的乳白色精液时，立即用另一只手持集精杯，在距阴茎龟头斜下方3～5cm处将其精液通过纱布过滤后，收集在杯内，并随时将纱布上的胶状物弃掉，以免影响精液滤过。根据输精量的需要，在一次采精过程中，可重复上述操作方法，促使公猪射精3～4次。公猪射精完毕，采精者顺势用手将阴茎送入包皮中，防止阴茎接触地面损伤阴茎或引发感染。然后将公猪轻轻地由台猪上驱赶下来，不得以粗暴态度对待公猪（图1-5）。 图1-5　猪的手握法采精

（三）精液品质检查与操作要求

工作程序	操作要求
外观评定	精液的外观评定项目包括色泽、气味和精液量。猪常精液的色泽一般为淡乳白色或灰白色，略带腥味，一次采精量平均为250mL（50～500mL）。

工作程序	操作要求
精子活率检查	精子活率指精液中呈直线前进运动的精子数占总精子数的百分比。精子活率与精子的受精能力密切相关，是评定精液品质的重要指标。一般新鲜精液活率为0.7~0.8（图1-6）。 载玻片预温（将恒温加入板放在载物台上，打开电源并调整控制温度至37℃，然后放上载玻片和盖玻片）→取样（取1滴精液放在预温后的载玻片中间，盖上盖玻片）→镜检（在400~600倍视野下观察）→活率估测（判断视野中前进运动精子占的百分率）→活率记录（采用十级评分制，即100%的精子呈直线前进运动者评为1.0，90%的精子呈直线前进运动者评为0.9，依此类推）。 **图1-6　精子活率检查**
精子密度检查	精子密度是指每毫升精液中所含的精子数，精子密度的大小直接关系到精液稀释倍数和输精剂量。目前测定精子密度的方法有估测法、血细胞计数法和光电比色测定法。下面以血细胞计数法为例进行精子密度检查。 放置计数板（在显微镜放大100~250倍视野下寻找计数板上的计数室，盖上盖玻片。计数室上共有25个方格，每个方格又划分为16个小方格，计数室面积为1mm^2，高度为0.1mm）→稀释（用3%的氯化钠溶液稀释精液样品并致死精子）→取样（用微量移液器取稀释后精液靠毛细吸力加入计数室）→镜检（在400~600倍视野下抽样观察计算5个大方格内的精子数，5个大方格的选择应以“四角一中间”或“对角线”来确定，每个大方格内的精子计数应以精子的头部为准，依“数上不数下，数左不数右”的原则进行计数大方格线上的精子）→计算（将5个大方格内的精子总数代入公式，换算出每毫升原精液中的精子数。计算公式为1mL原精液内精子数=5个大方格内精子数5（等于整个计数室25个大方格内的精子数）×10（等于1mm^{3}内精子数）×1 000（等于1mL被检稀释精液样品内的精子数）×稀释倍数（10倍或20倍）（图1-7、图1-8）。

<table>
<tr><th>工作程序</th><th>操作要求</th></tr>
<tr><td>精子密度检查</td><td>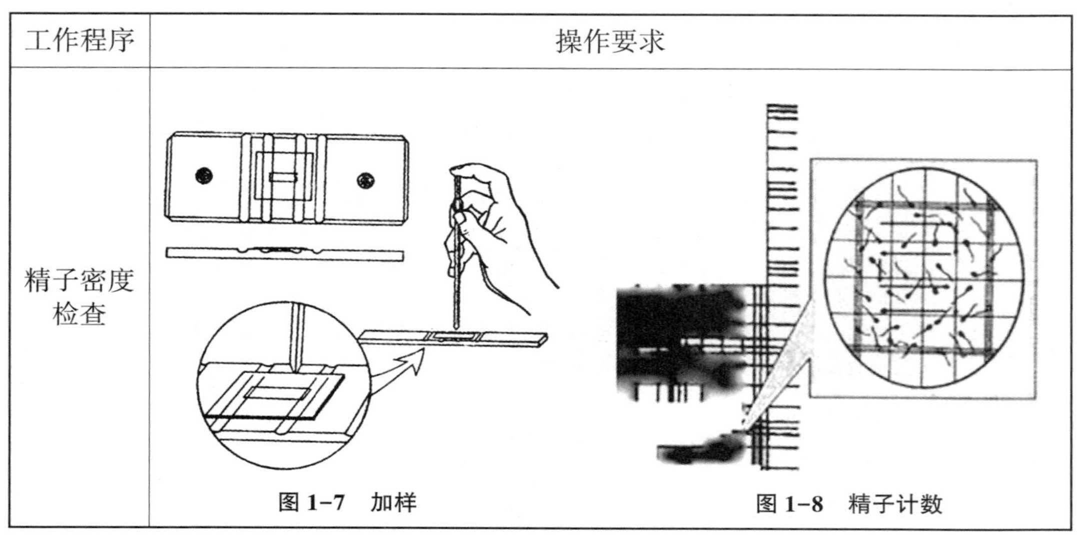
图 1-7　加样　　图 1-8　精子计数</td></tr>
</table>

（四）精液稀释和保存与操作要求

工作程序	操作要求
精液稀释与保存	精液稀释是指向精液中加入适量适宜于精子存活、保持其受精能力的稀释液。稀释时稀释倍数的计算应根据原精液的密度和活率，以及每头母猪的输精量和有效精子数来确定（稀释倍数 = 原精液活率×原精液密度×稀释后每份输精量/稀释后每份精液中有效精子数）。 稀释时，应将稀释液沿精液瓶壁或插入的灭菌玻璃棒缓慢倒入，精液和稀释液的温度应一致，以 35℃ 为宜。 精液稀释后应及时分装，分装时是按照每头母猪 1 次输精剂量进行灌装，常用的有瓶装和袋装两种。分装时将精液瓶或精液袋中的空气排出密封，以利于延长精子的保存时间。 分装后的精液在室温下平衡后，放入 17℃ 恒温箱中保存，保存时间不应超过 72h，保存过程中每天将精液摇匀 2 次，防止精子沉淀到底部。

（五）输精技术与操作要求

工作程序	操作要求
输精技术	目前猪的输精方法主要为直接插入法输精。输精时间为发情开始后 1～1.5d 或母猪“静立反射”后 8～12h；输精次数 2 次为宜，间隔 12～18h；输精量 80～100mL，有效精子数为 20 亿～50 亿个；输精部位为子宫颈深部（图 1-9 至图 1-11）。

工作程序	操作要求
输精技术	输精操作流程如下。 第一步，清洁外阴。清洗阴门和会阴部，然后用灭菌纸巾将阴门及会阴部清洗、擦干。 第二步，涂润滑剂。将润滑剂涂抹在输精管头周围，但不要让润滑剂阻塞输精管头前端的小孔。 第三步，插入输精管。输精管头向斜上方45°插入母猪阴道15cm，防止插入尿道口，然后平插至子宫颈外口，用力捻动输精管，插入子宫颈深部。 第四步，输精。将输精管连接上精液瓶，抬高精液瓶开始输精，同时按压背部、腹部或乳房，刺激子宫收缩，靠子宫吸力将精液顺利吸入子宫内。 第五步，抽出输精管。精液全部进入生殖道后，将输精管折弯固定，在生殖道内停留3~5min，然后平行向下较快抽出输精管，使子宫颈快速闭合，防止精液倒流。 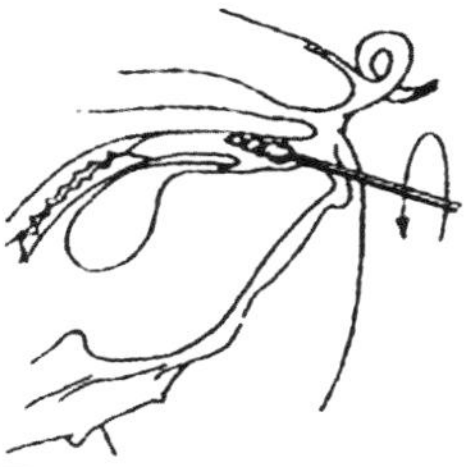 **图1-9 向前上方45°插入** 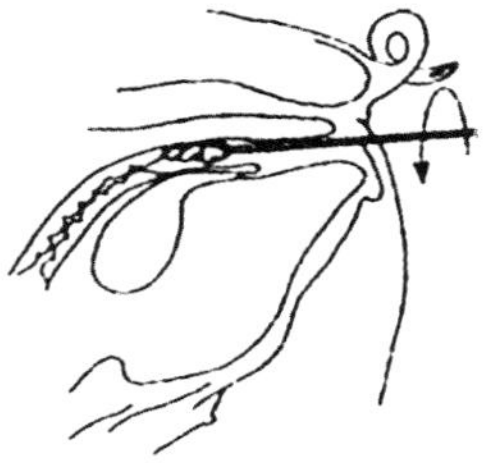　**图1-10 水平插入** 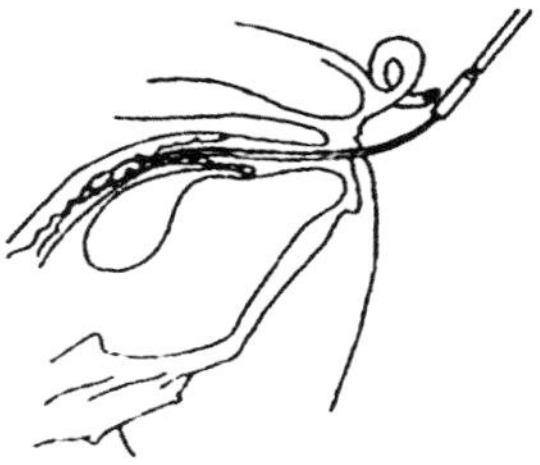　**图1-11 注入精液**

六、项目过程检查

序号	检查项目	检查标准	学生自检	教师检查
1	猪的人工授精的概念和优点	表述准确		
2	采精前的准备工作及采精过程中的注意事项	准备充分，不影响采精		
3	精液品质检查	操作规范		
4	精液稀释	会配制稀释液并进行稀释		
5	输精前的准备及输精操作	准备充分，操作规范		
6	教学过程中的课堂纪律	听课认真，遵守纪律，不迟到、不早退		
7	实施过程中的工作态度	在工作过程中乐于参与		

序号	检查项目	检查标准	学生自检	教师检查
8	上课出勤状况	出勤95%以上		
9	安全意识	无安全事故发生		
10	环保意识	猪粪便及时处理，不污染周边环境		
11	合作精神	能够相互协作，相互帮助，不自以为是		
12	实施计划时的创新意识	确定实施方案时不随波逐流，有合理的独到见解		
13	实施结束后的任务完成情况	过程合理，操作规范，与组内成员合作融洽		
检查评价	评语： 组长签字：　　教师签字： 年　月　日			

七、项目考核评价

同项目一中猪的品种识别、外貌鉴定及体尺测量的项目考核评价方法。

八、项目训练报告

撰写并提交实训总结报告。

项目三　猪的发情鉴定及妊娠诊断与接产

通过本项目的实训，掌握母猪发情的鉴定方法、母猪妊娠时期的诊断、分娩前期的判定和分娩母猪的接产技术。

一、项目任务目标

（1）通过观看幻灯片、视频、微课，使学生掌握母猪发情的表现，学会辨认母猪正常发情和异常发情的表现，能较准确地找到发情母猪并学会选择合适的配种时间。

（2）通过观看幻灯片、视频、微课，使学生掌握母猪妊娠及分娩时的表现，学会辨认妊娠及分娩前的表现，能够准确掌握母猪是否妊娠及分娩时的接产工作等相关技术。

（3）通过对猪群的观察，较准确地挑选出发情期的母猪，学会区别对待青、中、老年母猪发情之后配种时机的选择。

（4）熟练掌握集中发情鉴定的方法（阴门状态变化及阴道黏液观察法、试情法、静立反应检查法等）。

（5）通过对母猪群的观察，能准确地判断母猪是否妊娠。

（6）熟练掌握母猪分娩时的接产技术。

二、项目任务描述

1. 工作任务

（1）能根据母猪周期的不同表现作出准确发情鉴定。

（2）准确掌握配种的适宜时机。

（3）能够准确判断母猪是否妊娠及掌握母猪分娩时的接产技术。

2. 主要工作内容

（1）掌握母猪发情的各种表现及鉴定方法。

（2）掌握不同年龄母猪发情表现的特点。

（3）对比不同年龄母猪发情后选择配种时机。

（4）能从猪群中选出正在发情的母猪。

（5）掌握母猪妊娠时的表现及诊断方法。

（6）掌握母猪分娩时的接产技术。

（7）掌握母猪分娩前的准备工作及分娩后的护理工作。

（8）掌握母猪分娩前的征兆。

（9）熟悉母猪预产期的推算。

（10）熟悉引起母猪流产的因素。

（11）能从母猪群中选出已经妊娠的母猪。

三、项目任务要求

1. 知识技能要求

（1）掌握母猪的发情周期及各期表现。

（2）掌握母猪发情期的表现。

（3）比较不同年龄阶段母猪发情期的表现和配种时机。

（4）在母猪群中准确挑选出发情母猪。

（5）掌握母猪发情鉴定的方法。

（6）本学习情境结束时需要上交母猪发情鉴别的结果。

（7）本次品种及类型鉴别的结果作为本次作业。

（8）掌握母猪早期妊娠表现。

（9）掌握母猪早期妊娠诊断技术。

（10）比较不同的妊娠诊断方法的准确性。

（11）利用妊娠诊断方法能在母猪群中挑选出妊娠母猪。

（12）掌握引起母猪流产的因素。

（13）掌握母猪分娩时的接产技术工作。

（14）掌握母猪分娩前的准备工作和产后母猪的护理工作。

（15）熟悉母猪预产期的推算和母猪产前征兆。

（16）本学习情境结束时需上交母猪妊娠诊断的结果。

（17）本次母猪妊娠诊断的结果作为本次作业的任务。

2. 实习安全要求

（1）在对母猪发情鉴定时，尤其在对群体母猪进行鉴别时，注意人、猪安全。

（2）在对母猪妊娠诊断时，尤其在对群体母猪进行鉴别时，注意人、猪安全。

3. 职业行为要求

（1）对母猪发情鉴定场所要符合要求。

（2）对母猪妊娠诊断场所要符合要求。

（3）记录用品要备齐。

（4）着装整齐。

（5）遵守课堂纪律。

（6）具有团结合作精神。

四、项目训练材料

1. 器材

B超机、耳标器、台秤、剪刀、耦合剂、记录本、耳标、耳号钳、注射器、毛巾、水盆、仔猪哺乳记录卡片。

2. 药品

0.1%高锰酸钾、5%碘酊、催产素、植物油、生理盐水、来苏尔。

3. 动物

处于发情前后的后备母猪 5~8 头，处于发情前后的空怀母猪 5~8 头，性欲旺盛的种公猪 1 头，5~8 头处于配种后的母猪，5~8 头处于临产前的母猪。

4. 其他

工作服、工作帽、口罩、眼镜、胶皮手套、围裙、胶靴、毛巾、肥皂、脸盆。

五、项目实施（职业能力训练）

（一）母猪发情周期

工作程序	操作要求
发情周期	猪生长发育到了一定年龄和体重后，生殖器官已发育完全，具备了繁殖能力，称为性成熟。母猪的性成熟年龄为 3~6 月龄。地方种猪性成熟较早，一般 3~4 月龄。引进种猪性成熟较晚，一般为 6 月龄左右。 达到性成熟而未妊娠的母猪，在正常情况下每隔一定时间就会出现一次发情，由一次发情开始到下一次发情开始的时间间隔称为发情周期。母猪最初的 2~3 次发情规律性较差。母猪发情周期一般为 19~23d，平均为 21d。母猪发情周期分为发情前期、发情期、发情后期和间情期 4 个时期。发情周期是一个逐渐变化的生理过程，4 个时期之间并无明确的界限。 母猪在发情过程中会产生一系列形态和生理变化。主要归纳为 4 个方面。 （1）机体精神状态的变化，如兴奋或安静。 （2）母猪对公猪的性欲反应，如交配欲的有无及其表现程度。 （3）卵巢变化情况，如卵泡的发育，排卵和黄体形成等。 （4）母猪生殖道生理变化。
发情前期	卵巢卵泡准备发育时期。卵巢上前一个发情周期所产生的黄体逐渐萎缩，新的卵泡开始生长；子宫腺体略有生长，但形态变化不大，生殖道轻微充血、肿胀，腺体活动逐渐增加，此时期母猪通常越来越躁动不安，食欲小或无，开始寻找公猪，但母猪此时无性欲表现。

工作程序	操作要求
发情期	母猪具有性欲表现。母猪阴门肿胀程度逐渐增强，到发情盛期达到最高峰；整个子宫充血，肌层收缩加强，腺体分泌活动增加，阴门处有黏液流出；子宫颈变松弛；卵巢卵泡发育加快，此时母猪试图爬跨并嗅闻同栏其他母猪，但本身不接受爬跨，母猪尿中和阴道分泌物中有吸引和激发公猪的外激素。一般在此时期的末期开始排卵。
发情末期	在这个时期母猪由发情的性欲激动状态逐渐转入静止状态；子宫颈管道逐渐收缩。腺体分泌活动逐渐减少，黏液分泌量少而黏稠；子宫内膜逐渐变厚，表层上皮细胞数量较高，子宫腺体逐渐发育；卵泡破裂排卵后形成红体，最后形成黄体。
间情期	此时期又称为休情期。母猪的性欲已完全停止。精神状态也完全恢复正常。间情期的早期，子宫内膜增厚，表层上皮呈高柱状，子宫腺体高度发育，大而弯曲且分支多。腺体活动旺盛；间情期的后期，增厚的子宫内膜回缩，呈矮柱状，分泌黏液量少，黏稠；卵巢黄体已发育完全，因此这个时期为黄体活动时期。

（二）母猪的排卵及适时配种

工作程序	操作要求
母猪排卵	母猪发情持续时间为 40~70h，排卵在后 1/3 时间内，而初配母猪要晚 4h 左右。其排卵的数量因品种、年龄、胎次、营养水平不同而异。一般初次发情母猪排卵数较少，以后逐渐增多。营养水平高可使排卵数增加。现代引进品种母猪在每个发情期内的排卵数一般为 20 枚左右，排卵持续时间为 6h 左右；地方品种猪每次发情排卵为 25 枚左右，排卵持续时间 10~15h。
适时配种	母猪在发情期配种，如果没有受孕，则间情期过一段时间后，又进入发情前期；如已受孕，母猪不再发情，就不应该称间情期。但是母猪产后发情却不遵循上述规律。母猪产后有 3 次发情：第一次发情是产后 1 周左右，此次发情绝大多数母猪不能配种受孕；第二次发情是产后 27~32d，此次既发情又排卵，但只有少数母猪（带仔少或地方猪种）可以配种受孕；第三次发情是仔猪断奶后 1 周左右，现在养猪场绝大多数母猪在此次发情期内完成配种。

（三）母猪发情鉴定与操作要求

工作程序	操作要求
观察母猪的发情行为	发情母猪表现兴奋不安，有时哼叫，食欲减退。非发情母猪食后上午均喜欢趴卧睡觉，而发情的母猪却常站立于栏门处或爬跨其他母猪。将公猪赶入圈栏内，发情母猪会主动接近公猪。发情鉴定人员慢慢靠近疑似发情母猪臀后认真观察阴门颜色、状态变化。白色猪阴门表现潮红、水肿，有的有黏液流出。黑色猪或其他有色猪，只能看见水肿及黏液变化。
发情鉴定方法	（1）阴门检查法。将疑似发情母猪赶到光线较好的地方或将舍内照明灯打开，仔细观察母猪阴门颜色、状态。白猪阴门由潮红变成浅红，由水肿变为稍有消失出现微皱，阴门较干，此时可以实施配种。如果阴门水肿没有消失迹象或已完全消失，说明配种适期不到或已过。 （2）阴道黏液检查法。仔细观察疑似发情母猪阴道口的底端，当阴道口底端流出的黏液由稀薄变成黏稠。用医用棉签蘸取黏液，其黏液不易与阴道口脱离，拖拉成黏液线时，说明此时是配种最佳时期，应进行配种。 （3）试情法。将疑似发情母猪赶到配种场或配种栏内，让试情公猪与疑似发情母猪接触，如果疑似发情母猪允许试情公猪的爬跨，说明此时可以进行本交配种。如果不接受公猪的爬跨，说明此时不是配种佳期。 （4）静立反应检查法。将疑似发情母猪赶到静立反应检查栏内，检查人员站在疑似发情母猪的侧面或臀后，用双手用力按压疑似发情母猪背部，如果发情母猪站立不动，出现神情呆滞，或两腿叉开，或尾巴甩向一侧，出现接受配种迹象，说明此时最适合本交配种。国外发情鉴定人员的做法是将公猪放在邻栏，发情鉴定人员侧坐或直接骑在疑似发情母猪背腰部，双手压在母猪的肩上，如果疑似发情母猪站立不动，说明此时是最适合本交配种时期。实践证明，公猪在场，利用公猪的气味及叫声可增加发情鉴定的准确性。也可以用脚蹬其臀部，如果母猪后坐，可以安排本交配种。 生产实践中，多采取观察阴门颜色和状态变化、阴道黏液黏稠程度、静立反应检查结果等各项指标进行综合判断，如果有试情公猪或配种公猪可以直接用试情公猪或配种公猪进行试情，这样将增加可信程度。

（四）母猪早期妊娠诊断技术与操作要求

工作程序	操作要求
观察法	根据配种记录，查找配种后3～5周以上的母猪，询问饲养员或亲自观察配种后3周左右是否再次发情闹栏，并认真观察母猪采食行为、睡眠情况、活动行为、体形变化等，最后做出综合评判。 妊娠母猪食欲旺盛、喜欢睡眠、行动稳重、性情温顺、喜欢趴卧，尾巴常下垂不爱摇摆，被毛日渐有光泽，体重有增加的迹象。观其阴门，可见收缩紧闭成一条线，这些均为妊娠母猪的综合表征。但个别母猪在配种后3周左右出现假发情现象，具体表现是发情持续时间短，一般只有1～2d。对公猪不敏感，虽然稍有不安，但不影响采食。应根据以上表征给予区别。学生可以让饲养员指定空怀母猪和已确定妊娠母猪进行整体区别，增加诊断准确性及诊断印象。
超声波检查法	超声波检查是一种无组织损伤、无放射性危害的临床诊断方法，是兽医影像技术的主要内容之一。A型、D型、M型和B型超声诊断仪相继在兽医领域中得到了不同程度的应用。而在这其中B型超声检查应用最为广泛。 我国猪生产常用B超监测技术对猪进行发情排卵鉴定、早期妊娠鉴定、怀胎个数鉴定、胎儿活力鉴定等全程B超监测。

（五）B型超声检查与操作要求

工作程序	操作要求
保定	母猪一般不需要保定，只要保持安静即可。姿势是侧卧最好，爬卧、站立或采食时均可。个别难于接近的母猪，可用抓猪器、口绳或用门板等挤于墙角进行探查。规模化养猪的条件下，可在限饲栏内进行。直肠内探查时，母猪则需要站立保定。
探查部位	猪被毛稀少，探查时不必剪毛，但要保持探查部位的清洁。刮除泥土和污物，探查时涂布耦合剂。
探查方法	母猪需要躺卧或站立保定，在靠近后肢股内侧的腹部或倒数第1和第2对乳头之间，探头与体轴平行朝向母猪的泌尿生殖道进行滑动扫查或扇形扫查。探到膀胱后，向膀胱上部或侧面扫查。妊娠40d后探查部位随之前移，范围扩大。瘦猪较肥猪容易探查。未孕的需要两侧探查，可见到子宫和肠道的强回声。母猪配种输精后18～21d内以探到胎盘判断妊娠，准确率较高，22d后100%可探到孕囊。18～25d期间孕囊急速增长，平均每天增长6mm；孕囊径（直径与横径的平均值探查方法）增长与妊娠天数呈正相关。初次观察到孕囊为圆形或椭圆形，1～2d后即多数变为不规则形状，孕囊的大小不同。25d以后，可见胎体反射，由于探头长度限制已不能测定孕囊大小及增长速度。此后胎体占了孕囊的大部分，似有扩张孕囊的作用，40d后可分辨胎体部位，胎心及胎动，50d时胚胎长8mm。

（六）妊娠母猪不同胎龄 B 型超声影像

图 1-12 至图 1-24 为妊娠母猪 23～105d 子宫超声影像，图中亮线以上为子宫区域。

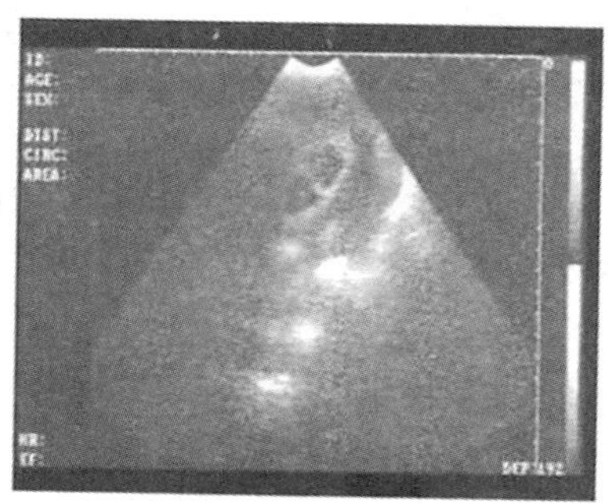
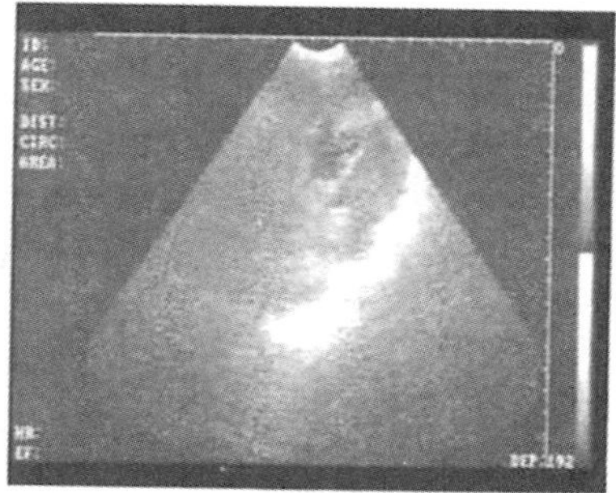

图 1-12　妊娠 23d 子宫超声影像

注：左图子宫区域内显示 2 个相邻孕囊；右图显示 1 个独立孕囊。

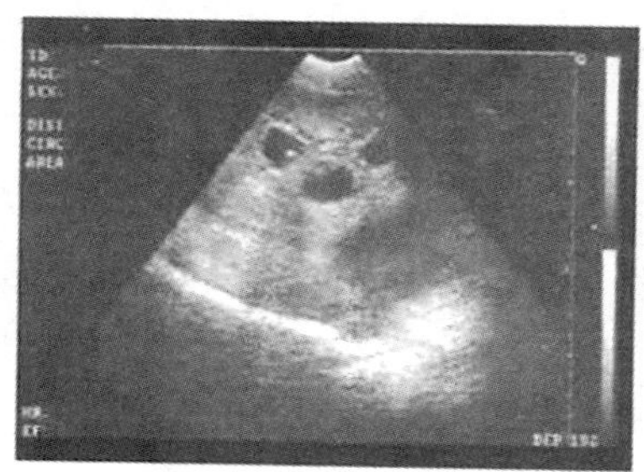
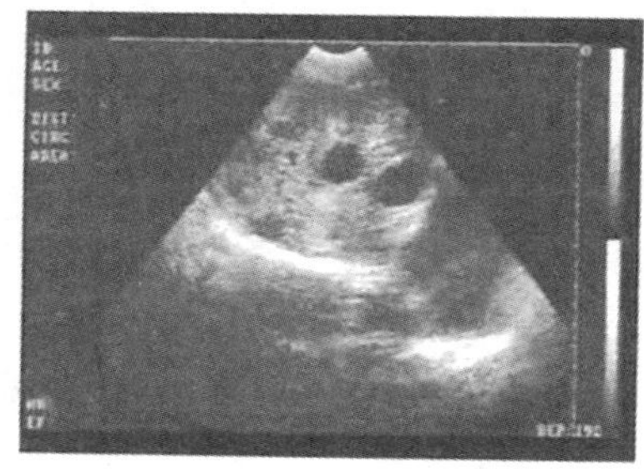

图 1-13　妊娠 24d 子宫超声影像

注：左图子宫区域内显示 3 个相邻孕囊，其中左上还显示胎体反射；右图显示 2 个孕囊。

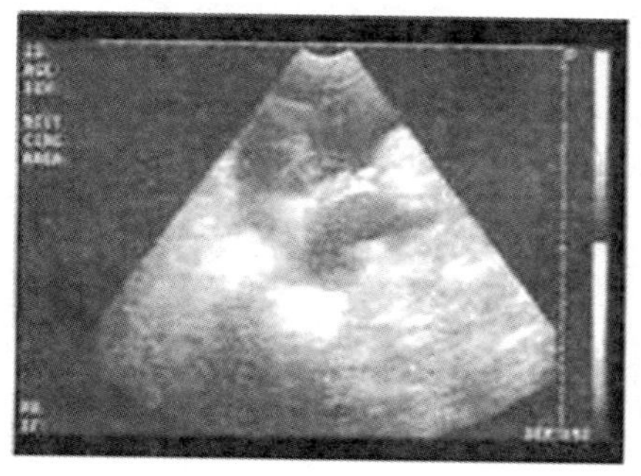
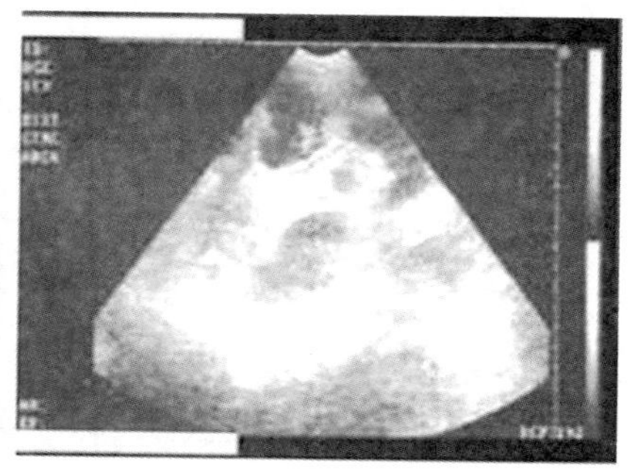

图 1-14　妊娠 25d 子宫超声影像

注：左图子宫区域内显示 2 个相邻孕囊及其中的胎体反射；
右图上方显示 2 个孕囊及其胎体反射影像。

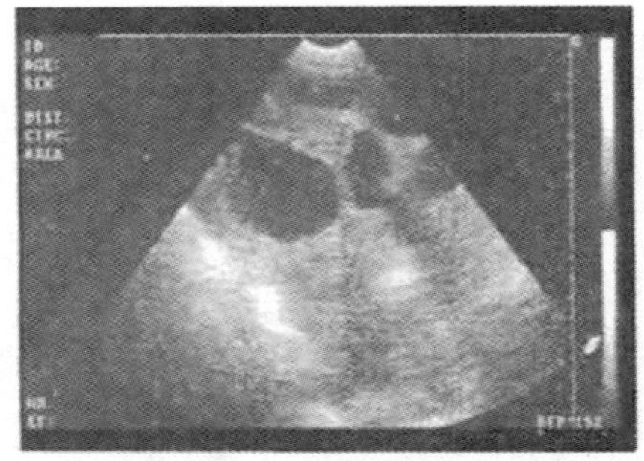
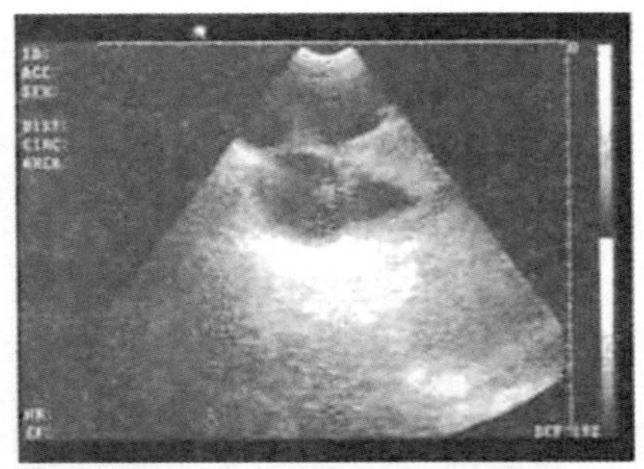

图 1-15　妊娠 26d 子宫超声影像

注：左图子宫区域内同时显示 5 个相邻孕囊；右图显示 4 个孕囊，其中最下面的 1 个大孕囊里有明显的胎体反射影像。

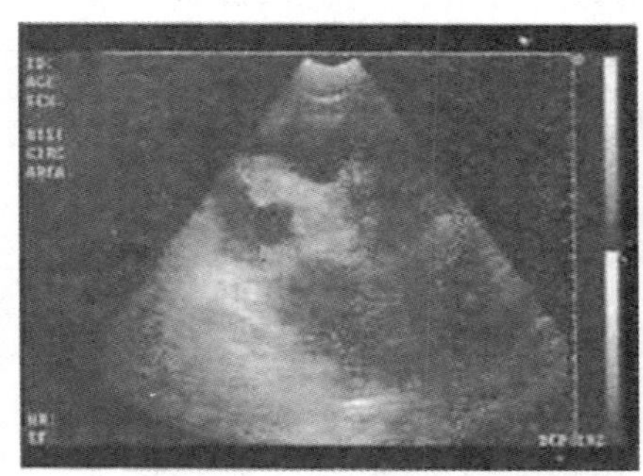
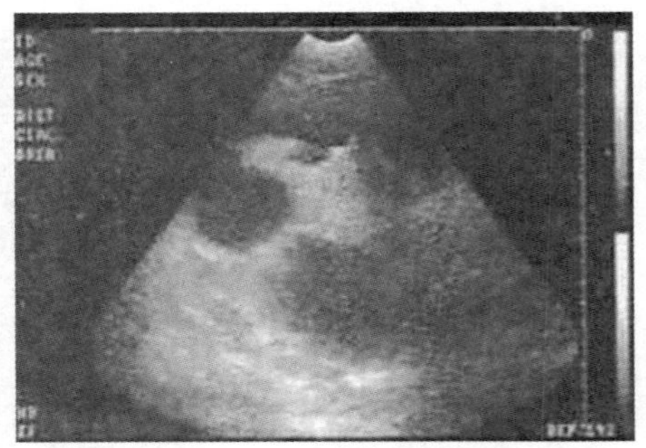

图 1-16　妊娠 27d 子宫超声影像

注：左图子宫区域内同时显示 4 个相邻孕囊；右图显示 4 个孕囊，其中最上面的 1 个孕囊里有更加明显的胎体反射影像。

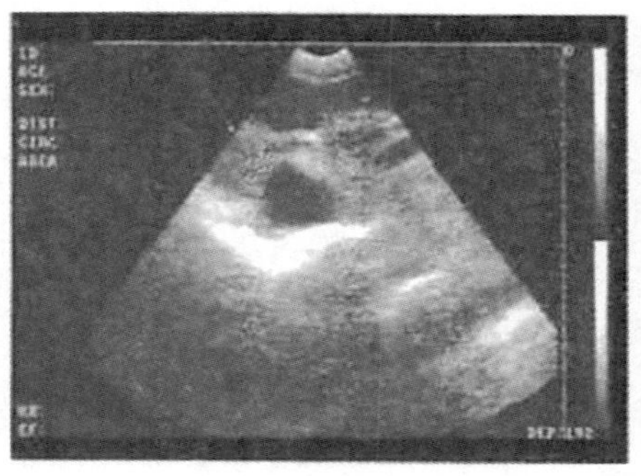
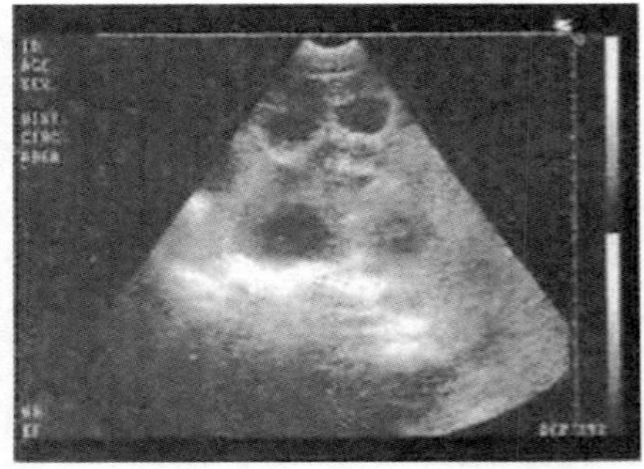

图 1-17　妊娠 32d 子宫超声影像

注：左图子宫区域内显示 2 个相邻孕囊；右图显示 6 个孕囊，其中中间的 1 个孕囊里有强回声的胎体反射影像。

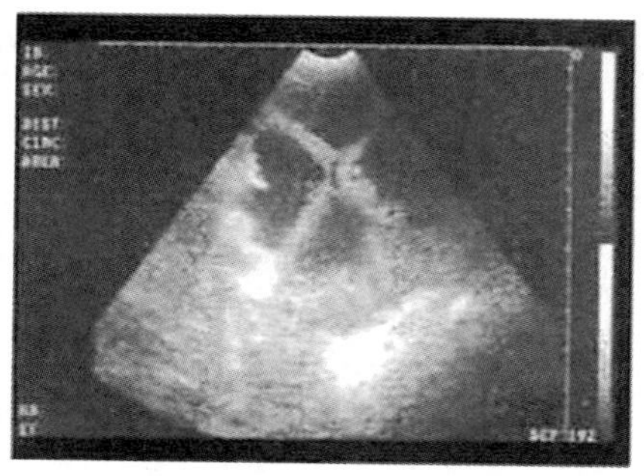
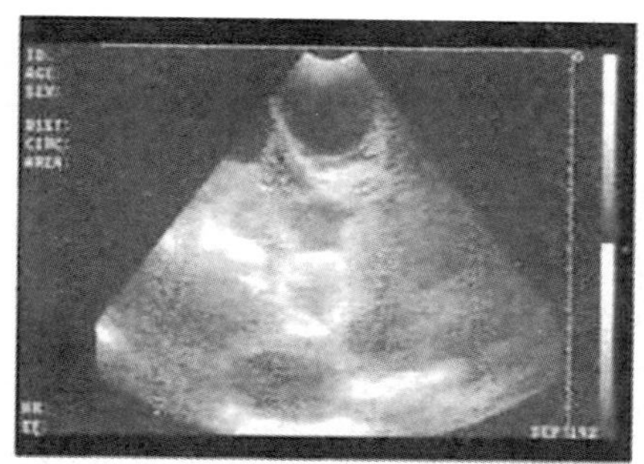

图 1-18　妊娠 35d 子宫超声影像

注：左图子宫区域内同时显示 4 个相邻孕囊、随着妊娠时间的延长胎体产生的强回声更加明显；右图中间显示 1 个大的孕囊。

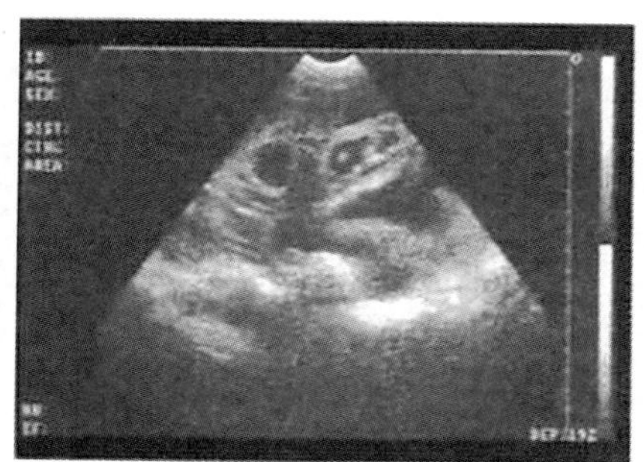
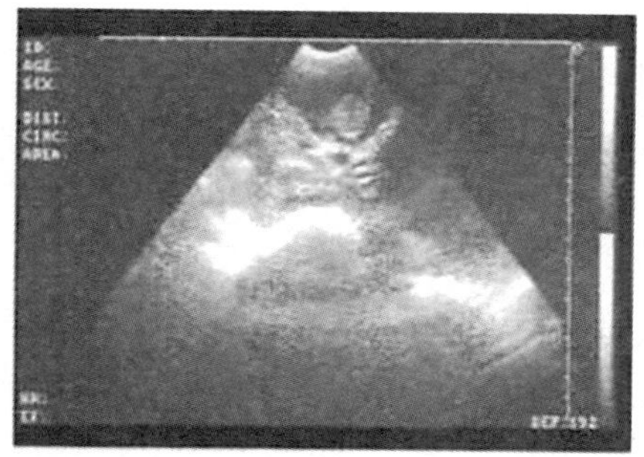

图 1-19　妊娠 45d 子宫超声影像

注：左图子宫区域内右侧孕囊内有明显胎体产生的强回声影像，这时骨骼已经开始钙化、胎儿各组织器官开始分化；右图孕囊中有明显的胎体。

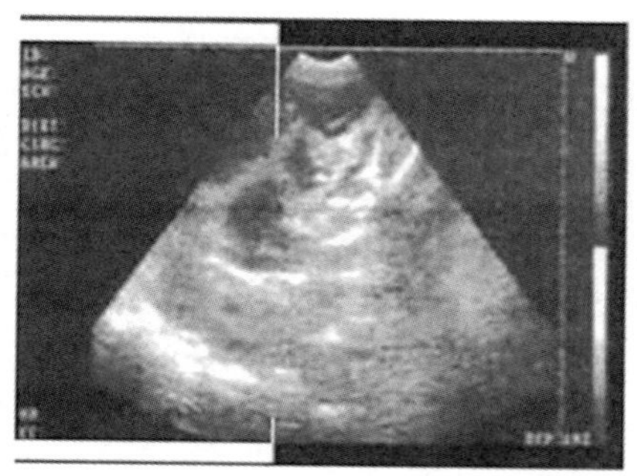
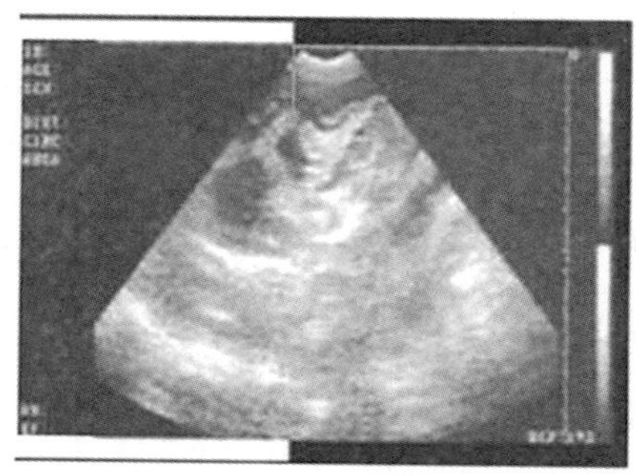

图 1-20　妊娠 55d 子宫超声影像

注：左图子宫区域内显示一个胎儿的颈胸部及胎心搏动，这时各组织器官分化明显，骨骼钙化程度较高，骨骼影像明显；右图显示胎儿头部骨骼影像。

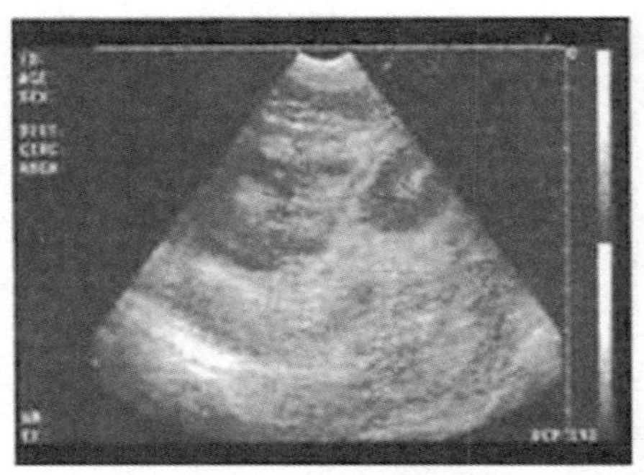

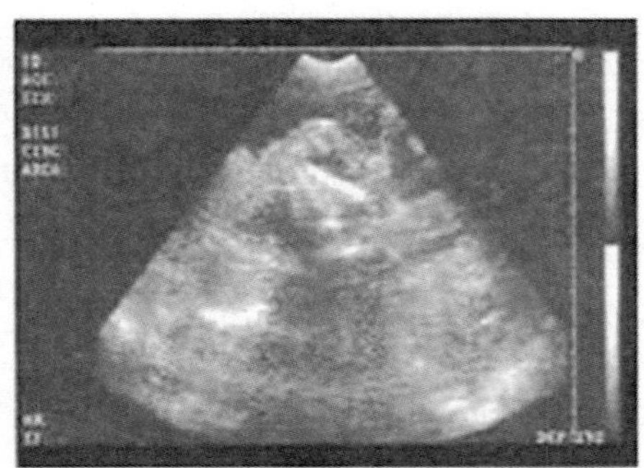

图 1-21　妊娠 65d 子宫超声影像

注：左图子宫区域内胎儿体积迅速增大、肋骨和心跳影像明显；
右图显示胎儿头颈部骨骼影像。

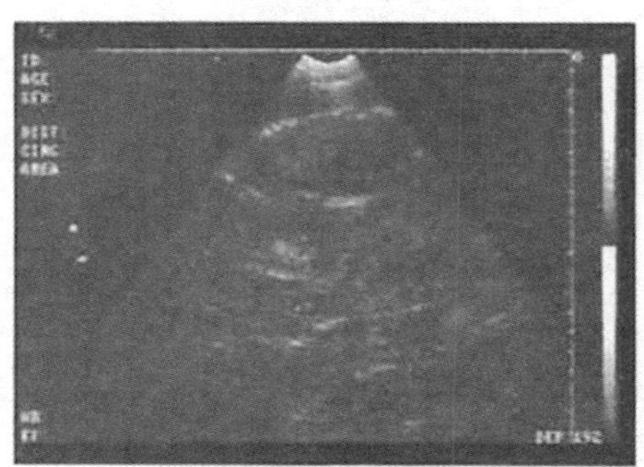

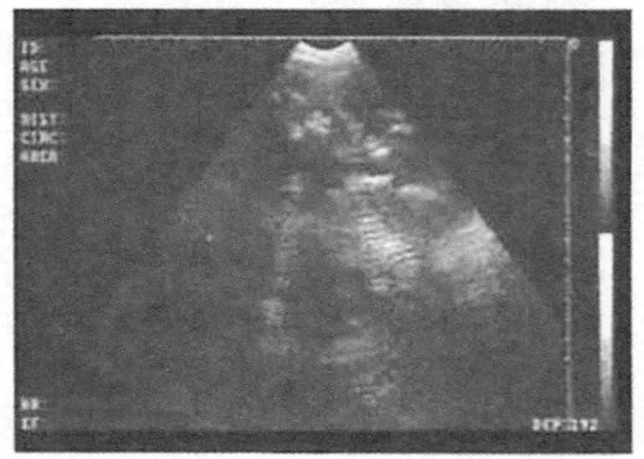

图 1-22　妊娠 75d 子宫超声影像

注：左图整个切面仅显示一个胎儿的胸腔和腹腔，能明显显示脊椎骨和胸腹腔影像，
内脏器官明显；右图显示胸腔及肋骨影像。

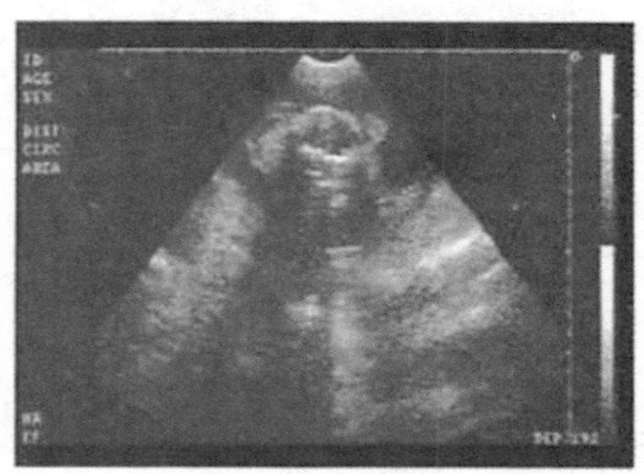

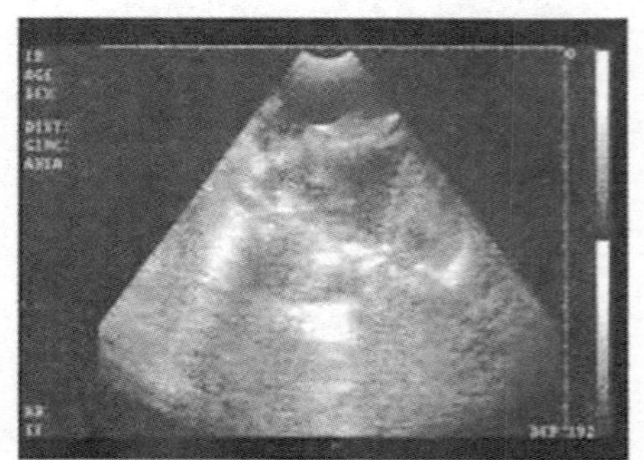

图 1-23　妊娠 90d 子宫超声影像

注：左图显示 90 日龄胎头的横切面影像；右图显示妊娠后期胎儿肢蹄部影像。

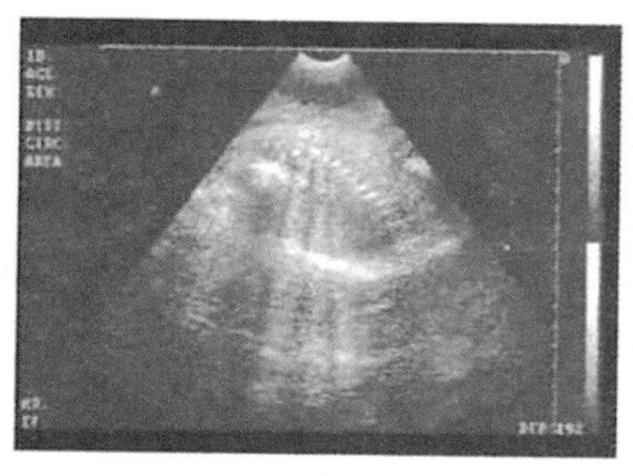
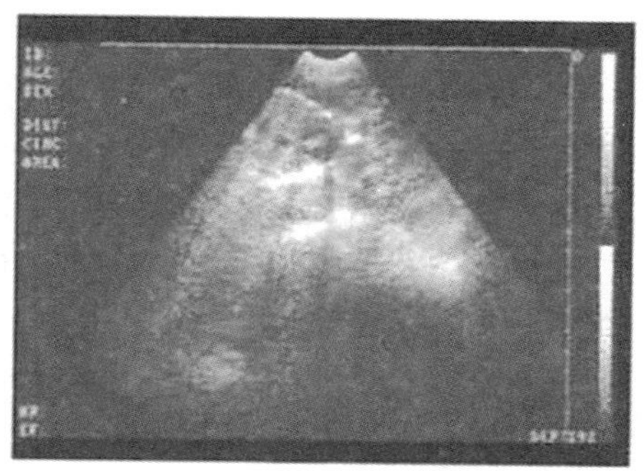

图 1-24　妊娠 105d 子宫超声影像

注：左图整个切面显示 1 个胎儿胸腔骨骼影像；右图显示胎儿心脏切面，清晰显示心脏切面及房室情况。

（七）接产前准备工作

工作程序	操作要求
分娩舍的准备和消毒	分娩舍要经常保持清洁、卫生、干燥，舍内温度为 15～22℃，相对湿度 50%～70%。在使用前 1 周左右，用 2%氢氧化钠溶液或其他消毒液进行彻底的消毒，6～10h 后用清水冲洗，通风干燥后备用。其分娩栏所需要数量根据工厂化猪场和非工厂化猪场两种情况分别进行计算。工厂化猪场所需分娩栏（床）数量=周分娩窝数×（使用周数+1）。如某一猪场每周分娩 35 窝，仔猪 3 周龄断奶，则该猪场应准备分娩栏（床）为 35×（3+1）＝140（个）；非工厂化猪场所需数量的计算方法，首先根据仔猪断奶时间和以往母猪配种分娩率（一般为 85%），计算出全年猪场产仔窝数，然后根据断奶时间、母猪待产时间和分娩栏（床）消毒准备时间，计算出每一个分娩栏（床）年使用次数。 全年需要分娩栏（床）数=全年产仔窝数/分娩栏（床）年使用次数 例如，某一猪场有基础母猪 100 头，仔猪实行 4 周龄断奶，母猪在分娩栏（床）待产和分娩栏（床）消毒时间 1 周。则该场全年产仔窝数为 100×365÷（114+28+7）×85%＝207（窝），分娩栏（床）年使用次数＝52/（4+1）＝10.4（次），全年需要分娩栏（床）＝207/10.4＝19.9（个），该猪场应准备分娩栏（床）至少 20 个。
物品准备	根据需要准备高床网上产仔栏、仔猪箱、擦布、剪刀、耳号钳子或耳标器和耳标、记录表格、5%碘酊、0.1%高锰酸钾溶液或 0.1%洗必泰溶液、注射器、3%～5%来苏尔、医用纱布、催产素、肥皂、毛巾、脸盆、应急灯具、活动隔栏、计量器具（秤）等。北方寒冷季节应准备垫料、250W 红线灯或电热板、液体石蜡等。

工作程序	操作要求
母猪产前饲养管理	母猪于产前1周转入产房，便于其熟悉环境，有利于分娩。但不要转入过早，防止污染环境。非集约化猪场产前1~2周停止放牧运动。如果母猪有体外寄生虫，应进行体外驱虫，防止其传播给仔猪。进入产房后应饲喂泌乳期饲料，并根据膘情和体况决定增减料，正常情况下大多数母猪此时膘情较好，应在产前3d进行逐渐减料，直到临产前1d其日粮量为1.2~1.5kg。产仔当天最好不喂或少喂，但要保证饮水。有研究认为，母猪在妊娠最后30d应饲喂泌乳期饲料，并且在产前1周也不减料，有利于提高仔猪初生重。但要求母猪不应过于肥胖，以免造成分娩困难甚至影响泌乳。对于体况偏瘦的妊娠母猪，不但不应减少口粮量，还应增加一些富含蛋白质、矿物质、维生素的饲料，确保母猪安全分娩和泌乳。 目前国内外有些猪场通过向母猪饲料中添加3%~5%的动物脂肪，可以显著提高仔猪育成率和母猪泌乳力。值得指出的是，母猪产前患病必须及时诊治，以免影响分娩、泌乳和引发仔猪黄痢等。

（八）母猪的接产与操作要求

工作程序	操作要求
母猪分娩征兆	（1）乳房变化。分娩15d左右腹部急剧膨胀下垂，乳房从后到前依次逐渐膨胀，乳头呈“八”字分开，产前2~3d乳头更为潮红，母猪乳房及乳头胀起，开始用手能挤出乳滴，到后来能挤出较多的奶水。 （2）外阴部变化。母猪产前3~5d外阴部红肿异常。 （3）母猪产前行动不安，叼草做窝，食欲减退。由于骨盆开张，则尾根两侧下陷，俗称“塌胯”。当母猪时起时卧、频繁排尿，待趴卧不动、体躯一阵一阵抖动时为阵痛开始。当阴部流出稀薄、稍带黏膜和粉红色的黏液时称“破水”，则表示仔猪即将产出。
母猪接产	（1）产前准备。产前2周，用2%敌百虫溶液喷雾以灭除母猪体外寄生虫。产前3~5d母猪进产房。产前1d，产房打扫干净，将母猪暂时隔离后，用来苏尔喷洒消毒。干燥后，垫上干净、柔软的垫草后将母猪赶入圈内。同时做好保温工作，准备好接产用品。当母猪卧下准备产仔时，用温水将母猪腹部及外阴部擦拭干净。 （2）正常产仔处理。母猪整个接产过程要求保持环境安静，动作迅速准确。仔猪产出后，立即用清洁的毛巾擦净仔猪口腔和鼻腔周围的黏液，以防仔猪窒息，然后用毛巾或干草擦净仔猪体表的黏液，以免仔猪受冻。

工作程序	操作要求
母猪接产	仔猪产出后一般脐带会自行扯断，但仍拖着20～40cm长的脐带，此时应及时人工断脐带。断脐时先将脐带内的血液挤向仔猪腹部，在距腹部3～5cm，即三指宽处用手扯断脐带。断脐前后应以5%碘酊消毒脐部，如脐带断后仍然流血，可用手指捏住断端3～5min，即可压迫止血。 （3）仔猪生后的一些处置。仔猪生后应进行打耳号或卡耳标、断尾、称重，并登记母猪产仔记录卡。为区别个体，可用猪耳号钳子将仔猪打出不同的孔洞和缺刻，来组成猪耳号（图1-25）。编号原则为“左大右小，上三下一”，左耳尖缺口为200，右耳尖缺口为100；左耳小圆洞为800，右耳小圆洞为400。 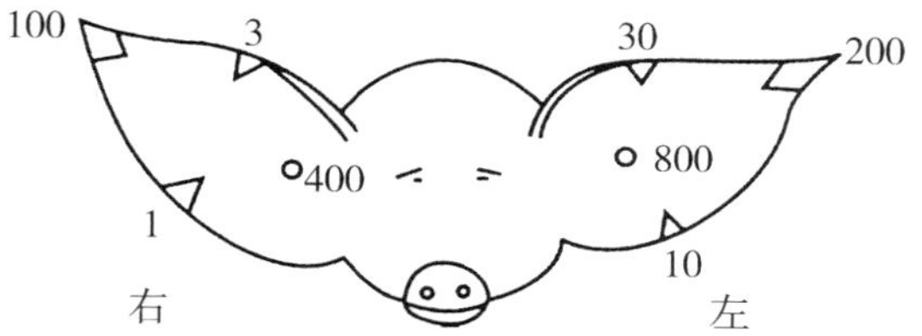 **图1-25　猪耳编号**
母猪难产处理	（1）正常分娩过程。母猪从产第1头仔猪产出到胎衣排出，整个分娩过程持续时间为2～4h，多数母猪2～3h。产仔间隔时间一般为10～15min。 （2）难产。由于各种原因致使分娩进程受阻称为难产。难产多数情况下是由于母猪产道狭窄以及患病身体虚弱造成分娩无力。母猪初配年龄过早或体重过小，母猪年龄过大，母猪偏肥、偏瘦易难产。具体判断方法是，羊水流出时间超过30min，母猪躁动或疲劳，精神不振，这时应立即实施难产处理；分娩过程中难产多数是由于胎位不正或胎儿过大造成的。母猪表现产仔间隔时间变长并且多次努责，激烈阵缩，仍然产不出仔猪。母猪呼吸急促、心跳加快、烦躁紧张、可视黏膜发绀等均为难产症状，应立即进行难产处理。 （3）难产处理。母猪发生难产时，对于产道正常、胎儿过大、胎位正常的处理方案是进行母猪乳房按摩，用双手按摩前边3对乳房5～8min，可以促进催产素的分泌，有利于分娩。按摩乳房不奏效可实施肌内注射催产素，剂量为每50kg体重10U，注射部位为臀部肌肉。注射后20～30min，可能有仔猪产出。如果注射催产素助产失败或产道异常、胎儿过大、胎位不正，应实施手掏术。术者首先要认真剪磨指甲，用3%的来苏尔消毒手臂，并涂上液体石蜡或肥皂，蹲在高床网上产仔栏后面或侧卧在母猪臀后（平面产仔）。手呈锥状于母猪努责间隙，慢慢地伸入母猪产道（先向斜上后直入），中指伸入胎儿口腔内呈“L”形钩牙齿，食指压在胎儿鼻突上将胎儿慢慢地拉出。如果胎儿是臀位时，可直接抓住胎儿后肢将其拉出，不要拉得过快以免损伤产道。掏出1头仔猪后，可能转为正常分娩，不要再掏。如果实属母猪分娩子宫收缩乏力，可全部掏出。注意，凡是进行过手掏术的母猪，均应抗炎预防治疗5～7d。以免产后感染影响将来的发情、配种和妊娠。至于剖宫产，除非品种稀少或种猪成本昂贵，否则不予提倡，因为剖宫产使用药品较多，且母猪术后护理较困难。

工作程序	操作要求
假死仔猪急救	假死仔猪是指出生时没有呼吸或呼吸微弱，但心脏仍在跳动的仔猪。遇到这种情况应立即抢救。 （1）人工呼吸。抢救者首先用擦布抠出假死仔猪口腔内的黏液，同时将口鼻周围擦干净。然后用一只手抓握住假死仔猪的头颈部，使仔猪口鼻对着抢救者，用另一只手将 4~5 层的医用纱布捂在假死仔猪的口鼻上，抢救者可以隔着纱布向假死仔猪的口内或鼻腔内吹气，并用手按摩胸部。当假死仔猪出现呼吸迹象时，即可停止人工呼吸。 （2）倒提拍打法。假死仔猪抠完黏液后，立即用左（右）手将仔猪后腿提起，然后用右（左）手稍用力拍打假死仔猪的臀部，发现假死仔猪躯体抖动，深吸一口气，说明呼吸中枢启动，假死仔猪已抢救过来。 （3）刺激胸肋法。首先将假死仔猪口腔内及口鼻周围黏液抠出擦净，然后抢救者用两膝盖将假死仔猪后躯夹住固定，使假死仔猪与抢救者同向，用擦布用力上下快速搓擦假死仔猪的胸肋部，当发现假死仔猪有哼叫声，说明抢救成功。 经抢救过来的仔猪，同样要求进行擦身、断脐、吃初乳等操作。
母猪产后的饲养和管理	（1）母猪产后饲养。母猪产后由于腹内在短时间内排出的内容物容积较大，造成母猪饥饿感增强，但此时不要马上饲喂大量饲料。因为此时胃肠消化功能尚未完全恢复，一次性食入大量饲料会造成消化不良。产后第 1 次饲喂时间最好是在产后 2~3h，并且严格掌握喂量，一般只给 0.5kg 左右。以后日粮量逐渐增加，产后第 1 天，2kg 左右；第 2 天，2.5kg 左右；第 3 天，3kg 左右；产后第 4 天，体重 170~180kg 带仔 10~12 头的母猪可以给日粮 5.5~6.5kg。要求饲料营养丰富、容易消化、适口性好，同时保证充足的饮水。 （2）母猪产后管理。母猪产后身体很疲惫需要休息，在安排好仔猪吃足初乳的前提下，应让母猪尽量多休息，以便迅速恢复体况。母猪产后应将胎衣及被污染垫料清理掉，严禁母猪生吃胎衣和嚼垫草，以免母猪养成食仔恶癖和造成消化不良。母猪产后 3~5d 内，注意观察母猪的体温、呼吸、心跳、皮肤黏膜颜色、产道分泌物、乳房、采食、粪尿等，一旦发现异常应及时诊治，防止病情加重影响正常的泌乳和引发仔猪下痢等病。生产中常出现乳腺炎、产后生殖道感染、产后无乳等，应引起充分注意，以免影响整个生产。

六、项目过程检查

序号	检查项目	检查标准	学生自检	教师检查
1	母猪的发情周期和发情表现	熟练掌握		提问
2	母猪发情鉴定的方法	实施步骤合理，有利于提高鉴定准确率		提问并检验

序号	检查项目	检查标准	学生自检	教师检查
3	后备母猪群的选择	符合实训要求，其中有一定数量的发情母猪		
4	空怀母猪群的选择	符合实训要求，其中有一定数量的发情母猪		
5	种公猪的选择	符合实训要求，有较旺盛的性欲		
6	母猪的妊娠表现	熟练掌握		提问
7	母猪早期妊娠诊断方法	实施步骤合理，有利于提高诊断准确率		提问并检验
8	配种后母猪群的选择	符合实训要求，其中有一定数量的妊娠母猪		
9	临产母猪群的选择	符合实训要求		
10	教学过程中的课堂纪律	听课认真，遵守纪律，不迟到、不早退		
11	实施过程中的工作态度	在工作过程中乐于参与		
12	上课出勤状况	出勤95%以上		
13	安全意识	无安全事故发生		
14	环保意识	猪排泄物及时处理，不污染周边环境		
15	合作精神	能够相互协作，相互帮助，不自以为是		
16	实施计划时的创新意识	确定实施方案时不随波逐流，有合理的独到见解		
17	实施结束后的任务完成情况	过程合理，诊断准确，与组内成员合作融洽，语言表述清楚		
检查评价	评语： 组长签字：　　　　教师签字： 年　　月　　日			

七、项目考核评价

同项目一中猪的品种识别、外貌鉴定及体尺测量的项目考核评价方法。

八、项目训练报告

撰写并提交实训总结报告。

项目四　猪的屠宰测定

通过本项目实训，掌握猪的屠宰方法、胴体测量方法，能准确计算屠宰率和瘦肉率。

一、项目任务目标

（1）通过实验掌握猪屠宰测定的项目。

（2）了解屠宰测定的整个过程。

（3）掌握主要项目的测定方法。

二、项目任务描述

1. 工作任务

（1）学会对胴体进行测量，测定肉猪的一些主要屠宰性状，如屠宰率、瘦肉率。

（2）学会对骨、肉、皮、脂进行分离。

（3）通过活体测膘来间接估测瘦肉率，学会计算瘦肉率。

2. 主要工作内容

（1）掌握猪屠宰的方法，包括击晕、放血、去毛和取内脏的方法。

（2）掌握肌肉、脂肪、骨骼和皮肤的分离方法，以及屠宰率、瘦肉率等计算方法。

（3）掌握眼肌面积的测量方法和计算方法。

三、项目任务要求

1. 知识技能要求

（1）要求学生能独立操作每个实验步骤，了解和掌握其相关原理，培养学生熟练的实验操作。

（2）要求学生认真记录实验数据，并通过实验数据分析实验结果。

2. 实习安全要求

在屠宰实验过程中要注意安全，以免猪咬人或用刀具刺伤人。

3. 职业行为要求

（1）实验材料要准备充足。

（2）着装整齐。

（3）遵守课堂纪律。

（4）具有团结合作精神。

四、项目训练材料

1. 器材

刀具、吊架、桶、盆、秤、求积仪、钢卷卡尺、硫酸纸、钢直尺、各种屠宰用刀和钩、天平等。

2. 动物

90~100kg 体重的育肥猪。

3. 其他

工作服、工作帽、胶皮手套、围裙、胶靴、毛巾、肥皂、脸盆。

五、项目实施（职业能力训练）

（一）屠宰与操作要求

工作程序	操作要求
屠宰前准备	穿好工作服、胶靴、戴工作帽、胶皮手套。
屠宰	待测猪达到体重（90~100kg）后，空腹 24h（不停水），宰前进行称重。 （1）宰前体重。经停食后 24h，称得空腹体重为宰前体重。 （2）放血、烫毛和褪毛。放血部位是在腭后部凹陷处刺入，割断颈动脉放血。不吹气褪毛，屠体在 68~70℃热水中浸烫 3~5min 后褪毛。 （3）开膛。自肛门起沿腹中线至咽喉左右平分剖开体腔，清除内脏（肾脏和板油保留）。 （4）劈半。沿脊柱切开背部皮肤和脂肪，再用砍刀中锯将脊椎骨分成左右两半，注意保持左半胴体的完整。 （5）去除头、蹄和尾。头在耳后缘和颈部第 1 自然皱褶处切下。前蹄自腕关节、后蹄跗关节切下。尾在荐尾关节处切下。
胴体测定	（1）胴体重。猪屠宰后去头、蹄、尾、内脏（肾脏和板油保留），左右两半胴体的重量之和即为胴体重。 （2）屠宰率。胴体重占宰前体重的百分比。 （3）肌体长度。从耻骨联合前缘到第 1 肋骨与胸骨接合处前缘的长度，称为胴体斜长；从耻骨联合前缘到第 1 颈椎底部前缘的长度，称为胴体直长。

<table>
<tr><th>工作程序</th><th>操作要求</th></tr>
<tr><td>胴体测定</td><td>（4）背膘厚度与皮厚。在第 6 与第 7 胸椎连接处背部测得皮下脂肪厚度、皮厚。也可以采用以三点测膘法，即肩部最厚处、胸腰结合处和腰荐结合处测量脂肪厚度计算平均值。
（5）眼肌面积。指最后肋骨处背最长肌横截面的面积。可用求积仪测出眼肌面积，若无求积仪可用下面公式估算。眼肌面积（cm^2）= 眼肌宽度（cm）×眼肌厚度（cm）×0.7。
（6）后腿比例。沿腰荐与荐椎结合处垂直切下的后腿重量占该半胴体重量的百分比称为后腿比例。
（7）胴体瘦肉率。将去掉板油和肾脏的新鲜胴体剖分为四部分，瘦肉、脂肪、骨、皮。肌间零星脂肪不剔出，随瘦肉。皮肌随脂肪也不另剔出，作业损耗控制在 2% 以下。瘦肉占这四种成分总和的比例即为瘦肉率。
$瘦肉率=\frac{瘦肉重量}{骨骼重量+瘦肉重量+脂肪重量+皮肤重量}\times 100\%$
肉脂比：以脂肪为基准计算所得的瘦肉对脂肪的比。
$肉脂比例=\frac{瘦肉重量}{脂肪重量}\times 100\%$
（8）腿瘦肉率。腿瘦肉率是指前、后腿瘦肉占宰前活重的百分数。
$腿瘦肉率=\frac{前后腿瘦肉重}{宰前活重}\times 100\%$
用左胴体结合骨、肉、皮脂剥离作腿瘦肉率测定。前腿前端即屠宰测定去头部位，后端从第 5、第 6 肋骨间沿与背中线垂直方向切下，并将腕关节上方切去 1~2cm，后腿自倒数第 1、第 2 腰椎间垂直切下（切前先将腰大肌即柳梅肉分离加入后腿），并将跗关节上方切去 2~3cm。然后剥取前、后腿瘦肉称重，计算即得腿瘦肉率。</td></tr>
<tr><td>肉质分析的样品采集</td><td>（1）眼肌样。用刀挖取倒数第 2 至第 3 肋骨处的全部背最长肌，装入样品袋，同时在一纸条上注明该猪的耳号、品种、样品采样时间及该样品为“眼肌，测系水力用”，并将该纸条同时放入样品袋内，置于冰箱或有冰块的保温箱中保存待用。
如还要测滴水损失，则用刀挖取倒数第 3 至第 4 肋间处的全部背最长肌，装入样品袋，同时在一纸条上注明该猪的耳号、品种、样品采样时间及该样品为“眼肌，测滴水损失用”，并将该纸条同时放入样品袋内，置于冰箱或有冰块的保温箱中保存待用。</td></tr>
</table>

工作程序	操作要求
肉质分析的样品采集	用刀挖取最末胸椎与第1腰椎接合处全部背最长肌，装入样品袋，同时在一纸条上注明该猪的耳号、品种、样品采样时间及该样品为“眼肌，测肌内脂肪用”，并将该纸条同时放入样品袋内，置于冰箱或有冰块的保温箱中保存待用。 （2）腰大肌样。撕去胴体腹内壁上的板油，取下肾脏后，用刀割取一大块（250~500g）腰大肌肉样，装入样品袋，同样按上述方法注明猪耳号、品种、样品采集时间及该样品为“腰大肌，测嫩度或熟肉率”，置于冰箱或有冰块的保温箱中保存待用。
注意事项	（1）烫毛前不宜吹气，以免组织变形；褪毛水温不宜过高，以免影响褪毛效果；刮毛速度要快，以免冷后难以褪毛。 （2）测量前要校正测量工具。 （3）作业损耗控制在2%以下。

六、项目过程检查

序号	检查项目	检查标准	学生自检	教师检查
1	猪屠宰活体的实施准备	准备充分，细致周到		
2	屠宰计划实施步骤	实施步骤合理，有利于提高评价质量		
3	屠宰操作的准确性	细心、耐心		
4	胴体测量的方法	符合操作技能要求		
5	实施前屠宰工具的准备	所需工具准备齐全，不影响实施进度		
6	教学过程中的课堂纪律	听课认真，遵守纪律，不迟到、不早退		
7	实施过程中的工作态度	在工作过程中乐于参与		
8	上课出勤状况	出勤95%以上		
9	安全意识	无安全事故发生		
10	环保意识	屠宰过程中的污物及时处理，不污染周边环境		

序号	检查项目	检查标准	学生自检	教师检查
11	合作精神	能够相互协作，相互帮助，不自以为是		
12	实施计划时的创新意识	确定实施方案时不随波逐流，有合理的独到见解		
13	实施结束后的任务完成情况	过程合理，鉴定准确，与组内成员合作融洽，语言表述清楚		
检查评价	评语： 组长签字：　　教师签字： 年　月　日			

七、项目考核评价

同项目一中猪的品种识别、外貌鉴定及体尺测量的项目考核评价方法。

八、项目训练报告

撰写并提交实训总结报告。

项目五　猪配种计划和经济杂交方案的拟订

通过本项目的实训，掌握猪的常见几种杂交方式的概念和特点，并能拟订完整的配种杂交方案。

一、项目任务目标

（1）学会拟订不同年龄种猪的配种计划。

（2）掌握经济杂交的一般概念。

（3）掌握几种杂交方式的特点。

二、项目任务描述

1. 工作任务

（1）按计划完成每周配种任务，确保全年均衡生产。

（2）根据实际情况，制订经济杂交方案。

2. 主要工作内容

（1）年度生产计划报告。

（2）上一年度配种、产仔、哺乳、生产可售猪记录。

（3）公、母猪年度淘汰计划。

（4）后备公猪和后备母猪参加配种计划。

（5）配种计划表及种猪原始记录档案等。

（6）本地区已有的猪经济杂交试验资料。

三、项目任务要求

1. 知识技能要求

（1）细心观察及时发现母猪的发情征象，正确掌握配种的适宜时机。

（2）定期检查种公猪精液的品质（包括病原微生物的检查），发现问题，应及时采取相应措施。

（3）熟知杂交方式。

（4）掌握提高杂种优势途径。

（5）能综合评估杂交的效果。

2. 职业行为要求

（1）实验材料要准备充足。

（2）着装整齐。

（3）遵守课堂纪律。

（4）具有团结合作精神。

四、项目训练材料

配种计划表，配种记录表，母猪产仔哺育记录表。

五、项目相关知识

（一）猪的配种计划

1. 拟订种猪的年配种计划

根据上一年度母猪配种、产仔、生产可售猪情况，计算出 1 头母猪年产可售猪的头数（纯种数量、杂种数量分别计算），再根据年度生产计划计算出 1 年需要配种的母猪头数。

1 年需要配种母猪头数=年生产计划（头数）/1 头母猪年生产可出售猪（头数）

由 1 年需要配种母猪头数计划出周配种母猪头数。

1 周配种母猪头数=1 年需要配种母猪头数/52 周

在养猪生产中，母猪一般产仔 7~8 胎后淘汰，年淘汰率为 30%~35%，每个月淘汰率为 2.5%~3%，因此每年需补充 40%的后备母猪。公猪一般使用 3 年，年淘汰率为 35%，也需补充 40%的后备公猪。

根据猪场各类种猪所处生产生理时期（空怀、妊娠、泌乳、后备发育程度）逐头编排出具体配种周次，并将与配公猪个体的品种耳号注明，便于配种工作的组织和安排。

如果是一年中某一时期计划生产任务，应根据母猪的生产周期及猪场的实际情况提前做好安排。

母猪生产周期=妊娠期（16.5 周）+哺乳期（3~5 周）+断奶后发情配种期（1 周）

2. 拟订种猪周配种计划

全年参加配种所需公猪头数=1 周配种母猪头数×2/公猪周配种次数

周配种计划一式两份，一份备案存档，一份现场安排配种。

例如，周配种母猪 26 头，公猪平均周配种 4 次，则：

所需公猪头数=26×2/4=13 头

此计算方法只适用连续工艺流程生产情况，不适于季节配种猪场。季节配种公母猪比例为 1∶25。

（二）杂交和杂种优势的概念

1. 杂交

指不同品种、品系或品群间的相互交配。

2. 杂种优势

这些品种、品系或品群间杂交所产生的杂种后代，往往在生活力、生长势和生产性能等方面，在一定程度上优于其亲本纯繁群体，即杂种后代性状的平均表型值超过杂交亲本性状的平均表型值，这种现象称为杂种优势。

3. 杂种优势的估算

在生产中，为了估算杂种优势程度的大小，常用杂种优势率作为衡量指标。

估算杂种优势公式如下：

$$\text{杂种优势率}=\frac{\bar{F}_1-\bar{P}}{\bar{P}}$$

式中，$\bar{F}_1$为杂种一代性状的平均表型值，$\bar{P}$ 为双亲性状的平均表型值。

（三）杂交方式

1. 两品种经济杂交

（1）概念。两品种经济杂交又称二元杂交，是用两个不同品种的公、母猪进行一次杂交，其杂种一代全部用于育肥，生产商品肉猪。

（2）特点。这种方法简单易行，已在农村推广应用。只要购进父本品种即可杂交。缺点是没有利用繁殖性能的杂种优势，仅利用了生长育肥性能和胴体性能的杂种优势，因为杂种一代母猪被直接育肥，繁殖优势未能表现出来。

（3）应用。我国二元杂交主要以引入或我国培育品种作父本与本地品种或培育品种作母本进行杂交，杂交效果好，值得广泛推行。如以杜洛克猪为父本与三江白猪杂交，所得杂种日增重为629g，料肉比为3.28∶1，瘦肉率达62%。

A（♀）×B（♂）

↓AB（公母全部育肥）

2. 三品种经济杂交

（1）概念。三品种经济杂交又称三元杂交，即先利用两个品种的猪杂交，从杂种一代中挑选优良母猪，再与第二父本品种杂交，二代所有杂种用于育肥生产商品肉猪。

（2）应用。三元杂交所使用的猪种，母猪常用地方品种或培育品种，两个父本品种常用引入的优良瘦肉型品种。为了提高经济效益和增加市场竞争力，可把母本猪确定为引入的优良瘦肉型猪，也就是全部用引入优良猪种进行三元杂交，效果更好。目前，在国内从南方到北方的大多数规模化养猪场，普遍采用杜、长、大的三元杂交方式，获得的杂交猪具有良好的生产性能，尤其产肉性能突出，非常受市场欢迎。

A（♀）×B（♂）

↓AB（♀）×C（♂）

↓ABC（公母全部育肥）

3. 轮回杂交

（1）概念。在杂交过程中，逐代选留优秀的杂种母猪作母本，每代用组成亲本的各品种公猪轮流作父本的杂交方式叫轮回杂交。

（2）优点。利用轮回杂交，可减少纯种公猪的饲养量，降低养猪成本，可利用各代杂种母猪的杂种优势来提高生产性能，因此不一定保留纯种母猪繁殖群，可不断保持各子代的杂种优势，获得持续而稳定的经济效益。常用的轮回杂交方法有两品种和三品种轮回杂交。

4. 配套杂交

（1）概念。配套杂交又称四品种（品系）杂交，是采用四个品种或品系，先分别进行两两杂交，然后在杂交一代中分别选出优良的父、母本猪，再进行四品种杂交，称配套系杂交。

（2）应用。目前国外所推行的“杂优猪”，大多数是由四个专门化品系杂交而产生。如美国的“迪卡”配套系，英国的“PIC”配套系等。

A（♀）×B（♂）　　　　C（♀）×D（♂）

↓AB（♀）　　×　　↓CD（♂）

↓ABCD（公母全部育肥）

六、项目实施（职业能力训练）

1. 猪配种方案的拟订

（1）根据猪场性质、任务，猪舍、设备、劳力、气候等条件确定分娩制度，是季节产仔还是常年产仔。

（2）根据妊娠期及断奶日龄等情况，决定全场一年或一个生产周期内的配种—妊娠—分娩—哺乳等时间安排、批数和头数。

（3）然后再根据选配计划的要求，逐头落实繁殖母猪的配种计划。

（4）通过对现场已有繁殖记录表格的了解与分析，能准确使用繁殖记录表格。

2. 猪经济杂交方案的拟订

（1）杂交组合的选择。由于杂交组合的不同，杂种优势表现不同，有时因组合不好会产生不良后果，因此，必须根据配合力测定结果，选择比较好的杂交组合进行经济杂交。

（2）父、母本品种的选择。①对母本品种的选择应选择分布广、数量多、适应性强、繁殖力高的品种作杂交母本品种，一般用我国地方猪品种。②对父本品种的选择应选择生长速度快、饲料利用率高、胴体品质好的品种作杂交父本品种，国内外良种均可作父本。

配种计划、配种记录、母猪产仔哺育记录见表 1-1 至表 1-3。

表 1-1　配种计划

<table>
<tr><td colspan="2">受配母猪</td><td rowspan="3">上期仔猪断奶日期</td><td colspan="4">计划与配公猪</td><td rowspan="3">预计配种日期</td><td rowspan="3">预计分娩日期</td><td rowspan="3">预计第 2 期配种日期</td><td rowspan="3">预计第 2 期分娩日期</td><td rowspan="3">备注</td></tr>
<tr><td rowspan="2">耳号</td><td rowspan="2">品种</td><td colspan="2">主配</td><td colspan="2">后补</td></tr>
<tr><td>耳号</td><td>品种</td><td>耳号</td><td>品种</td></tr>
<tr><td></td><td></td><td></td><td></td><td></td><td></td><td></td><td></td><td></td><td></td><td></td><td></td></tr>
</table>

表 1-2　配种记录

<table>
<tr><td colspan="3" rowspan="2">受配母猪</td><td colspan="4">计划与配公猪</td><td colspan="18">配种日期</td><td colspan="2" rowspan="2">预产期</td></tr>
<tr><td colspan="2">主配</td><td colspan="2">后补</td><td colspan="6">第 1 个发情期</td><td colspan="6">第 2 个发情期</td><td colspan="6">第 3 个发情期</td></tr>
<tr><td>耳号</td><td>品种</td><td>胎次</td><td>耳号</td><td>品种</td><td>耳号</td><td>品种</td><td>月</td><td>日</td><td>时</td><td>与配公猪</td><td>交配方式</td><td>配种员</td><td>月</td><td>日</td><td>时</td><td>与配公猪</td><td>交配方式</td><td>配种员</td><td>月</td><td>日</td><td>时</td><td>与配公猪</td><td>交配方式</td><td>配种员</td><td>月</td><td>日</td></tr>
<tr><td></td><td></td><td></td><td></td><td></td><td></td><td></td><td></td><td></td><td></td><td></td><td></td><td></td><td></td><td></td><td></td><td></td><td></td><td></td><td></td><td></td><td></td><td></td><td></td><td></td><td></td><td></td></tr>
</table>

表 1-3　母猪产仔哺育记录

<table>
<tr><td>耳号</td><td colspan="2"></td><td rowspan="2"></td><td rowspan="2">序号</td><td rowspan="2">耳号</td><td rowspan="2">性别</td><td rowspan="2">乳头数</td><td rowspan="2">毛色</td><td rowspan="2">初生重(kg)</td><td rowspan="2">20 日龄重(kg)</td><td rowspan="2">断奶重(kg)</td><td colspan="2">带奶母猪号</td><td colspan="4">处理情况</td></tr>
<tr><td>品种</td><td colspan="2"></td><td>出</td><td>入</td><td>月</td><td>日</td><td>离群体重</td><td>地点</td></tr>
<tr><td>胎次</td><td colspan="3"></td><td>1</td><td></td><td></td><td></td><td></td><td></td><td></td><td></td><td></td><td></td><td></td><td></td><td></td><td></td></tr>
<tr><td rowspan="2">与配公猪</td><td>耳号</td><td colspan="2"></td><td>2</td><td></td><td></td><td></td><td></td><td></td><td></td><td></td><td></td><td></td><td></td><td></td><td></td><td></td></tr>
<tr><td>品种</td><td colspan="2"></td><td>3</td><td></td><td></td><td></td><td></td><td></td><td></td><td></td><td></td><td></td><td></td><td></td><td></td><td></td></tr>
<tr><td colspan="2">配种方式</td><td colspan="2"></td><td>4</td><td></td><td></td><td></td><td></td><td></td><td></td><td></td><td></td><td></td><td></td><td></td><td></td><td></td></tr>
<tr><td colspan="2">杂交程度</td><td colspan="2"></td><td>5</td><td></td><td></td><td></td><td></td><td></td><td></td><td></td><td></td><td></td><td></td><td></td><td></td><td></td></tr>
<tr><td colspan="2">配种日期</td><td colspan="2"></td><td>6</td><td></td><td></td><td></td><td></td><td></td><td></td><td></td><td></td><td></td><td></td><td></td><td></td><td></td></tr>
<tr><td colspan="2">预产日期</td><td colspan="2"></td><td>7</td><td></td><td></td><td></td><td></td><td></td><td></td><td></td><td></td><td></td><td></td><td></td><td></td><td></td></tr>
</table>

（续表）

<table>
<tr><td colspan="2">耳号</td><td colspan="3"></td><td rowspan="2">序号</td><td rowspan="2">耳号</td><td rowspan="2">性别</td><td rowspan="2">乳头数</td><td rowspan="2">毛色</td><td rowspan="2">初生重（kg）</td><td rowspan="2">20日龄重（kg）</td><td rowspan="2">断奶重（kg）</td><td colspan="2">带奶母猪号</td><td colspan="4">处理情况</td></tr>
<tr><td colspan="2">品种</td><td colspan="3"></td><td>出</td><td>入</td><td>月</td><td>日</td><td>离群体重</td><td>地点</td></tr>
<tr><td colspan="2">分娩日期</td><td colspan="3"></td><td>8</td><td></td><td></td><td></td><td></td><td></td><td></td><td></td><td></td><td></td><td></td><td></td><td></td><td></td></tr>
<tr><td colspan="2">妊娠天数</td><td colspan="3"></td><td>9</td><td></td><td></td><td></td><td></td><td></td><td></td><td></td><td></td><td></td><td></td><td></td><td></td><td></td></tr>
<tr><td colspan="2">失配次数</td><td colspan="3"></td><td>10</td><td></td><td></td><td></td><td></td><td></td><td></td><td></td><td></td><td></td><td></td><td></td><td></td><td></td></tr>
<tr><td colspan="2"></td><td>总计</td><td>公</td><td>母</td><td>11</td><td></td><td></td><td></td><td></td><td></td><td></td><td></td><td></td><td></td><td></td><td></td><td></td><td></td></tr>
<tr><td rowspan="3">初生重</td><td>正常</td><td></td><td></td><td></td><td>12</td><td></td><td></td><td></td><td></td><td></td><td></td><td></td><td></td><td></td><td></td><td></td><td></td><td></td></tr>
<tr><td>畸形</td><td></td><td></td><td></td><td>13</td><td></td><td></td><td></td><td></td><td></td><td></td><td></td><td></td><td></td><td></td><td></td><td></td><td></td></tr>
<tr><td>死胎</td><td></td><td></td><td></td><td>14</td><td></td><td></td><td></td><td></td><td></td><td></td><td></td><td></td><td></td><td></td><td></td><td></td><td></td></tr>
<tr><td colspan="2">断奶</td><td></td><td></td><td></td><td>15</td><td></td><td></td><td></td><td></td><td></td><td></td><td></td><td></td><td></td><td></td><td></td><td></td><td></td></tr>
<tr><td colspan="5" rowspan="2">备注</td><td colspan="6">总重</td><td></td><td></td><td></td><td></td><td></td><td></td><td></td><td></td></tr>
<tr><td colspan="6">平均重</td><td></td><td></td><td></td><td></td><td></td><td></td><td></td><td></td></tr>
<tr><td colspan="19">饲养员：</td></tr>
</table>

说明：“带奶母猪号”一栏内，“入”是指为哪头母猪寄养的仔猪，“出”是指某仔猪给哪头母猪寄养。

七、项目实施过程检查

序号	检查项目	检查标准	学生自检	教师检查
1	猪杂交方案的拟订	准备充分，有理有据		
2	猪配种方案的拟订	实施步骤合理，有利于提高质量		
3	教学过程中的课堂纪律	听课认真，遵守纪律，不迟到、不早退		

序号	检查项目	检查标准	学生自检	教师检查
4	实施过程中的工作态度	在工作过程中乐于参与		
5	上课出勤状况	出勤 95%以上		
6	安全意识	无安全事故发生		
7	环保意识	猪粪便及时处理，不污染周边环境		
8	合作精神	能够相互协作，相互帮助，不自以为是		
9	实施计划时的创新意识	确定实施方案时不随波逐流，有合理的独到见解		
10	实施结束后的任务完成情况	过程合理，鉴定准确，与组内成员合作融洽，语言表述清楚		
检查评价	评语： 组长签字： 教师签字： 年 月 日			

八、项目考核评价

同项目一中猪的品种识别、外貌鉴定及体尺测量的项目考核评价方法。

九、项目训练报告

（1）结合某猪场的实际情况，拟订出该猪场种猪的年配种计划（表 1–4）。

表 1–4 ××猪场××年配种计划 （单位：头）

本年度生产任务	本年度年参加配种母猪头数	本年度参加配种公猪头数	备注

（2）结合某猪场的实际情况，拟订出该猪场种猪的周配种计划（表1-5）。

表1-5　××猪场××周配种计划　（单位：头）

周次	公猪个体×母猪个体
1	
2	
3	
.	
.	
.	
52	

（3）调查了解本地区猪的品种资源，结合引进品种的优势，制订猪的经济杂交方案。

（4）撰写并提交实训总结报告。

项目六　种猪系谱编制与系谱鉴定

通过本项目实训，掌握常见的几种猪的系谱编制方法、能独立完成猪场系谱的编制并进行系谱的鉴定。

一、项目任务目标

（1）要求掌握竖式系谱的编制方法。

（2）要求掌握横式系谱的编制方法。

（3）要求掌握结构式系谱的编制方法。

（4）要求掌握系谱鉴定的具体方法。

二、项目任务描述

（1）对某猪场提供竖式系谱的编制。

（2）对某猪场提供横式系谱的编制。

（3）对某猪场提供结构式系谱的编制。

（4）对某头种猪进行系谱鉴定。

三、项目任务要求

1. 知识技能要求

（1）掌握个体系谱编制。

（2）掌握群体系谱编制。

（3）掌握种猪细胞鉴定的目的及方法。

2. 职业行为要求

（1）实验材料要准备充足。

（2）着装整齐。

（3）遵守课堂纪律。

（4）具有团结合作精神。

四、项目相关知识

1. 竖式系谱

种猪的名字在上端，下面是父母代（Ⅰ亲代），再向下时父母的父母（Ⅱ祖代）。每一祖先的公猪记在右侧，母猪记在左侧。系谱正中划一垂线，右半为父方，左半为母方。系谱中如有共同祖先应标记特别记号。竖式系谱各祖先血统关系的模式（表1-6）。

表 1-6　竖式系谱（直式系谱）

Ⅰ亲代	母				父			
Ⅱ祖代	外祖母		外祖父		祖母		祖父	
Ⅲ曾祖代	外祖母的母亲	外祖母的父亲	外祖父的母亲	外祖父的父亲	祖母的母亲	祖母的父亲	祖父的母亲	祖父的父亲

2. 横式系谱（括号式系谱）

它是按子代在左、亲代在右、公畜在上、母畜在下的格式来填写的。系谱正中可画一横线，表示上半部为父系祖先，下半部为母系祖先。

横式系谱各祖先血统关系的模式见图 1-26。

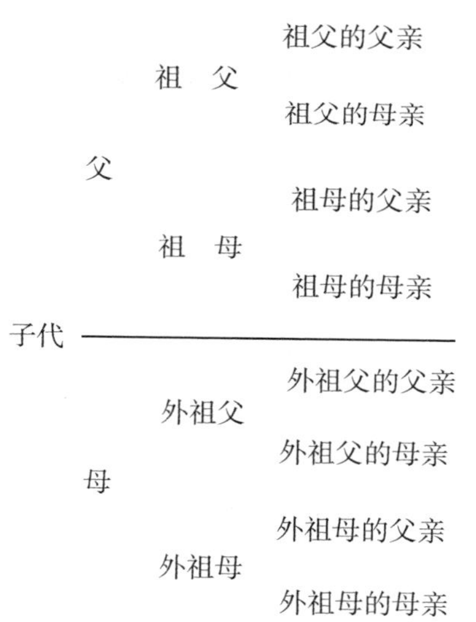

图 1-26　横式系谱各祖先血统关系的模式

3. 结构式系谱（系谱结构图）

只分析种猪系谱中的亲缘关系时，可制定结构式系谱。这种系谱不登记生产性能及其他材料，仅登记名字和畜号。编制的原则是后代写在左方，祖先写在右方。每 1 个个体与子女用线相连。同一头种猪不管它在系谱中出现几次，在这里仅占一个位置。它不遵循公猪在右，母猪在左的原则，而是系谱中方块代表公猪、圆圈代表母猪，并注意各条线尽量不相交，因此，应将出现更多的共同祖先放在中间位置。

也有结构式系谱为竖式的，一代一代由上而下或由下而上，其他方面与上面陈述相同。

（1）公畜用方块“□”表示，母畜用圆圈“○”表示。

（2）绘图前，先将出现次数最多的共同祖先找出，放在一个适中的位置上，以免线条过多交叉。

（3）为使制图清晰，可将同一代的祖先放在一个水平线上。有的共同祖先在几个世代中重复出现，则可将它放在最早出现的那一代位置上。

（4）同一头家畜，不论它在系谱中出现多少次，只能占据一个位置，出现多少次即用多少根线条来连接。

现仍以金华 1 号母猪的系谱为例，绘出结构式系谱见图 1-27。

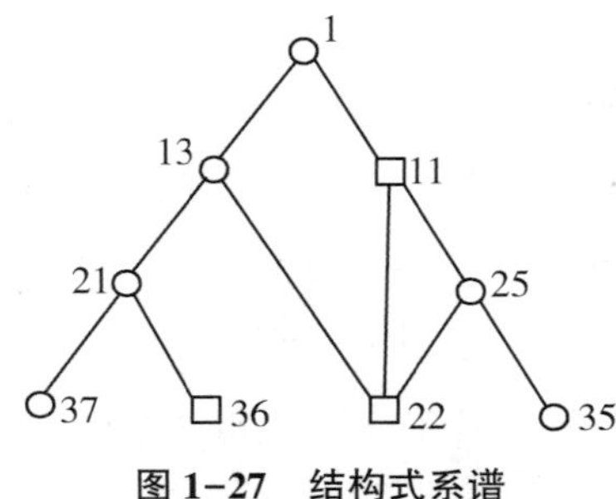

图 1-27　结构式系谱

4. 箭头式系谱

箭头式系谱是专供作评定亲缘程度时使用的一种格式，凡与此无关的个体都可不必画出（图 1-28）。

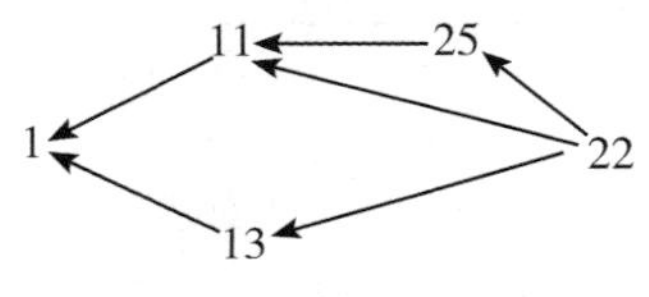

图 1-28　箭头式系谱

5. 畜群系谱（交叉式系谱）

前几种系谱都是为每个个体而单独编制的，畜群系谱则是为整个畜群而统一编制的。它是根据整个畜群的血统关系，按交叉排列的方法编制起来。利用畜群系谱可迅速查明畜群的血统关系，近交的有无和程度，各品系的延续和发展情况，因而有助于掌握畜群和组织育种工作（图 1-29）。

畜群系谱绘制步骤如下。

（1）先画出几条平行横线，在横线左端画出方块表示公畜，并注明其具体畜号（以下简称父线）。横线的多少，决定于所用种公畜的数量。而各公畜的安排顺序，则取决于其利用的早晚。图 1-29 中的 101 号和 106 号是该畜群的 2 头主要公畜，故应绘出 2 条横线。其中 101 号利用较早，应安排在最下面。

（2）根据畜群基础母畜的头数，可在图下画出相应的圆圈来表示，然后向上画出

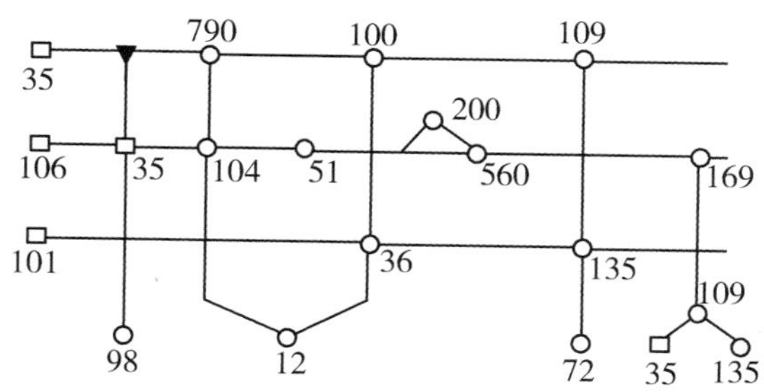

图 1-29 某畜群的系谱

垂线（以下简称母线）。基础母畜彼此间的距离，决定于其后裔数量的多少。图 1-29 中有 98 号、12 号和 72 号 3 头基础母畜，以 12 号的后裔较多，故其距离应留宽一些。

（3）根据交配分娩记录找出其父母，然后在其父母线的交叉处画出该个体的位置，分别用“□”“○”来表示，并在旁边注明其畜号。图中 35 号公牛为 106 号公牛和 98 号母牛交配所生，故应在父线和母线交叉处画一“□”，并由 98 号处向上引出垂线连接之。

（4）本群所培育的公畜，如留群继续使用，应单独给它画一横线。图中 35 号公牛已被留作种用，故应在 106 号横线的上面再单独画一横线，但必须在其原处向上引出垂线，在两线交叉处画一“▼”，以表明来自本群。

（5）当母畜继续留群繁殖时，可继续向上作垂线，并将其所生后代，画在父母线的交叉点上。图中 790 号母牛为 104 号母牛与 35 号公牛交配所在，故应在 104 号母线和 35 号父线的交叉处，画出 790 号的位置来。其他后代用同样方法来处理。

（6）有的母畜如果与父亲横线下的公畜交配，这样就不能再向上作垂线。此时应将它单独提出来另画一垂线。图中 109 号母牛与下面的 106 号公牛交配，生下 169 号母牛，此时就应将 109 号提出来另画一垂线，并在其下面注明其父 35 号和母 135 号。

（7）在父女交配的情况下，可将其女儿画在离横线不远处，并用双线连接。图中 200 号母牛，原是 106 号公牛与 560 号母牛父女交配所生，即应在离 560 号不远处画一“○”，然后用两条斜线分别与 106 号的横线和 560 号连接。

（8）为了表示群中各个体的变动情况，可用不同符号表示现已离群和已死。如为了表示各个体的来源和血统，还可用不同符号表示不同品种和杂交代数。

（9）对已通过后裔测验的特别优良种畜，可将其符号画大一些，并在旁边注明其主要生产边指标。

（10）在规模较小的猪场中，使用公猪数不多，此时可在同一公猪处画出几条平行横线，1 条线代表 1 年，按年代的远近由下向上排列。其他同上述内容。

（11）在已建立品系和品族的情况下，则可将同一公畜的品系后裔画在同一横线上。而同一母畜的品族后裔则画在同一来源的若干垂线上。

6. 系谱鉴定

系谱鉴定目的在于通过分析各代祖先的生产性能、生长发育、外形等，估计这头种畜的种用价值，了解这头种畜祖先的近交情况，为选配工作提供依据。

系谱鉴定的具体方法是将 2 头种畜的系谱放在一起比较，选出祖先优秀的个体作种用。比较时要两个系谱同代的祖先互相比，即亲代与亲代、祖代与祖代、父系与母系等各祖先分别比较。重点以审查亲代为主，血统越远，影响越小。系谱鉴定要以比较生产性能为主，同时要注意有无遗传缺陷。

五、项目考核评价

同项目一中猪的品种识别、外貌鉴定及体尺测量的项目考核评价方法。

六、项目训练报告

撰写并提交实训总结报告。

项目七　猪场管理及卫生防疫制度的制定

通过本项目实训，掌握猪场日常卫生防疫制度和管理制度，能根据实际情况制定猪场疾病防控和日常管理手册。

一、项目任务目标

（1）了解猪场饲养管理制度的种类。

（2）能够根据实际情况制定猪场各种饲养管理制度。

（3）熟悉猪场卫生防疫工作的内容、方法和步骤，掌握具体的消毒技术。

二、项目任务描述

（1）对某猪场提供管理及卫生防疫制度的制定。

（2）理解各种制度的内容、制定依据，能根据实际情况进行灵活调动。

三、项目任务要求

1. 知识技能要求

（1）掌握生产参数指标与流程。

（2）掌握人员相关管理制度。

（3）掌握饲养操作规程。

2. 职业行为要求

（1）实验材料要准备充足。

（2）着装整齐。

（3）遵守课堂纪律。

（4）具有团结合作精神。

四、项目训练材料

（1）猪场饲养管理制度手册。

（2）养猪场卫生防疫工作制度。

（3）材料。来苏尔溶液、新洁尔灭（苯扎溴铵）溶液、过氧乙酸、84 消毒液、百毒杀、氢氧化钠（烧碱）溶液等消毒剂。喷雾器、塑料桶、塑料盆、500mL 量筒、1 000mL 量杯、台秤。

五、项目实施相关知识

1. 猪场管理相关知识

（1）生产技术指标。制定预期的生产目标如配种受胎率、出生活体重、21 日龄个体重等指标，可以表格的形式列出。

（2）存栏结构标准依据实际情况和预期年上市肉猪数量计算出合理的存栏结构。

（3）生产流程以周为单位并结合猪舍情况制定出 4 个或 5 个生产环节并严格执行。图 1-30 为 4 个环节的生产流程。

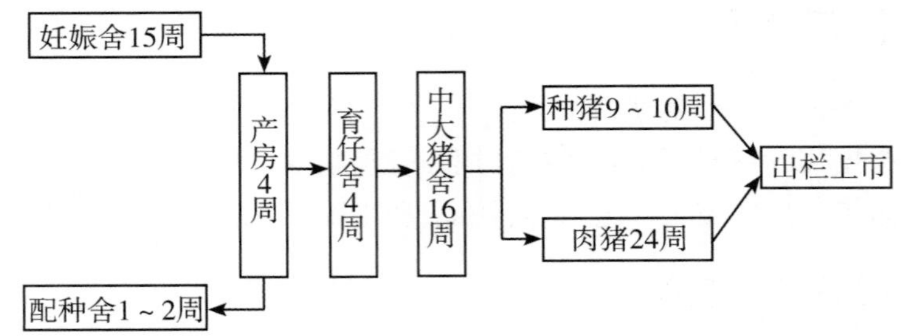

图 1-30　猪场 4 个环节的生产流程

（4）每周工作流程由于集约化和工厂化猪场生产的周期性相当强，生产过程环环相连，因此要求全场员工对自己做的工作内容和特点要非常清晰明了。每周工作日程见表 1-7。

表 1-7　每周工作日程

日期	配种妊娠舍	分娩保育舍	生长育成舍
星期一	大清洁、大消毒 淘汰猪鉴定	大清洁、大消毒 临断奶母猪淘汰鉴定	大清洁、大消毒 淘汰猪鉴定
星期二	更换消毒池（盆）药液 接收断奶母猪	更换消毒池（盆）药液 断奶母猪转出 空栏冲洗消毒	更换消毒池（盆）药液 空栏冲洗消毒
星期三	不发情、不妊娠母猪集中饲养驱虫、免疫注射	驱虫、免疫注射	驱虫、免疫注射
星期四	大清洁、大消毒 调整猪群	大清洁、大消毒	大清洁、大消毒 调整猪群
星期五	更换消毒池（盆）药液 转出临产母猪	更换消毒池（盆）药液 接收临产母猪	更换消毒池（盆）药液 空栏冲洗消毒

（续表）

日期	配种妊娠舍	分娩保育舍	生长育成舍
星期六	空栏冲洗消毒	仔猪强弱分群 初生仔猪剪牙、断尾、补铁等	出栏猪鉴定
星期日	妊娠诊断、复查 设备检查维修 周报表	清点仔猪数 设备检查维修 周报表	存栏盘点 设备检查维修 周报表

（5）各类猪饲喂标准可按猪的生产阶段、饲喂时间（天）、饲料种类、饲喂量制成表格形式。

（6）种猪淘汰原则与更新计划

2. 人员相关管理制度

（1）组织架构一般架构包括场长、生产线主管、后勤主管、财会、配种妊娠组、分娩保育组、生长育成组、水电维修、保安、运输、食堂等。

（2）岗位定编根据实际需要确定每个岗位人员的数量。

（3）责任分工以层层管理、分工明确、场长负责制为原则。分别对每个员工的责任做出具体规定，做到具体工作专人负责，既有分工又有合作，下级服从上级，重点工作协调进行，重要事情通过场领导班子研究解决。

（4）生产例会与技术培训制度利于定期检查、总结生产上存在的问题，及时研究出解决方案。为了有计划地布置下一阶段的工作，使生产有条不紊地进行，为了提高饲养人员、管理人员的技术素质，进而提高全场生产的管理水平应制定生产例会和技术培训制度。

（5）物资与报表严格管理。

（6）员工守则提高员工的责任心和积极性，有利猪场正常运行。包括：奖惩条例、员工请假考勤制度、出纳员岗位制度、水电维修工岗位责任制度、机动车司机岗位责任制度、保安员岗位责任制度、仓库管理员岗位责任制度、食堂管理制度、消毒更衣房管理制度。

3. 猪场防疫相关知识

（1）猪群保健与疫病防治的基本原则。①科学的饲养管理。坚持自繁自养，实行分群饲养；注意环境卫生，加强哺乳期母猪和仔猪的饲养管理。②制定严格合理的防疫制度。选好场地，合理布局；建立制度，定期消毒；注意监测疫情，及时发现疫病。③严格执行消毒制度。应根据不同的消毒对象选择不同的消毒药物、浓度和消毒方法。④药物预防，定期驱虫。选择驱虫药的原则是高效、低毒、广谱、低残留、价廉。⑤免疫接种，预防为主。传染病的发生、发展和流行需要3个条件，即传染源、传播途径和易感动物，只要切断其中任何一个条件，传染将不可能发生。给猪注射有效的疫苗，可以预防传染病的发生。⑥预防中毒。在生产实践中，应防止亚硝酸盐中毒，氢氰酸中毒、发霉谷物饲料中毒、食盐中毒等。

（2）对一栋猪舍进行消毒。①了解猪舍的基本情况。包括用途、结构、面积、内部设施等，结合实际制订消毒方案。②对圈舍进行彻底地清扫。包括地面、墙壁、围栏、排粪沟。特别要重视对圈舍天花板或圈梁、通风口的彻底清扫。③选择消毒剂。圈舍的一般喷洒消毒可用以下药品之一：5%来苏尔溶液、1%～2%氢氧化钠溶液、0.1%新洁尔灭溶液（苯扎溴铵溶液）、生石灰、熟石灰水等。④配制消毒液。将选出的消毒剂配制成适合浓度的液体（生石灰除外）。⑤对猪舍进行消毒用配制好的消毒液对猪舍进行喷洒、喷雾消毒。喷洒时注意从里到外，从上到下的顺序；注意人体自身的保护。

（3）对猪场门口消毒池的维护管理。根据猪场车辆、行人出入多寡情况，结合猪场的制度，确定清洗和换水的频率。参加配制消毒池用消毒液。消毒池用消毒液一般可选用2%氢氧化钠溶液、5%来苏尔溶液等。

六、项目考核评价

同项目一中猪的品种识别、外貌鉴定及体尺测量的项目考核评价方法。

七、项目训练报告

撰写并提交实训总结报告。

模块二

养牛技术技能实训

项目一　牛的品种识别、外貌鉴定及体尺测量

通过本项目实训，掌握常见牛品种的外貌特征，能进行牛的品种识别并进行体尺测量和体况评分。

一、项目任务目标

（1）采用多媒体课件播放和讲解国内外著名的牛品种，使学生能够识别奶牛和肉牛的代表品种。

（2）通过到牛场，观察实体牛的外貌特征，并给予评分，使学生掌握牛外貌鉴定的方法。

（3）通过对照实体牛讲解和示范牛体尺测定，使学生掌握牛基本体尺测定方法。

二、项目任务描述

1. 工作任务

（1）观看奶牛和肉牛代表品种的外貌特征。

（2）对照中国荷斯坦奶牛和肉牛外貌评分标准对实体奶牛和肉牛进行外貌鉴定并评分。

（3）测定牛的常用体尺，并计算体尺指数和体重。

2. 主要工作内容

（1）掌握中国荷斯坦牛外貌特征。

（2）掌握外貌鉴定标准。

（3）掌握体尺测定的起点和终点。

（4）掌握牛年龄鉴定的方法。

三、项目任务要求

1. 知识技能要求

（1）学会选择优良奶牛和肉牛。

（2）学会测定牛的体尺。

（3）学会利用体尺估测牛的体重。

（4）学会鉴定牛的年龄。

2. 实习安全要求

在测定牛体尺时，要严格按照规定进行操作，从牛的侧方或前方接近，防止被牛

踢伤。

3. 职业行为要求

（1）实验材料准备充足。

（2）穿着白大褂、雨靴。

（3）遵守课堂纪律。

（4）爱护被测动物。

（5）具有团结合作精神。

四、项目训练材料

1. 器材

胶靴、测杖、卷尺、直尺和圆形测角器、记录写字板。

2. 教室

多媒体教室。

3. 动物

中国荷斯坦奶牛和肉牛各 1 头。

4. 其他

工作服、工作帽、口罩、胶皮手套。

五、项目实施（职业能力训练）

（一）品种识别要求

工作程序	操作要求
准备工作	多媒体课件包含标准品种图片，多媒体设备。
讲解要点	（1）介绍品种原产地及分布。 （2）介绍牛的外貌特征。体型、毛色、品种特征。 （3）生产性能。生长性能、繁殖性能、产奶性能（奶牛）、产肉性能（肉牛）。 （4）在品种利用中的价值。
代表品种	（1）奶牛。中国荷斯坦奶牛、娟姗牛。 （2）肉牛。夏洛莱牛、海福特牛、安格斯牛。 （3）兼用品种。西门塔尔牛。

（二）外貌评分

工作程序	操作要求
教学准备	查阅中国荷斯坦牛或娟姗牛和相应中国黄牛的外貌评分标准；准备用于外貌评分的实验牛。阅读国家标准 GB 3157—2008 中国荷斯坦奶牛。
现场评分	1. 中国荷斯坦母牛外貌评分标准 （1）一般外貌与乳用特征。头、颈、甲、后大腿等部位棱角和轮廓明显 15 分；皮肤薄而有弹性，毛细而有光泽 5 分；体高大而结实分，各部结构匀称，结合良好 5 分；毛色黑白花，界线分明 5 分。小计 30 分。 （2）体躯。长、宽、深 5 分；肋骨间距宽，长而开张 5 分；背腰平直 5 分；腹大而不下垂 5 分；尻部长、平、宽 5 分。小计 25 分。 （3）泌乳系统。乳房形状好，向前后伸延，附着紧凑 12 分；乳腺发达，柔软而有弹性 6 分；前乳区中等长，四个乳区匀称，后乳区高、宽而圆，乳镜宽 6 分；乳头大小适中，垂直呈柱形，间距匀称 3 分；乳静脉弯曲而明显，乳井（乳静脉在第 8、第 9 肋骨处进入胸腔所经过的孔道）大，乳房静脉明显 3 分。小计 30 分。 （4）肢蹄。前肢：结实、肢势良好，关节明显，蹄形正，质坚实，蹄底呈圆形 5 分；后肢：结实、肢势良好，左右两肢间宽，系部有力，蹄形正，蹄质坚实，蹄底呈圆形 10 分。小计 15 分。 2. 奶牛外貌鉴定等级标准 特等 80 分；一等 75 分；二等 70 分；三等 65 分。 3. 肉牛外貌评分 （1）整体结构。品种特征明显，结构匀称，体质结实，肉用体型明显，肌肉丰满，皮肤柔软有弹性 25 分。 （2）前躯。胸宽深、前胸突出、肩胛宽平、肌肉丰满 15 分。 （3）中躯。肋骨张开、背腰宽而平直、中躯呈圆桶形、公牛腹部不下垂 15 分，母牛 20 分。 （4）后躯。尻部长、平、宽，大腿肌肉突出伸延，母牛乳房发育良好 25 分。 （5）肢蹄。肢势端正，两肢间距宽，蹄形正，蹄质坚实，运步正常 20 分，母牛 15 分。 4. 肉牛等级 特等，公牛 85 分，母牛 80 分；一等，公牛 80 分，母牛 75 分；二等，公牛 75 分，母牛 70 分；三等，公牛 70 分，母牛 65 分。

（三）体尺测定

工作程序	操作要求
准备工作	测量工具准备，包括卷尺，直尺，测杖，圆形测角器；准备实验动物奶牛或肉牛。
测定项目	依测量目的确定测定项目。常测体尺、鬐甲高、体斜长、胸围、前管围、坐骨端宽、腰角宽。体尺指数计算包括体长指数、体躯指数、胸围指数、尻宽指数。

（四）年龄鉴别

工作程序	操作要求
牙齿法	要求鉴定人员站在被鉴定牛只头部左侧附近，用徒手法或鼻钳法捉住牛鼻。左手捏住牛鼻中隔最薄弱处，顺手抬起牛头，使其呈水平状态，随后，迅速以右手插入牛的左侧口角，通过无齿区，将牛舌抓住，顺手一扭，用拇指尖顶住上颚，其余四指用力握住牛舌，并拉向左口角外边。然后检查牛门齿变化情况，按判定标准衡量其年龄。

六、项目过程检查

序号	检查项目	检查标准	学生自检	教师检查
1	牛的标准品种图片，课件介绍	品种图片质量清晰，有代表性		
2	外貌评分	计分符合标准要求		
3	测量工具	测量工具齐全、完好，能正常使用		
4	体尺测量	体尺起点终点位置准确，使用工具正确		
5	牙齿法年龄鉴别	鉴别方法正确，结果与实际年龄基本相符		
6	教学过程中的课堂纪律	听课认真，遵守纪律，不迟到、不早退		
7	实施过程中的工作态度	在工作过程中乐于参与		
8	上课出勤状况	出勤95%以上		
9	安全意识	无安全事故发生		
10	环保意识	尸体与病料及时处理，不污染周边环境		
11	合作精神	能够相互协作，相互帮助，不自以为是		
12	实施计划时的创新意识	确定实施方案时不随波逐流，有合理的独到见解		

序号	检查项目	检查标准	学生自检	教师检查
13	实施结束后的任务完成情况	过程合理，鉴定准确，与组内成员合作融洽，语言表述清楚		
检查评价	评语： 组长签字：　　教师签字： 年　月　日			

七、项目考核评价

评价类别	项目	子项目	个人评价	组内互评	教师评价
专业能力（60%）	资讯（5%）	收集信息（3%）			
		引导问题回答（2%）			
	计划（5%）	计划可执行度（3%）			
		设备材料工具、量具安排（2%）			
	实施（25%）	工作步骤执行（5%）			
		功能实现（5%）			
		质量管理（5%）			
		安全保护（5%）			
		环境保护（5%）			
	检查（5%）	全面性、准确性（3%）			
		异常情况排除（2%）			
	过程（5%）	使用工具、量具规范性（3%）			
		操作过程规范性（2%）			
	结果（10%）	结果质量（10%）			
	作业（5%）	完成质量（5%）			

<table>
<tr><th>评价类别</th><th>项目</th><th>子项目</th><th>个人
评价</th><th>组内
互评</th><th>教师
评价</th></tr>
<tr><td rowspan="4">社会能力
（20%）</td><td rowspan="2">团结协作
（10%）</td><td>小组成员合作良好（5%）</td><td></td><td></td><td></td></tr>
<tr><td>对小组的贡献（5%）</td><td></td><td></td><td></td></tr>
<tr><td rowspan="2">敬业精神
（10%）</td><td>学习纪律性（5%）</td><td></td><td></td><td></td></tr>
<tr><td>爱岗敬业、吃苦耐劳精神（5%）</td><td></td><td></td><td></td></tr>
<tr><td rowspan="4">方法能力
（20%）</td><td rowspan="2">计划能力
（10%）</td><td>考虑全面（5%）</td><td></td><td></td><td></td></tr>
<tr><td>细致有序（5%）</td><td></td><td></td><td></td></tr>
<tr><td rowspan="2">实施能力
（10%）</td><td>方法正确（5%）</td><td></td><td></td><td></td></tr>
<tr><td>选择合理（5%）</td><td></td><td></td><td></td></tr>
<tr><td>评价
评语</td><td colspan="5">评语：

组长签字：　　　　　　　教师签字：
年　　月　　日</td></tr>
</table>

八、项目训练报告

撰写并提交实训总结报告。

项目二　牛的人工授精技术

通过本项目实训，掌握牛冷冻精液贮存技术、解冻技术及精液品质检测技术，并能实施牛的人工授精。

一、项目任务目标

（1）掌握直肠把握输精法。

（2）能够进行牛人工授精。

二、项目任务描述

1. 工作任务

完成给一头发情母牛人工授精的全部步骤。

2. 主要工作内容

（1）掌握牛只保定。

（2）掌握输精器械和药物准备。

（3）掌握冷冻精液的提取技术。

（4）掌握冷冻精液的贮存技术。

（5）掌握冷冻精液的解冻技术。

（6）掌握精液品质检测技术。

（7）掌握输精技术。

三、项目任务要求

1. 知识技能要求

掌握人工授精的各个技术环节操作要点。

2. 实习安全要求

输精前，应将牛保定好，防止输精过程中被牛踢伤。

3. 职业行为要求

（1）实验器材要准备充足。

（2）着装整齐。

（3）遵守课堂纪律。

（4）具有团结合作精神。

（5）爱护实验动物。

四、项目训练材料

10~30L 液氮贮存罐、输精架、输精枪（套）、输精管、解冻缸（杯）、长臂乳胶（或塑料）手套、围裙、胶靴等。

普通显微镜 1 台、载玻片、盖玻片、血球计数器、记数计、干燥箱、消毒锅、电炉、酒精灯、烧杯、纱布、棉花、注射器、大小试管、滴管、漏斗、玻璃瓶、玻璃棒、大小烧杯等。

75%酒精棉球、生理盐水棉球、0.3‰新洁尔灭溶液等。

天平、药品橱、洗涤架、污物桶、细管、剪子、镊子（长柄）、水温计、瓶刷、搪瓷盘、滤纸、毛巾、肥皂、卫生纸。

五、项目实施（职业能力训练）

操作程序	操作要求
牛只保定	采用站立保定，尾巴向右上方拴系提起。
冷冻精液的提取	各冻配点提取精液时，应将所提取精液的品种、牛号、数量等出库单证妥善保存，并核对无误。提取精液应做到轻拿轻放，严防碰撞。
冷冻精液贮存	（1）在液氮罐内贮存的冷冻精液，必须浸没于液氮中，液氮在不足总容积 1/3 时，应及时补充。 （2）取放冷冻精液时，提筒只允许上提到液氮罐的瓶颈段以下，严禁提出罐外。在罐内脱离液氮的时间不得超过 10s，必要时再次浸没后提取。 （3）在向另一液氮贮存罐内转移冷冻精液时，精液提筒脱离液氮不得超过 5s。 （4）取放冷冻精液之后，应及时盖上罐塞，尽量减少开启容器盖塞的次数和时间，以防止异物落入罐内，减少液氮消耗。 （5）严防不同品种和编号的冷冻精液混杂存放，难以辨识的应予以销毁。 （6）对长期贮存冷冻精液的液氮罐应定期清理和洗刷，如发现液氮消耗显著增加，或容器外挂霜，应及时更换。
冷冻精液的解冻	（1）细管冷冻精液可用（38±2）℃温水直接浸泡解冻，时间 10~15s。 （2）解冻后的精液温度不得超过外界环境温度，一般应控制在 10℃以下。 （3）细管型冷冻精液应在 1h 内及时输精。 （4）解冻后精液需要运输时，应置于 4~5℃温度下不得超过 8h。
精液品质检查	（1）检查精子活力时使用的显微镜载物台应保持 35~38℃。 （2）在显微镜视野下，呈直线前进运动的精子数占全部精子数的百分率来评定精子活力。100%的精子呈直线运动者评为 1.0；90%的精子呈直线运动者评为 0.9，依此类推。

操作程序	操作要求
输精	（1）母牛需经发情鉴定及健康检查后才能予以输精。 （2）母牛在输精前外阴部应先用清水清洗、卫生纸擦拭，然后以0.3‰新洁尔灭溶液或酒精棉球消毒，待干燥后，再用生理盐水棉球擦拭。 （3）发情母牛每次输入1头份解冻后的冷冻精液。 （4）输精用精子活力应达0.3以上，输入的直线前进运动精子数，细管型冷冻精液为1 000万个以上。 （5）采用直肠把握子宫颈深部输精法。 （6）输精员剪短指甲，左手戴长臂一次性手套，用水沾湿，手呈锥形，手心向上伸入直肠后手心转下，找到子宫颈，将其握于掌心，同时臂肘向下轻压，使阴门裂开。 （7）右手将输精器插入阴道，先自阴门向前向上插入13～17cm，再向前向下插入，两手相互配合，使输精器尖端对准子宫颈口，缓缓导入子宫颈内5～8cm（通过两道颈管轮以上），然后注入精液，也可在进入子宫颈内口1～4cm的子宫体部输精。 （8）输精应做到轻入、慢注、缓出、适时、适深。 （9）输精母牛必须做好记录，各项记录内容必须真实、准确。 （10）输精后畜主（饲养人员）必须在下一个发情期（一般在输精后的18～22d）观察母牛有无发情表现，若连续2个发情期无发情，则基本可以判断为受孕；否则，畜主应及时通知冻配人员重新授配。 （11）若连续3个发情期授配后未受孕，必须考虑做产科检查，待疾患消除后再行授配。

六、项目过程检查

序号	检查项目	检查标准	学生自检	教师检查
1	人工授精器械	准备齐全，细致周到		
2	进行免疫接种的计划实施步骤	实施步骤合理，有利于提高评价质量		
3	冷冻精液贮存及提取方法	使用液氮罐贮存，贮存位置适宜，提取精液时脱离液氮罐的时间不应超过5s		
4	精液解冻的方法和时间	解冻用水温和长短适宜		
5	精液品质检查	使用显微镜方法正确，能辨别活精子		
6	输精	程序符合规范		
7	教学过程中的课堂纪律	听课认真，遵守纪律，不迟到、不早退		
8	实施过程中的工作态度	在工作过程中乐于参与		

序号	检查项目	检查标准	学生自检	教师检查
9	上课出勤状况	出勤 95%以上		
10	安全意识	无安全事故发生		
11	动物福利	不故意鞭打动物，同一时间对同一头动物输精次数不超过 3 次		
12	合作精神	能够相互协作，相互帮助，不自以为是		
13	实施计划时的创新意识	确定实施方案时能独立思考		
14	实施结束后的任务完成情况	过程合理，鉴定准确，与组内成员合作融洽，语言表述清楚		
检查评价	评语： 组长签字： 教师签字： 年 月 日			

七、项目考核评价

同项目一中牛的品种识别、外貌鉴定及体尺测量的项目考核评价方法。

八、项目训练报告

撰写并提交实训总结报告。

项目三　牛的发情鉴定及妊娠诊断与接产技术

通过本项目的实训，掌握母牛发情的鉴定方法、母牛妊娠诊断方法、直肠检查技术和分娩母牛助产技术。

一、项目任务目标

（一）知识目标

（1）掌握牛发情鉴定的方法。
（2）掌握牛妊娠诊断的方法。
（3）掌握牛接产的技术。

（二）技能目标

（1）在生产中，会鉴定发情牛。
（2）学会准确诊断授精后的牛是否妊娠。
（3）牛分娩时，会助产，能够顺利解决难产问题。

二、项目任务描述

1. 工作任务
（1）鉴定情期母牛是否发情。
（2）诊断授精母牛是否妊娠。
（3）牛分娩时，练习接产。
2. 主要工作内容
（1）掌握母牛发情特征。
（2）掌握母牛妊娠诊断的几种方法。
（3）掌握牛助产的技术要点。

三、项目任务要求

1. 知识技能要求
（1）掌握母牛发情的生理变化。
（2）掌握牛妊娠诊断的几种方法原理。
（3）掌握牛顺产和难产的生理过程。

2. 实习安全要求

通过抚摸等方式，使牛安静，从侧位靠近牛体，进行实验操作，防止被牛踢伤。必要时保定。

3. 职业行为要求

（1）实验器材要准备充足。

（2）着装整齐。

（3）遵守课堂纪律。

（4）具有团结合作精神。

（5）爱护实验动物。

四、项目训练材料

1. 发情鉴定需要材料

母牛、试情公牛、玻璃扩张器（或开膣器）、凡士林（或者消毒过的医用中性液体石蜡），光源灯（手电筒等），工作服、毛巾、脸盆、肥皂、洗衣粉、酒精棉球、70%酒精、0.1%高锰酸钾溶液、0.9%生理盐水（消毒过）、10%氢氧化钠溶液、长柄钳、试管、酒精灯、脱脂棉、载玻片、显微镜、母牛生殖器官浸制标本、母牛生殖器官模型等。

2. 牛妊娠诊断所需材料

未孕牛及孕牛若干头，保定器械、听诊器、绳索、尾绷带、开膣器、手电筒、热水、毛巾、脸盆（或提桶）、肥皂、液体石蜡、碘酊、酒精棉球、消毒棉花、玻片、滴管、95%酒精、吉姆萨染色剂、蒸馏水、显微镜等。

3. 牛接产实验所需材料

清洁的木桶和脸盆、肥皂、刷子、毛巾、大张塑料布、绷带及一般用消毒用品（1%来苏尔、75%酒精、2%~3%碘酊）、细绳、剪刀和产科绳等。此外，需要准备体温计、听诊器注射器和强心剂，条件允许时最好准备一套产科器械。

五、项目实施（职业能力训练）

（一）牛发情鉴定

操作程序	操作要求
外部观察法	根据母牛的外部表现来判断发情情况。观察母牛是否表现兴奋不安，食欲和奶量减少，尾根举起，追逐和爬跨其他母牛并接受其他牛爬跨。两者的区别是：被爬跨的牛如发情，则站立不动、并举尾，如不是发情牛，则往往拱背逃走；发情牛爬跨其他牛时，阴门搐动并滴尿，具有公牛交配的动作。外阴部红肿，从阴门流出黏液。

操作程序	操作要求
试情法	（1）将发情母牛和未发情母牛同放入运动场中，让其自由活动。观察其精神状态的变化（包括性兴奋、举止行动和鸣叫等），并加以记录。 （2）将试情公牛（一般采用结扎输精管的公牛）放入母牛运动场内，让其与母牛在一起，详细观察母牛的性欲表现（如喜欢接近公牛或尾随公牛并作频频排尿等动作以及接受公牛的爬跨情况等）和公牛的动态（如对母牛的亲善程度、喜弄状态和追随爬跨等情况）变化，并将观察结果加以记录。
生殖道检查法	（1）将发情母牛和未发情母牛分别保定于配种架或保定架中，首先观察其外阴部的颜色、形状、大小以及充血肿胀程度，并注意有无黏液流出等现象，将观察到结果记录之；然后用0.1%高锰酸钾溶液洗擦外阴部，抹干候检。 （2）用大拇指和食指翻开阴唇，观察阴道前庭的颜色、湿润度、充血肿胀程度以及有否黏液等。 （3）将消毒过的玻璃扩张器或开膣器涂上润滑剂（凡士林或中性液体石蜡），并慢慢插入阴道内（注意不要用力过猛）。 （4）移动扩张筒，借助光源（阴道灯或手电筒）寻找子宫颈。 （5）详细观察阴道壁的颜色、充血肿胀度、湿润度以及有无黏液等；然后观察子宫颈的颜色、形态、开口大小、充血肿胀情况和黏液数量性状等。 （6）慢慢抽出扩张筒，并注意有无黏液流出，如有，应收集之，并详细观察其颜色、牵缕性和黏液量。 （7）将上述观察结果详细记录。
直肠检查法	（1）在直肠内的食指和中指将卵巢固定，然后用拇指的指肚仔细触摸卵巢的表面，缓慢感觉和估测卵巢的质地、大小、形态和卵泡的发育情况。摸完一侧后，不要放过子宫角，按原路将手退回角间沟。然后按前法寻找另一侧卵巢并检查卵巢的情况和有无卵泡发育。检查完后，将手慢慢抽出。 检查时，应小心操作，如遇母畜强烈努责，要暂停操作（将手停在里面不动），以防肠壁破裂。如在检查过程中，子宫角或卵巢从手中滑脱，最好重新从子宫颈和角间沟开始。 （2）记录卵巢的形状、大小、质地以及卵泡的发育情况，比较发情母牛和未发情母牛的差异。
实验室检查法	用长柄钳或长玻璃棒和棉花球，从子宫颈口处取下黏液，涂制抹片。在酒精灯上烘干后在显微镜下（100~150倍）检查，如看到典型的羊齿状结晶花纹长而整齐，则为发情盛期。缩短呈星芒状，则为发情末期。
输精适期的判断	根据上述各种方法的检查结果，综合判断输精适期。

（二）牛妊娠诊断

操作程序	操作要求
外部观察法即指视诊、触诊和听诊	1. 视诊 （1）乳房是否膨大，乳房皮肤颜色是否变红？ （2）腹部是否膨大？孕牛往往在右侧腹壁突出。 （3）是否有胎动？胎动是指因胎儿活动造成母畜腹壁的颤动，即看肋腹部是否有颤动？孕牛 3 个月以后方能看到。其颤动与呼吸动作不同，呼吸慢而有规律，胎动急剧而偶然。牛胎动不大明显。 （4）下腹壁是否有水肿？其特征是肿胀部分高起来，不热不痛，指压时凹下去，指离去后不能立刻变平，水肿的发生并非常有，如发生也只限于孕末期产前 1 个月，分娩后经 10d 即自行消失。 2. 触诊 在右侧腹皱褶的前方试用手指尖端触诊，如果腹壁紧张、可用拳头抵压、但不可过于猛烈，抵压后轻轻放松，但仍触住皮肤，如有胎儿，则觉有胎动，右侧如触不到，可再在左侧触诊，牛一般要在胎龄 7~8 个月后才可触到。 3. 听诊 目的是听取胎儿的心音，只有当胎儿胸壁紧靠母体腹壁才可听到，听诊时，系用听筒在左右侧腹皱褶的内侧听之。胎儿心音要与母畜心音区别，胎儿心音快，一般每分钟均在 100 次以上，同时母畜心音不会发生在腹部。 听到心音的可以判定为怀孕，但如听不到时不能判定为无孕。
直肠检查法	1. 准备工作 检查者要修剪指甲，同时磨光指甲的锐边，以免检查时弄破直肠，引起流血等不良结果。手臂必须先用肥皂水洗干净，必要时最好再用消毒液洗，遇手臂上皮肤有创伤时，应该再加涂碘酊或磺胺软膏在伤口上然后涂抹润滑油或肥皂等润滑剂。直至肘关节的上方，被检查母畜保定并用 0.1%高锰酸钾液清洗肛门外阴周围。 2. 检查步骤 母牛肛门涂上肥皂，术者将五指并拢成鸟嘴形。伸入母牛肛门中再逐渐往前移动。如遇母牛努责时，则手停留不动，待努责过后再伸向前，以免损伤牛的直肠。如肠内粪便太多，不便检查，则先掏出积粪后，再行检查。掏粪时，注意手部有无血液，以判断有无损伤直肠的事故发生，而后按下列步骤检查各部位。 （1）子宫颈。其位置在骨盆腔的中央或稍前方，或在耻骨前缘的部位，可触到一握粗如菜刀柄、稍硬，且带有弹性的柱状物，即可判断为子宫颈。判断其子宫颈的位置；方向和粗细程度。 （2）子宫角间沟。触到子宫颈后，在子宫颈前不远处，将食指和无名指分别置于左右两个子宫角上，即可用中指以触摸此沟。判别子宫角间沟是否明显或者已经消失。 （3）子宫角。由子宫角基部开始，逐渐移到尖端，注意其大小，质地波动性和位置，判别两个子宫角是否对称。

操作程序	操作要求
直肠检查法	（4）子叶。妊娠4个月后才能触到子叶，其位置在耻骨前缘的子宫角内。随妊娠月数的增加，子叶可由手指大至鸡蛋大，子叶可以上下移动，而不能左右前后移动。 （5）胎儿。从耻骨前缘前方深处的妊娠子宫角按压，如感到有不规则的硬固物，多压一会，如感到有忽显忽隐的无节奏冲击时，可判断为胎儿。 （6）卵巢。位置在耻骨前缘的下方或耻骨上，或子宫角基部两侧，或在子宫角的下方，触诊时可触到呈指头大小，有弹性，形状微呈三角形的物体，即为卵巢，触到卵巢后。母牛往往表示不安。将卵巢夹在中指与食指之间，或中指与无名指中间，再用拇指触摸卵巢的表面。判断其质地如何。有无隆起、硬的黄体或波动的滤泡。 （7）中子宫动脉。左（右）侧中子宫动脉，位置在左（右）侧肠骨外角的内方，约一掌宽之处，将中子宫动脉夹在手指间，可将之移动，而其他动脉则不能移动。另一个判断方法：在荐椎突起最高点至左（右）两侧的肠骨外角作一连线。在其中点上即可触到中子宫动脉，比较两侧的中子宫动脉之脉性是否相同，大小是否相同，有无特异震动。
阴道检查法	1. 准备工作 （1）控制家畜。置家畜于保定架内保定，并将其尾缠绷带后扎于一侧。 （2）消毒。检查用具，如脸盆、镜子、开膣器等，先用清水洗净后，再以火焰消毒，或用消毒液浸泡消毒。但最后必须用温开水或蒸馏水，将消毒液冲净。 母畜阴唇及肛门附近先用温水洗净，最后用酒精棉花涂擦。将手伸入阴道进行检查时，消毒手的方法与手术前手的准备相同，但最后必须用温开水或蒸馏水将残留于手上的消毒液冲净。 2. 检查的方法及妊娠时阴道的变化 （1）检查阴道黏膜及子宫颈变化的方法。①给已消毒过的开膣器前端约5cm处向后涂以滑润剂（液体石蜡等），在检查之后用消毒纱布覆盖，以免灰尘污染。②检查者站于母畜左右侧，右手持开膣器，左手拇指、食指将阴唇分开，将开膣合拢呈侧向，并使其前端略微向上缓缓送入，待完全进入后，轻轻转动开膣器，使其两片成扁平状态，最后压紧两柄使其完全张开，进行观察。③检查完毕，将开膣器恢复如送入时状态，然后再缓慢抽出，抽出时切忌将开膣器闭合，否则易于损伤阴道黏膜。④检查完毕将开膣器进行消毒。 （2）妊娠时阴道黏膜及子宫颈之变化。①妊娠时阴道黏膜变为苍白、干燥、无光泽（妊娠末期除外）至妊娠后半期，感觉阴道肥厚。②子宫颈的位置改变，向前移（随时间不同而异），而且往往偏于一侧，子宫颈口紧闭，外有浓稠黏液，在妊娠后半期黏液量逐渐增加，非常黏稠（牛在妊娠末期则变为滑润）。③附着于开膣器上之黏液成条纹状或块状，灰白色。

操作程序	操作要求
子宫颈口黏液涂片检查法	从子宫颈口处取下黏液在载玻片上进行均匀微薄涂片后，让其自然干燥，用无水甲醇（或10%硝酸银固定1min）固定5~10min，用水冲洗，再滴上2~3滴的吉姆萨染色液，又用水冲洗待干后，进行镜检。如果为怀孕母牛，可看到短而细的毛发状纹条，颜色呈紫红或淡红；如果为发情牛可看到齿类植物状条纹。

（三）牛接产技术

操作程序	操作要求
准备工作	（1）产房准备。条件允许时应有单独的产房。如无条件，可将牛舍的一个角落隔为产房。除具有一般牛舍条件外，必须保持安静、干燥、阳光充足、通风良好、无贼风。此外，还需要经常消毒，褥草每天更换。 （2）接产人员准备。要由懂得接产基本知识的人员值班，当分娩预兆出现后，应日夜值班，尤其晚间更为重要，因分娩一般在夜晚为多。 （3）要做好药品和器械准备工作。 （4）母牛准备。产前数天清洁牛体，送入产房，每天测2次体温，并注意观察母牛饮欲、食欲以及全身状况。
接产原则和方法	母牛出现分娩现象时，用1%来苏尔或0.1%高锰酸钾溶液洗净外阴部、肛门、尾根及后躯，然后用75%酒精消毒。接产人员的手臂消毒后等待接产。当母牛阵缩间歇很短而阵缩力甚强，经20min左右必须进行产道检查，确定胎儿方向、位置和姿势是否正常。正常情况下，不急于将胎儿拉出，可让其自然分娩。一开始胎包露出后10~20min，母牛要卧下。这时，要设法让它左侧卧，以免胎儿受瘤胃压迫，影响分娩。头位正产的姿势是两前肢托着头先出来；而尾位正产时，是两后肢先出来。 接产时，当胎儿两前肢和头部露出阴门时，而胎膜仍未破裂，可将胎膜撕破，并将胎儿口腔、鼻周围的黏膜、黏液擦净，便于胎儿呼吸。如果破水过早，产道干燥或狭窄或胎儿过大时，可向产道内灌入消毒的温肥皂水或植物油润滑产道，便于拉出胎儿。当倒生露出双后蹄时，要及时拉出胎儿，拉出时要配合母牛努责的动作，母牛努责停顿时不能硬拉。 当胎儿胎位及姿势正常而母牛努责产出无力时，可配合使用缩宫药物，利于接产。可用催产素100IU，加入10%葡萄糖注射液500mL中静脉滴注。注药过程中有时牛努责有力会把胎儿自行产出。但对体质弱或高产肉牛，需在母牛努责时人工辅助拉出胎儿。 在人工助产时，如果胎膜未破，需将胎膜撕破后再拉出两肢，用绳缚住两肢的掌部（勿与胎膜缚在一起）。正生时（头先出），尚须用手指擒住胎儿下颌或两鼻孔，慢慢将胎儿拉出。当胎头通过阴门时，助手用双手捂住阴门上下联合，防止会阴撕裂。拉出胎头时，将胎头稍向上拉以符合骨盆轴线。牵引胎儿时必须配合母牛的努责向外牵引，间歇时应暂停牵

操作程序	操作要求
接产原则和方法	引，如强行拉出胎儿易发生子宫外翻。当发现胎儿假死（舌吐出口外）时，必须将胎儿强行缓慢拉出，以便及时抢救胎儿。但要柔和用力避免用力过猛。牵拉两前肢应使两肢稍有前后一起向外拉，这样可缩小胎儿肩部之间的宽度，使胎儿容易通过骨盆口。当胎儿脐带通过母牛阴门时用手捂住脐部，避免在牵拉胎儿过程中脐带血管断在脐孔中。胎儿臀部通过阴门时，由助手双手托住胎儿臀部缓慢拉出，切忌速拉，以免发生子宫外翻。倒生时（臀先出）必须迅速拉出胎儿，否则脐带被压迫于母牛骨盆入口处，易造成胎儿窒息死亡。当倒生牵拉后腿，胎儿臀部通过母牛骨盆口时，应使两腿有前后使胎儿臀部稍有倾斜向外拉出。 　　当胎儿产出部位异常时，必须将胎儿推回子宫内进行矫正。推回胎儿时要等待母牛努责间歇期进行。将胎儿推回子宫非常困难，应设法使母牛处于头低、臀高的倾斜位置，有利于胎儿矫正操作。对于正常接产、手术助产、异位矫正无效的母牛，要请兽医进行剖宫产手术。

六、项目过程检查

序号	检查项目	检查标准	学生自检	教师检查
1	发情鉴定、妊娠诊断和接产器械	准备齐全，细致周到		
2	发情鉴定、妊娠诊断和接产过程	操作步骤正确		
3	鉴定和诊断结果	准确率达 90%以上		
4	接产	助产方法正确		
5	输精	程序符合规范		
6	教学过程中的课堂纪律	听课认真，遵守纪律，不迟到、不早退		
7	实施过程中的工作态度	在工作过程中乐于参与		
8	上课出勤状况	出勤 95%以上		
9	安全意识	无安全事故发生		
10	动物福利	不故意鞭打动物		
11	合作精神	能够相互协作，相互帮助，不自以为是		

序号	检查项目	检查标准	学生自检	教师检查
12	实施计划时的创新意识	确定实施方案时能独立思考		
13	实施结束后的任务完成情况	过程合理，鉴定准确，与组内成员合作融洽，语言表述清楚		
检查评价	评语： 组长签字：　　　　教师签字： 年　　月　　日			

七、项目考核评价

同项目一中牛的品种识别、外貌鉴定及体尺测量的项目考核评价方法。

八、项目训练报告

撰写并提交实训总结报告。

项目四　奶牛的挤奶技术

通过本项目实训，了解奶牛泌乳的生理和挤奶的原理，掌握手工挤奶和机械挤奶的操作要点和注意事项。

一、项目任务目标

掌握奶牛的挤奶技术。

二、项目任务描述

1. 工作任务

（1）选择1头泌乳母牛进行手工挤奶。

（2）在生产牛场进行管道式机械挤奶操作。

2. 主要工作内容

（1）掌握手工挤奶的方法。

（2）掌握机械挤奶的步骤及操作要点。

三、项目任务要求

1. 知识技能要求

（1）掌握奶牛泌乳的生理。

（2）掌握挤奶的原理。

2. 实习安全要求

手工挤奶时，对牛要温和，做好防护，防止牛只伤人。

3. 职业行为要求

（1）实验器材要准备充足。

（2）着装整齐。

（3）遵守课堂纪律。

（4）具有团结合作精神。

（5）爱护实验动物。

四、项目实施（职业能力训练）

（一）手工挤奶操作程序

操作程序	操作要求
挤奶前的准备工作	（1）清扫场地。清扫挤奶间或牛床。 （2）准备挤奶用品用具。备齐挤奶用具，如奶桶、盛奶罐、过滤纱布、水盆（桶）、毛巾、小凳、秤等物品。 （3）准备热水、乳头药浴液。要注意热水温度，药浴液要现配等。 （4）固定、洁净牛体。套好牛颈枷或拴系好奶牛，清除牛体的粪草，将牛尾栓在一侧后肢上。 （5）个人卫生。穿好工作服，戴上帽子和口罩，洗净双手。
挤奶	（1）坐定。挤奶员坐在牛的侧后 1/3 处，与牛体纵轴成 50°~60°的夹角，小凳高度适宜，这在一定程度上可控制恶脾气牛踢人。 （2）乳头药浴。清理乳头及乳头基部的杂草或牛粪，用乳头药浴液浸泡乳头数秒。药浴后至下步工序的间隔最好在 30s 以上，使药物发挥作用。 （3）挤出头 3 把奶。将前 3 把奶挤到专用容器内，注意观察乳汁状况。遵守正确的挤奶顺序，先挤健康牛，后挤乳腺炎牛。 （4）清洗乳头、乳房。用 40~50℃ 的热水将毛巾蘸湿，先洗乳头；然后，洗乳房的底部、右侧乳区、左侧乳区；最后，洗涤后躯。开始宜用带水较多的湿毛巾擦洗，然后将毛巾拧干，自上而下的擦干整个乳房，洗乳房水要经常更换，一般要求每头牛用一小桶水，如条件不允许，每桶水最多不超过洗 3 头牛。 （5）第 1 次按摩。对乳房进行适度的按摩，此时，如乳房显著膨胀，即可挤奶。 （6）固定奶桶。将奶桶夹在两腿之间，这样可避免牛碰到奶桶及粪尿溅入。 （7）挤奶。使用拳握式挤奶法，其手法是用拇指和食指先压紧乳头基部，然后中指、无名指、小指顺次压挤乳头。左右两手有节奏的一紧一松连续进行，要求用力均匀，动作熟练。对乳头短小的奶牛，可用指捋法。注意掌握好挤奶速度，采用先慢后快再慢的方式，一般要求每分钟 80~120 次，在开始挤奶和临结束时，速度可稍缓慢，在短暂的排乳高峰时刻，要加快速度，力争在 5~7min 内挤完。 （8）第 2 次按摩乳房。待 4 个乳区初步挤完后，进行第 2 次乳房按摩。建议采取的手法是一侧按摩与分乳区按摩。一侧按摩时，挤奶员坐在牛的右侧，两拇指放在乳房的右外侧，其余各指放在乳房中沟，自下而上、自上而下地反复按摩，自上而下手势较重，自下而上手势较轻；然后，再用两手抱住乳房的左半部，两拇指放在乳房中沟，其余手指放在左外侧，按摩方法同右侧。分乳区按摩时，则依次按照右前、右后、左前、左后 4 个乳区分别进行。按摩右前乳区时，用两手抱着该乳区，两拇指放在右外侧，其余各指分别放在临近乳区之间，重点是自上而下按摩。此时，两拇指应着力压向内部，以迫使乳汁流向乳池。其他各乳区的按摩手法与之相同。 （9）净奶。尽量将乳池中的奶挤净，但不是一滴不剩。

操作程序	操作要求
挤奶后处理	(1) 再次药浴。最好换一种消毒剂药浴乳头数秒。 (2) 称量、记录。 (3) 及时将奶冷却。 (4) 清洗、消毒挤奶用具。特别是毛巾一定要用一次消毒一次。 (5) 清理场地。如果最后挤奶的是患乳腺炎的牛，则应彻底消毒场地。

(二) 机械挤奶操作程序

操作程序	操作要求
挤奶前的准备工作	(1) 物品准备。备齐毛巾或纸巾、药浴液（两种）、记录本等。 (2) 个人卫生。穿好工作服、胶靴，戴上帽子和口罩，洗净双手。 (3) 牛体卫生。条件或天气允许时，应待在待挤区认真刷拭牛体，在牛体刷洗干净后半小时内开始挤奶。 (4) 设备卫生检查。认真检查挤奶系统的卫生，特别是乳杯组和储奶罐的卫生，如发现卫生状况不佳，必须重新进行清洗和消毒。 (5) 启动挤奶设备。机械开动后，首先查看真空泵是否稳定工作在50kPa的气压上，如有问题要查明原因，进行维修。 (6) 让奶牛入挤奶厅、入位。在奶牛进入挤奶厅过程中，一定要温和地对待奶牛，如果粗暴对待奶牛或大声叫喊，会使奶牛分泌肾上腺素，而抑制催产素的释放，影响奶牛排乳反射的出现，使乳汁排出不畅，不仅影响产奶量，更易诱发奶牛乳腺炎。
挤奶	(1) 废弃前3把奶。用手去掉乳头上的垫草等杂物，必须用手工将4个乳区的前3把奶挤在固定的容器中，并观察是否正常，如果有凝块或絮状物，则是乳腺炎的症状，有乳腺炎的牛不能上挤奶机。废弃奶应用专门的容器盛装，以减少对环境的污染。 (2) 乳头药浴。用消毒药液浸泡乳头，然后停留30s。在环境卫生较差或因环境问题引起乳腺炎的牛场实施这一程序很有必要。如果乳头非常脏，应先清洗再进行药浴。 (3) 清洗乳房。要认真做好乳房清洗工作，比较清洁的乳房可不用水洗，只清洗乳头及周围，同时进行适度的按摩，直至乳房涨起，乳头挺立为止。 (4) 擦干乳头。用干毛巾或一次性纸巾擦干乳头。与手工挤奶相比，这一点在机械挤奶程序中极为重要。 (5) 上套乳杯组。用靠近牛头的手，持住乳杯组，用另一只手接通真空。把第1个乳杯套在最远的乳头上，由远至近逐一进行，动作要快，减少空气进入。 (6) 检查乳杯组。上机后，用很短的时间进行观察，不能让乳杯向乳房的根部爬升。这样容易把乳头卡死，影响奶的排出。防止这种现象的最好办法是用一只手在奶爪上向下轻轻地按几秒钟。观察挤奶机是否正常工作，机械运转不正常，会使放乳不完全或损害乳房。

操作程序	操作要求
挤奶	（7）使用乳堵。3 个乳头或 2 个乳头的牛挤奶时，用乳堵堵住闲置的乳杯，不要用折管的方法，这样一是堵不严，二是影响软管的使用寿命。 （8）挤奶。挤奶进行中，不要按摩乳房，这样会干扰奶牛的正常条件反射。工作人员不要大声喧哗，非工作人员严禁进入，不要有其他的大声响动。 （9）取下乳杯组。观察乳汁排净后，用手将乳杯组轻轻向前向下方向拉动，有助于排净残余的奶量。挤完奶后切断真空，让空气进入乳头和乳杯之间，这样易使乳杯组脱落。在切断真空前，不可用手插进乳头和乳杯口之间，这样做会使挤出的牛奶容易回流到乳房中去，这对控制乳腺炎至关重要。 （10）应坚决杜绝的一步。不提倡机械挤完奶后再用手工辅助挤奶。用手工辅助挤净残余奶不仅影响机械挤奶的效率，养成习惯，会使机械挤奶的残余量越来越多。而且一会儿用机械挤奶，一会儿用手工挤奶，让奶牛无所适从。如果确实有的奶牛残余奶量太多，只能说明这头奶牛不适合机械挤奶，应尽早改为手工挤奶。
挤奶后的工作	（1）挤奶后乳头的药浴。挤完奶马上用另一种消毒液浸泡乳头。 （2）记录。记录奶产量、挤奶用时、乳汁状况等。 （3）清洗挤奶设备。每次挤完奶后，立即清洗挤奶设备。 （4）清洁挤奶厅。一般情况下用水清洗即可，如果采取将前 3 把奶挤在奶台上的方法，一定要消毒。

五、项目过程检查

序号	检查项目	检查标准	学生自检	教师检查
1	手工挤奶器具	准备齐全，细致周到		
2	手工挤奶程序	科学，兼顾牛奶卫生和奶牛乳房健康		
3	机械挤奶设备检测	保障挤奶设备运转正常		
4	机械挤奶程序	符合卫生和健康原则		
5	机械挤奶后挤奶设备清洗	消毒乳头程序符合规范		
6	教学过程中的课堂纪律	听课认真，遵守纪律，不迟到、不早退		
7	实施过程中的工作态度	在工作过程中乐于参与		
8	上课出勤状况	出勤 95%以上		
9	安全意识	无安全事故发生		

序号	检查项目	检查标准	学生自检	教师检查
10	动物福利	不故意鞭打动物		
11	合作精神	能够相互协作，相互帮助，不自以为是		
12	实施计划时的创新意识	确定实施方案时能独立思考		
13	实施结束后的任务完成情况	过程合理，鉴定准确，与组内成员合作融洽，语言表述清楚		
检查评价	评语： 组长签字：　　教师签字： 年　月　日			

六、项目考核评价

同项目一中牛的品种识别、外貌鉴定及体尺测量的项目考核评价方法。

七、项目训练报告

撰写并提交实训总结报告。

项目五　肉牛的屠宰测定

通过本项目实训，掌握牛的屠宰方法、胴体测量和分割方法，能准确计算屠宰率。

一、项目任务目标

（一）知识目标

（1）掌握肉牛屠宰方法。

（2）掌握肉牛屠宰测定的指标及计算方法。

（二）技能目标

（1）学会肉牛屠宰技术。

（2）学会测定肉牛屠宰率。

二、项目任务描述

1. 工作任务

屠宰肉牛并测定其屠宰率。

2. 主要工作内容

（1）肉牛屠宰。

（2）肉牛屠宰性能测定及计算。

三、项目任务要求

1. 知识技能要求

（1）掌握屠宰程序。

（2）掌握屠宰性能计算公式。

2. 实习安全要求

接触动物时，要求佩戴手套。防止感染人畜共患病。

3. 职业行为要求

（1）实验器材要准备充足。

（2）着装整齐。

（3）遵守课堂纪律。

（4）具有团结合作精神。

（5）爱护实验动物。

四、项目实施（职业能力训练）

（一）肉牛屠宰

操作程序	操作要求
屠宰前准备	（1）宰前24h停止饲喂。 （2）宰前8h停止供水。 （3）宰前称量活重，评定膘情等级，并测量体尺指标。
屠宰	（1）放血。在颈下缘喉头部割开血管放血。 （2）去头。剥皮后，沿头骨后端和第1颈椎之间切断。 （3）去前肢。由前臂骨和腕骨间的腕关节处切断。 （4）去后肢。由股骨和腑骨间的附关节处切断。 （5）去尾。由尾根部第1至第2节间切断。 （6）内脏剥离。沿腹侧正中线切开，纵向据断胸骨和盆腔骨，切除肛门和外阴部，分离联结体壁的横膈膜。除肾脏和肾脂肪保留外，其他内脏全部取出。切除阴茎、睾丸和乳房。
胴体的分割	纵向锯开胸骨和盆腔骨，沿椎骨中央分成左右片胴体（称二分体）。无电锯条件下，可沿椎体左侧椎骨端由前而后劈开，分成软硬两半（右侧为硬半，称右二分体，左侧为软半，称左二分体）。由腰部再从第12根与第13根肋骨间截开，将胴体分成4个部分，称四分体。

（二）肉牛屠宰性能测定及计算

操作程序	操作要求
胴体性能的测定	（1）宰前活重。绝食24h后临宰时的实际体重。 （2）宰后重。屠宰后血已放尽的胴体重。 （3）血重。实际称重。 （4）皮厚。右侧第10肋骨椎骨端的厚度除以2（活体测量）。 （5）胴体重（冷却胴体）实测重量。胴体重（冷却胴体）= 活重-[血重+皮重+内脏重（不含肾脏和肾脂肪）+头重+腕跗关节以下的四肢重+尾重+生殖器官及周围脂肪重]。 （6）净肉重。胴体剔骨后全部肉重。 （7）骨重。实测重量，要求尽可能将骨肉剔净，骨上带肉不超过1.5kg。 （8）切块重。胴体各切块部位的重量。

五、项目过程检查

序号	检查项目	检查标准	学生自检	教师检查
1	牛屠宰活体的实施准备	准备充分，细致周到		
2	屠宰计划实施步骤	实施步骤合理，有利于提高评价质量		
3	屠宰操作的准确性	细心、耐心		
4	胴体测量的方法	符合操作技能要求		
5	实施前屠宰工具的准备	所需工具准备齐全，不影响实施进度		
6	教学过程中的课堂纪律	听课认真，遵守纪律，不迟到、不早退		
7	实施过程中的工作态度	在工作过程中乐于参与		
8	上课出勤状况	出勤95%以上		
9	安全意识	无安全事故发生		
10	动物福利	不故意鞭打动物		
11	合作精神	能够相互协作，相互帮助，不自以为是		
12	实施计划时的创新意识	确定实施方案时能独立思考		
13	实施结束后的任务完成情况	过程合理，鉴定准确，与组内成员合作融洽，语言表述清楚		
检查评价	评语： 组长签字： 教师签字： 年 月 日			

六、项目考核评价

同项目一中牛的品种识别、外貌鉴定及体尺测量的项目考核评价方法。

七、项目训练报告

撰写并提交实训总结报告。

项目六　青干草的调制及青贮饲料的制作与使用

通过本项目实训，掌握青干草的收割、调制技术，掌握青贮饲料的配制、发酵制作技术。

一、项目任务目标

（一）知识目标

（1）掌握青干草调制原理和方法。

（2）掌握青贮的原理及制作技术。

（二）技能目标

（1）能调制青干草。

（2）能制作青贮饲料。

二、项目任务描述

1. 工作任务

独立完成青干草制作和青贮制作。

2. 主要工作内容

（1）掌握青干草和青贮制作原料的最佳刈割时间。

（2）掌握青干草制作步骤。

（3）掌握青贮制作操作步骤和要领。

三、项目任务要求

1. 知识技能要求

（1）掌握青干草制作技术要点。

（2）掌握青干草饲喂方法。

（3）掌握青贮饲料制作技术要点。

（4）掌握青贮饲料使用方法。

2. 训练安全要求

刈割饲草原料时，注意刀具使用安全；取青贮时，注意防止青贮垮塌伤人。

3. 职业行为要求

（1）按技术要求制作青干草和青贮产品。

（2）原料和设备准备充足。

（3）着装整齐。

（4）遵守课堂纪律。

（5）具有团结合作精神。

四、项目训练材料

1. 青干草器材

牧草，镰刀，铡刀。

2. 青贮制作设施

青贮窖或者青贮塑料袋，铡刀，塑料薄膜等。

3. 其他

工作服、工作帽、口罩、手套等。

五、项目相关知识

（一）青干草制作原理

青干草是将牧草及禾谷类作物在质量和产量最好的时期刈割，经自然或人工干燥调制成长期保存的饲草。青干草可常年供家畜饲用。优质的干草，颜色青绿，气味芳香，质地柔软，叶片不脱落或脱落很少，绝大部分的蛋白质和脂肪、矿物质、维生素被保存下来，是家畜冬季和早春不可缺少的饲草。

调制青干草，方法简便，成本低，便于长期大量贮藏，在畜禽饲养上有重要作用。随着农业现代化的发展，牧草的刈割、搂草、打捆机械化，青干草的质量也在不断提高。

青干草是草食家畜所必备的饲草，是秸秆等不可替代的饲料种类，不同类型畜牧生产实践表明，只有优质的青干草才能保证家畜的正常生长发育，才能获得优质高产的畜产品。

1. 青干草调制过程中营养物质变化规律

在青草干燥调制过程中，草中的营养物质发生了复杂的物理和化学变化，一些有益的变化有利干草的保存，一些新的营养物质产生，一些营养物质被损失掉。结合调制过程中营养物质变化特点，干草的调制尽可能地向有益方面发展。为了减少青干草的营养物质损失，在牧草刈割后，应该使牧草迅速脱水，促进植物细胞死亡，减少营养物质不必要的分解浪费。

牧草干燥水分散失的规律。正常生长的牧草水分含量为 80%左右，青干草达到能贮藏时的水分则为 15%～18%，最多不得超过 20%，而干草粉水分含量 13%～15%，为了获得这种含水量的青干草或干草粉，必须将植物体内的水分快速散失。刈割后的牧草散发水分过程大致分为 2 个阶段：

第一阶段：也称凋萎期，此时植物体内水分向外迅速散发，良好天气，经 5～8h，禾本科牧草含水量减少到 40%～50%，豆科牧草减少到 50%～55%。这一阶段从牧草植物体内散发的是游离于细胞间隙的自由水，散失水的速度主要取决于大气含水量和空气流速，所以干燥、晴朗有微风的条件，能促使水分快速散失。

第二阶段：是植物细胞酶解作用为主的过程。这个阶段牧草植物体内的水分散失较慢，这是由于水分的散失由第一阶段的蒸腾作用为主，转为以角质层蒸发为主，而角质层有蜡质，阻挡了水分的散失。使牧草含水量由 40%～55%降到 18%～20%，需 1～2d。

为了使第二阶段水分快速散失，采取勤翻晒的办法。不同植物保水能力也不相同，豆科牧草比禾本科保水能力强，它的干燥速度比禾本科慢，这是由于豆科牧草含碳水化合物少，蛋白质多，影响了它的蓄水能力的缘故。另外，幼嫩的植物纤维素含量低，而蛋白质物质多，保水能力强，不易干燥，相对枯黄的植物则相反，易干燥。同一植物不同器官，水分散失也不相同，叶片的表面积大，气孔多，水分散失快，而茎秆水分散失慢，因此，在干燥过程中要采取合理的干燥方法，尽量使植物各个部位均匀干燥。

2. 晒制过程中其他养分的变化

在晒制青干草时，牧草经阳光中紫外线的照射作用，植物体内麦角固醇转化为维生素 D，这种有益的转化，可为家畜冬春季节提供维生素 D，而且是维生素 D 主要来源。另外，在牧草干燥后，贮藏时牧草植物体内的蜡质、挥发油、萜烯等物质氧化产生醛类和醇类，使青干草有一种特殊的芳香气味，增加了牧草的适口性。

3. 青干草干燥过程中营养物质的损失及其影响因素

（1）植物体生物化学变化引起的损失。牧草刈割以后，晒制初期植物细胞并未死亡，其呼吸与同化作用继续进行，呼吸作用的结果，可使水分通过蒸腾作用减少；植物体内贮藏的部分无氮浸出物水解成单糖，作为能源被消耗；少量蛋白质也被分解成肽、氨基酸等。当水分降低到 40%～50%时，细胞才逐渐死亡，呼吸作用才会停止。据此在田间无论采用哪一种方法晒制青干草，都应迅速使水分下降到 40%～50%，以减少呼吸等作用引起的损失。

细胞死亡以后，植物体内仍继续进行着氧化破坏过程。参与这一过程的既包括植物本身的酶类，又包括微生物活动产生的分解酶，破坏的结果使糖类分解成二氧化碳和水，氨基酸被分解成氨而损失；胡萝卜素在体内氧化酶和阳光的漂白作用下遭到损失。该过程直到水分减少到 17%以下时才会停止。因此，调制过程中，应注意暴晒方法和时间，使水分迅速降到 17%以下，让氧化破坏变化停止。

（2）机械作用引起的损失。干草在晒制和保藏过程中，由于受搂草、翻草、搬草、堆垛等一系列机械操作影响，不可避免地会造成部分细枝嫩叶破碎脱落。据报道，一般叶片损失 20%～30%，嫩叶损失 6%～10%。豆科牧草的茎叶损失，比禾本科更为严重。鉴于植物叶片和嫩枝所含可消化养分多，因此机械损失不仅使干草产量下降，而且使干草品质降低。为了减少机械损失，按调制需要，当牧草水分降至40%~50%时，应马上将草堆成小堆进行堆内干燥，并注意减少翻草、搬运时叶子的破碎脱落。

（3）阳光的照射与漂白作用的损失。晒制干草时主要是利用阳光和风力使青草水分降至足以安全贮藏的程度。阳光直接照射会使植物体内所含胡萝卜素、叶绿素遭到破坏，维生素 C 几乎全部损失。叶绿素、胡萝卜素破坏的结果，使叶色变浅，且光照越强，暴晒时间越长，漂白作用造成的损失越大。据测定，干草暴露田间一昼夜，胡萝卜素损失 75%，若放置 1 周，96%的胡萝卜素即遭破坏。为了减少阳光对胡萝卜素及维生素 C 等营养物质的破坏，应尽量减少暴晒时间。即在牧草水分达 40%~50%时拢成小堆，这样不仅减少机械损失，也减少了阳光漂白作用。

（4）雨水的淋洗作用造成的损失。晒制过程中如遇阴雨，可造成可溶性营养物质的大量损失。据试验，雨水淋洗可使 40%可消化蛋白质受损，50%热能受损。若阴雨连绵加上霉烂，营养物质损失甚至可达一半以上。

（二）青贮制作原理

1. 一般青贮

青贮饲料经过压实密封，内部缺乏氧气。乳酸菌发酵分解糖类后，产生的二氧化碳进一步排除空气，分泌的乳酸使得饲料呈弱酸性（pH 值 3.5~4.2）能有效地抑制其他微生物生长。最后，乳酸菌也被自身产生的乳酸抑制，发酵过程停止，饲料进入稳定储藏。

从青贮原料收割到青贮完成的整个过程可分为 3 个阶段。

（1）植物呼吸阶段。新鲜植物切碎、装窖后，最初植物细胞尚未完全死亡，还能进行有氧呼吸，将糖分解为二氧化碳和水，并放出能量，造成养分的损失。如果将原料压紧，排出间隙中的空气，可使植物细胞尽快死亡，减少养分、能量的损失。

（2）微生物作用阶段。此阶段是青贮的主要阶段。青贮原料上附着的微生物，可分为有利于青贮的和不利于青贮的两类。对青贮有利的微生物主要是乳酸菌，它们的生长繁殖要求湿润、缺氧的环境和一定数量的糖类，酵母菌也对青贮有利；对青贮不利的微生物有丁酸菌、腐败菌、醋酸菌、真菌等，它们大部分是嗜氧和不耐酸的菌类。要使青贮成功，就必须为乳酸菌创造有利的繁殖条件，同时抑制其他细菌繁殖。乳酸菌在青贮的最初几天数量很少，比腐败菌的数量少得多。但几天后，随着氧气的耗尽，乳酸菌数目逐渐增加，变为优势。由于乳酸菌能将原料中的糖类转化为乳酸，所以乳酸浓度不断增加，当酸度达到一定数值时，就可抑制包括乳酸菌在内的各种微生物的活动，尤其是腐败菌在酸性环境下很快死亡。

（3）青贮完成阶段。乳酸菌的繁殖及产生乳酸的多少与青贮原料有关。多糖饲料乳酸形成较快，蛋白质含量高而糖含量低的饲料乳酸形成较慢。当青贮饲料的 pH 值下降到4.0左右时，所有的微生物包括乳酸菌在内均停止活动，这样饲料就在乳酸的保护下长期贮存下来，而不会腐烂变质。乳酸菌将糖分解为乳酸的反应中，既不需要氧气，能量损失也很少。

要制作好青贮饲料，必须具备使乳酸菌大量繁殖的条件。一是青贮原料中要有一定的含糖量。一般禾本科植物含糖较多。二是原料的含水量要适度，以含水65%~75%为宜。三是温度适宜，一般以19~37℃为宜。四是将原料压实，排出空气，形成缺氧环境。

2. 特殊青贮

（1）低水分青贮或半干青贮。此种青贮方式的基本原理是原料含水少，以造成对微生物的生理干燥（图2-1）。

风干的青绿植物对腐败菌、酪酸菌和乳酸菌均可造成生理干燥状态，使其生长繁殖受到抑制。在低水分青贮过程中，微生物发酵弱，蛋白质不被分解，有机酸形成量少。由于某些微生物如霉菌等在风干物内仍可大量繁殖，虽然在切短压实的厌氧条件下，其繁殖很快停止，但该种方式的青贮仍需在高度厌氧条件下进行。

图2-1　低水分青贮

由于低水分青贮是在微生物处于干燥状态及生长繁殖受到限制的情况下进行，所以青贮原料中糖分、乳酸的含量及pH值的高低对于这种青贮方法影响不大，从而扩大了可选择的青贮原料范围。一般认为不易青贮的原料（如豆科植物）也都可以顺利青贮。

（2）外加剂青贮。外加剂大体分为三类，一类是促进乳酸发酵的物质，如各种可溶性糖类、乳酸菌制剂和酶制剂等；另一类是防腐剂，如甲酸、硫酸和盐酸等可阻止腐生菌等不利于青贮的微生物的生长；最后一类是提高青贮饲料的营养物质含量，如尿素等非蛋白氮可增加蛋白质含量等。这样，也可以将一般青贮法中认为不易青贮甚至难青贮的原料加以利用，从而扩大了青贮原料的范围。

六、项目实施（职业能力训练）

（一）青干草的调制技术

操作程序	操作要求
原料收获	（1）豆科类牧草在盛花期收割。 （2）禾本科牧草在抽穗期收割。

操作程序	操作要求
干燥	1. 自然干燥法 在牧草适宜收割期，选择晴天刈割，收割后即将青草平铺地面（厚度以10～15cm为宜）暴晒，定时翻动，以加快水分蒸发，使水分降到40%左右（取一束草在手中用力拧紧，有水但不下滴），达到半干程度。 将半干的草拢集成松散的小堆，或运移到通风良好的荫棚下晾干，使水分含量降到14%～17%（将干草束在手中抖动有声，柔软、折叠不脆断，松手很快自动松散）即达到干燥可贮存程度。 2. 人工干燥法 （1）低温干燥法。将青刈的牧草，立即运送到温度在45～50℃的烘房内，烘数小时，使牧草水分含量为14%～17%的程度。 （2）高温干燥法。将青刈牧草，立即运送到500～1 000℃的干燥机内，6～10s热空气脱水干燥。
青干草贮存	（1）将青干草在草棚内压实堆垛保存。 （2）在室外选择地势高燥、平坦、开阔、排水通畅的地方，按照干草的多少，堆成圆形或长方形，底层铺设10cm厚的麦草，顶部呈屋顶状，上加麦草10cm，用塑料布覆盖压好。 （3）有条件时，将干草打成捆，在室内或室外加盖堆放。
品质鉴定	优质的青干草应该是呈绿色，叶片多而柔软，有芳香味，水分含量在17%以下，毒草及有害草含量不超过1%，且不含霉烂变质的干草。
干草的饲喂	青干草是冬、春季草食家畜的主要饲料。可采取自由采食或限量饲喂，单独饲喂干草时，其进食量为牛体重2%～3%。

（二）青贮饲料的制作与使用

操作程序	操作要求
修建青贮窖或备青贮袋	1. 青贮窖 （1）青贮窖应建在地势高燥，土质坚实，窖底离地下水位0.5m以上。 （2）窖形在地下水位低的地方采用地下窖，地下水位高的地方可采用半地下窖。原料少的用圆形窖，原料多的可用长方形窖。 （3）青贮窖容量。 长方形窖的容量（kg）=长（m）×宽（m）×深（m）×500kg/m^3 （4）窖壁要求光滑，青贮窖上大下小适当倾斜，长方形窖的四角应成圆弧形，窖底平坦。 2. 青贮袋 适于原料量不大时使用。用厚度0.05～0.08mm的无毒塑料膜，制成袋子。青贮量以每袋50～200kg为宜。

操作程序	操作要求
青贮原料及要求	1. 青贮原料品种 奶牛常用的青贮原料包括带穗玉米，玉米秸秆，野青草，红薯藤蔓，苜蓿等。 2. 要求 （1）禾本科牧草在抽穗期，玉米秆在乳熟期、黄熟期收割均可单独青贮。豆科牧草在盛花期收割，以 1∶2 比例掺入禾本科牧草或青玉米秆混合青贮。 （2）青贮原料适宜的含水量为 65%～75%，用手紧握切碎的原料，指缝有汁液渗出，但不成滴为宜。含水量不足应加入适量水，含水量过高，可将原料晾晒或加入适量干草粉。 （3）青贮原料按照粗硬程度应铡成 1～2cm 的长度。
添加尿素的青贮	为提高青贮饲料营养价值可在原料中添加尿素。添加量为原料总重量的 0.5%，将尿素溶于水，均匀洒于原料中。
原料填装	（1）青贮原料要随收、随运、随铡、随装、随压、随封。 （2）土窖在窖底铺垫 10cm 左右的麦草，窖壁衬一层塑料薄膜。 （3）原料应分层装填，逐层踩实，特别注意窖壁及四角要压实。 （4）原料要装到高出窖口，小型窖高出 0.5～0.7m，大型窖高出 0.7～1m。 （5）塑料袋青贮要分层装填，层层压实。
窖的封闭	（1）土窖在原料装填后，应立即覆盖 20cm 厚的麦秸，盖上塑料薄膜，再压上 30～50cm 的湿土，然后拍平封严，要求窖顶中间高，四周低，以利于排水。 （2）青贮塑料袋装满后，将袋口用绳子扎紧。或用真空泵抽成真空，用封口机封口。堆贮时，需将原料顶部用较厚的无毒塑料薄膜覆盖，四周用重物或土压实。 （3）在封窖 20d 内，原料会自然下沉，应及时填土，并经常检查，发现裂缝及时用土覆盖。 （4）青贮时间一般为 30d。温度越高，时间越短。
使用方法	1. 启用 （1）圆形窖开窖启用后应自上而下分层取用，长方形窖从一端分段由上向下取用。每次取料后，要盖上塑料薄膜，防止风吹，日晒和雨林。 （2）青贮窖打开后，建议连续使用，避免二次发酵。 （3）应根据饲喂量取料，当天取料，当天喂完。 2. 饲喂 （1）开始饲喂时，饲料量逐渐增加。 （2）犊牛、怀孕牛限量饲喂，发霉、变质、冰冻的青贮料禁喂。 （3）青贮料的饲喂量，以占日粮干物质量的 1/3～1/2 为宜。

操作程序	操作要求
品质鉴定	(1) 优等。绿色、黄绿色，有光泽，芳香酸味，湿润、松散、柔软不粘手，茎叶花能分辨清楚，pH 值为 4.0~4.5。 (2) 中等。黄褐色或暗绿色，刺鼻酸味，松软，水分多，茎叶花能分清，pH 值为 4.0~4.5。 (3) 低等。黑色或褐色，腐败味或霉味，腐败，粘手，结块或过干，茎叶难分辨，pH 值 7.5。

七、项目实施过程检查

序号	检查项目	检查标准	学生自检	教师检查
1	青干草原料	收割时期是否适宜		
2	青干草品质	是否达到适宜水分含量及色泽评价		
3	青贮原料	收割时期是否适宜		
4	青贮工艺	装填，压实，密封		
5	青贮品质鉴定	芳香，茎叶分明，不粘手，色泽鲜亮		
6	教学过程中的课堂纪律	听课认真，遵守纪律，不迟到、不早退		
7	实施过程中的工作态度	在工作过程中乐于参与		
8	上课出勤状况	出勤 95%以上		
9	安全意识	无安全事故发生		
10	环保意识	牛粪便及时处理，不污染周边环境		
11	合作精神	能够相互协作，相互帮助，不自以为是		
12	实施计划时的创新意识	确定实施方案时不随波逐流，有合理的独到见解		
13	实施结束后的任务完成情况	过程合理，鉴定准确，与组内成员合作融洽，语言表述清楚		

<table>
<tr><td>序号</td><td>检查项目</td><td>检查标准</td><td>学生自检</td><td>教师检查</td></tr>
<tr><td>检查
评价</td><td colspan="4">评语：

组长签字：　　　　　　教师签字：
年　　月　　日</td></tr>
</table>

八、项目考核评价

同项目一中牛的品种识别、外貌鉴定及体尺测量的项目考核评价方法。

九、项目训练报告

撰写并提交实训总结报告。

项目七　牛杂交改良和选育计划的拟订

通过本项目实训，掌握牛品种杂交改良的系谱记录方法、常见杂交改良技术，并能拟订牛品种改良杂交选育方案。

一、项目任务目标

（一）知识目标

（1）掌握牛杂交改良的概念。

（2）掌握牛选育计划的目的和任务。

（二）技能目标

掌握牛杂交改良和选育计划的拟订方法。

二、项目任务描述

1. 工作任务

掌握牛杂交改良和选育技术的拟订方法。

2. 主要工作内容

（1）掌握牛只耳标编号方法。

（2）掌握系谱记录方法。

（3）掌握奶牛杂交改良技术。

（4）掌握肉牛杂交改良技术。

三、项目任务要求

1. 知识技能要求

（1）掌握选育的概念。

（2）掌握杂交改良的方法。

2. 训练安全要求

3. 职业行为要求

（1）编号符合要求。

（2）系谱资料完整。

（3）着装整齐。

（4）遵守课堂纪律。

（5）具有团结合作精神。

四、项目训练材料

奶牛场牛群个体编号，系谱资料。

肉牛群个体编号，系谱资料。

五、项目相关知识

（一）肉牛选育与杂交改良

1. 肉牛纯种选育的基本方法

（1）肉牛的重要经济性状及遗传规律。肉牛的性状依其表现方式及人们对它的观察、度量手段来区分，基本可以分为两类：一类性状的变异可以截然区分为几种明显不同的类型，一般用语言来描述，这些性状称为质量性状，如毛色、血型、角型等；另一类性状的变异是连续的，个体间表现的差异只能用数量来区别，这些性状称为数量性状，如初生重、日增重、饲料利用率等。数量性状可以用工具测量、用数字表示并能按规律计算，肉牛的生产性状等重要经济性状都是数量性状，只是遗传力各不相同。遗传力是衡量遗传性强弱的数值。凡生命晚期形成的性状，以加性（累加）效应为主，如日增重、胴体质量等与产肉性能及肉质品质有关的性状，其遗传力较高；生命早期形成的，如受胎率、产犊间隔等与繁殖力、生活力、适应性有关的性状，易受环境（饲养、管理、气候等）影响，其遗传力较低。其他性状具有中等遗传力。遗传力高的性状，个体选择的进展较快；遗传力低的性状，个体选择的进展较慢。表 2-1 给出了肉牛与经济性能有关的重要性状的遗传力。

（2）肉牛的选种途径。肉牛的选种途径主要有系谱选择、自身表现选择、后裔测定和旁系选择、复合育种值的估计。①系谱选择。即利用系谱信息估计个体育种值，它是预测比较幼龄牛只优劣的重要方法。肉牛系谱选择的内容（性状）有初生重、各阶段的体重与增重效率、肥育能力、饲料报酬及与肉用性能有关的外貌表现。②自身表现选择。即根据被选个体本身的一种或多种性状的表现值判断其种用价值。此法又称性能测定或成绩测定。它用于 1 岁以上、各性状已得到较充分的表现的被选个体。选择的项目有体型外貌、体尺体重（初生期、断奶期、6 月龄、12 月龄、18 月龄等）、平均日增重（哺乳期、断奶后）、增重效率、产肉性能（宰前重、胴体重、净肉率、屠宰率、肉骨比、眼肌面积、肉品质量、皮下脂肪厚度等）。此外，选择公牛时还要鉴定生殖器官发育程度、精液质量，母牛还应鉴定繁殖性能（受胎率、产犊间隔、发情的规律性、产犊能力、母性能力、产奶性能、多胎性、早熟性与长寿性等），但以牛生长发育性状、产肉性能、外貌、产奶和繁殖力为主。③旁系选择。也称同胞半同胞选择，即根据同胞或半同胞表型信息估测被选个体育种值。旁系选择的优点在于能早期从侧面估测被选个体限性性状（如母牛的泌乳能力、公牛的精液质量等），还能估测被选个体无法查知的性状（如屠宰后性状等）。由于旁系同胞（兄弟、姐妹、堂表兄妹）数目大，能大幅度提升估测的准确度，有效地缩短时间，比后裔测定至少少 4 年。④后裔测定。是根据被选个体后裔各方面的表现情况来评定被评个体的种用价值的一种方法。用此法可以评定公牛也可以评定母牛，即可评定数量性状，也可以评定质量性状，但在生产中多用于公牛。⑤复合育种值的估计。复合育种值，即用不同来源的多项遗传记录资料，按其遗传作用大小加权所综合计算出的被选牛的育种值。

表 2-1　肉牛重要经济性状的遗传力

	性状	遗传力		性状	遗传力
生长发育性状	初生重	0. 3~0. 40	产肉性状	宰前重	0. 7
	断奶重	0. 2~0. 30		宰前外形评分	0. 40
	哺乳期日增重	0. 5		屠宰时等级	0. 35~0. 40
	断奶时外貌评分	0. 25~0. 30		胴体重	0. 65~0. 70
	周岁体重（育肥场）	0. 40		胴体等级	0. 35~0. 45
	周岁体重（牧场）	0. 35		肉质等级	0. 40
	18 月龄体重	0. 45~0. 5		眼肌面积	0. 40~0. 50
	育肥后期重	0. 5~0. 6		皮下脂肪厚度	0. 35~0. 50
	育肥期日增重	0. 45~0. 60		大理石花纹	0. 40
	增重效率	0. 35		屠宰率	0. 40~0. 45
	粗饲料利用率	0. 32		净肉率	0. 50
成年体型	成年母牛体重	0. 50~0. 70		瘦肉率	0. 55
	成年体高	0. 50		肉骨比	0. 60
	管围	0. 30		嫩度	0. 30
	十字架高	0. 50	繁殖力性状	产犊间隔	0. 10~0. 15
	胸宽	0. 50		受胎率	0. 10~0. 15
	体型评分	0. 3		母性能力	0. 40
	胸围	0. 55			
	尻长	0. 50			

（3）肉牛的选种方法。肉牛的选种方法主要包括单一性状选择法、独立淘汰法、指数选择法。①单一性状选择法。即按顺序逐一选择所要改良的性状，也就是当第一个性状得到改良后再选择第二个性状，直至使全部性状均得到改良，因此此法也称逐一选择法。②独立淘汰法。独立淘汰法是指同时选择几个性状，对每个性状规

定最低的独立标准，采用一票否决制，淘汰任何一个性状不够标准者。③综合选择指数法。综合选择指数法即把几个性状表型值，根据其遗传力高低、经济的相对重要性、性状间的表型相关和遗传相关给予不同的适宜权值，运用数量遗传学原理综合计算出一个指数，进行选种，指数超过群体平均值，即为优良者，不及平均值，即需予以淘汰。④最佳线性无偏预测（BLUP）法。BLUP法是在极大似然法的基础上根据人工授精技术发展的要求提出的一种种公牛评定方法，用线性函数表示，具有很高的精确度、很大的灵活性和现代统计学特征，加之现代功能强大的电子计算机运算，故为目前国际先进的、最有效评价种公牛的方法之一，已达到通用程序化的程度。根据不同育种资料来源，BLUP一般可分为回归模型、固定模型、随机模型、混合模型等四种，应用最广的是公牛模型的混合模型，即根据后裔（主要是母牛）的记录估测公牛的育种值。

（4）肉牛的选配。选配即有预见性地安排公母牛的交配，以期达到后代将双亲优良性状结合在一起，获得更理想的后代，培育出优秀种牛的目的。也就是在选种的基础上，向着一定的育种目标，按照一定的繁育方法，根据公母牛自身品质、体质外貌、生长发育、生产性能、年龄、血统和后裔表型等进行通盘考虑，选择最合理的交配方案，最终获得更为优秀的后裔牛群。肉牛的选配方式，应在有关肉牛遗传育种专家的指导下进行。

（5）肉牛的纯种选育。肉牛的纯种选育又称本品种选育，指在肉牛的本品种内，通过选种、选配和培育，不断提高牛群质量及其生产性能的方法。

另外，无论是地方肉牛品种还是国际专用肉牛品种，其品种形成的过程本身就是纯种选育的结果。

2. 肉牛的杂交改良

杂交是两个或两个以上品种（品系）的公、母牛相互交配，也就是指不同基因型的个体或种群间公母牛的交配，目的是改良原始低产品种，创造杂种优势，培育新品种。杂交的优点在于后代的性状表现往往优于双亲的平均数。若干品种（系）间产生杂交优势的程度称为配合力。通过杂交可以丰富和扩大牛的遗传基础，改变基因型，增加遗传变异幅度，使后代的可塑性更大，生活力和生产性能得以提高。杂交所产生的后代称为杂种。

（1）杂交的方法。根据杂交后代生物学特性和经济利用价值，杂交方法分为品种内杂交、品种间杂交、种间杂交。①品种内杂交。也称品系间交配。是指品系间无亲缘关系的公母个体间的交配，目的在于综合各品系的优点，减少近交，改良品系的不理想性状，使品种内性状一致化，得到较高的杂交优势。②品种间杂交。即不同品种公母个体间的交配，是最常见的杂交方法，任何用途的牛都可用此法提高牛群的生产性能，改良体型外貌的缺陷，培育新的肉牛品种，如肉用牛与乳用牛的杂交后代，即可以获得高于肉用牛的泌乳能力，又可获得优于乳用牛的生产率、胴体重、屠宰率等。③种间杂交。即不同种间公母个体的交配。也称异种间杂交或远缘杂交，此法可获得经济价值很高的牛群和创建新的品种，如欧洲牛与瘤牛杂交培育的新品种抗旱王牛、婆罗福特牛等，具有良好的抗热性和抗焦虫病能力。又如我国的黄牛与牦牛的杂交后代“犏牛”既具有良好的生产性能，又具有适应高寒等地终年放牧的特性。

（2）杂交的方式。肉牛的杂交因目的不同分为育种杂交和经济杂交两个类型。①育种杂交。级进杂交又称改造杂交或吸收杂交，是利用优良高产品种改良低产品种最常用的一种迅速而有效的杂交方式，即以优良品种（改良者）公牛与低产品种（被改良者）的母牛交配，所产杂种母牛逐步再与改良者不同公牛交配。直到杂种后代的表现性状符合理想要求时终止这种回交，以后可选择杂种牛群中理想的杂种公母牛进行横交以固定性状遗传性，培育新品种。导入杂交又称改良杂交或引入杂交，当一个品种具有多方面的优良性状，但个别性状存在较为显著的缺陷，或者需要在短时间提高适应市场要求的经济性状，而这种缺陷或需求用本品种选育又不易得到纠正时，可利用另一理想的品种公牛与被改良者母牛交配，使杂种牛群趋于理想，再选择杂种牛群中理想的公母牛逐代与被改良牛群母、公牛交配，这种杂交方式称为导入杂交。育成杂交也称创造性杂交，即通过两种或两种以上的品种进行杂交，使杂种后代综合几个品种的优良特性，显现多品种的杂交优势，提高后代的生活力和生产性能，改进体质外貌缺点，且扩大变异范围，创造出亲本所不具有的有益性状，这种通过杂交来创造培育新品种的方法称为育成杂交。育成杂交分为简单育成杂交和复杂育成杂交，由 2 个品种杂交培育成新品种的称简单育成杂交，由 2 个以上的品种杂交培育成新品种的称复杂育成杂交。复杂育成杂交因杂交后代具有更多丰富的遗传基础而优于简单杂交。育成杂交以级进杂交为基础，且在某种程度上具有很大灵活性。育成杂交分为 3 个阶段。杂交阶段、横交阶段（也称自群繁育阶段）、纯化阶段。我国及国外的新品种肉牛几乎都是采用育成杂交的方法培育成的。②经济杂交。也称生产性杂交，主要用于商品牛生产，目的是应用杂交优势，提高商品肉牛的生产性能，增加商品牛数量，降低生产成本，获得较高的经济效益。经济杂交有简单经济杂交、复杂经济杂交、轮回杂交、“终端”公牛杂交体系等方法。简单经济杂交也称二元杂交，即两个品种间的杂交，所有杂种一代牛均作商品牛育肥出售，不作种用。复杂经济杂交也称三元杂交，即将两个品种进行二元杂交，杂种一代母牛再与第三个品种进行杂交，杂种二代及杂种一代公牛全部育肥出售，不作种用。轮回杂交，即两个品种（二元）或三个品种（三元）公、母牛之间不断轮流杂交，使各杂种后代都能保持一定杂种优势，获得高而稳定的生产性能。杂种后代母牛性状优良者均可进入基础母牛群，进入下一轮回杂交。任何一次杂交或轮回杂交后代的公牛及性状不够优良的杂交后代母牛，均可出售。“终端”公牛杂交体系，用 A 品种公牛与 B 品种母牛配种，所产杂种一代（F_1）母牛再与第三品种 C 公牛进行杂交，所产杂种二代（F_2）全部育肥出售，不再进一步杂交，这种停止在最终用 C 品种公牛的杂交称为“终端”公牛杂交体系，C 公牛称杂交终端公牛。

（3）杂交改良中应注意的问题。在我国，地方良种黄牛的保种区域内禁止引入外来品种进行杂交，特别是总存栏量不大的品种。为小型母牛选择与配公牛时，种公牛的体型不宜太大，母牛需选择经产牛，以降低难产率。对杂种牛的饲养管理应该科学，一般良种牛都需要较高的日粮营养水平和科学的饲养管理方法，否则很难取得良好的改良效果。

六、项目实施（职业能力训练）

操作程序	操作要求
奶牛编号	牛号是用以区别牛个体的符号。荷斯坦牛的个体，除了用照片与花片来区别以外，每头牛均编制一个号码，这种标记非常必要。无论是制订牛群饲养管理计划，确定牛的饲料定量；牛的分群、转群、死亡、淘汰；牛的年度产奶计划；繁殖配种计划；卫生防疫、疫病防控；谱系的记录等等，都离不开牛号。此外，公牛的后裔测定、牛的良种登记、品种登记等也必须由牛号来区别。因此，简便易行、内容全面的牛号标记方法是非常重要的。 （1）牛只编号。省市范围内的牛场编号（3 位数）+年度号码尾数（2 位数）+年内牛出生顺序号（3 位数），共 8 位数，后两部分编号牛场可根据本常年度及出生顺序，自己掌握。全国注册牛编号时，应在编号最前方再加上两位省市编号，共 10 位数。良种登记（指全国良种登记）牛编号方法：省市编号 2 位数+累计顺序号 6 位数，共 8 位数。 （2）标记方法。注册牛只标记形式为塑料耳号，左耳佩戴。牛场编号字形偏小，位于上方，年度及顺序号字形偏大，位于下方。良种登记标记形式为铜制（或铝制）耳号由右耳佩戴。①将牛保定好，防止在操作时牛头顶撞；②在安装钳上装塑料耳标，按压安装钳上的夹片，水平装上耳标阴牌；③将耳标阳牌装在针上，一定要充分插入；④把装好的安装钳和耳标——起浸泡消毒；⑤左手固定耳朵，右手执钳，在耳部中心位置明显地方，迅速用力一夹，便戴上耳标。 （3）牛只来源的国别代号。美国用“A”，英国用“E”，加拿大用“C”，日本用“J”，德国用“G”，丹麦用“D”，荷兰用“H”，法国用“F”，新西兰用“Z”，中国不记代号。 （4）牛只编号后，务必及时划出该牛花片或摄像，避免误记。

操作程序	操作要求
谱系及报表记录	谱系是奶牛场最基本的记录资料，记载要及时、准确，并妥善保管。应统一按照“奶牛谱系”格式填写。牛只出生后，当日务必填写谱系。 （1）牛只本身基本情况。所在单位编号，花片特征（牛图或摄影）。来源、出生日期、初生重、近交系数。 （2）血统记录。务必有三代亲本牛号和父亲育种值，母系至少有第一胎和最高胎次产奶量和乳脂率。 （3）按照牛只不同发育阶段的要求，填写体尺、体重、外貌鉴定结果。 （4）谱系内生产性能（产奶量和乳脂率）记录按泌乳月填写，不按自然月填写。 （5）及时记录检疫情况。 （6）牛只调出、出售时，由资料员抄写副本谱系随牛带走，原本留下，牛只死亡、淘汰时，应记录终生产奶量，谱系存档，不得丢失。 （7）填写谱系时，字迹要清楚，不得涂改。 （8）按时填写育种报表。
生产性能测定	奶牛的生产性能测定是反映奶牛生产能力高低、为育种选育和饲养管理提供依据所必不可少的。反映奶牛生产性能的指标主要有产奶量、乳脂率、乳蛋白率、无脂固形物率、饲料转化率、排乳速度等。 1. 产奶量的测定和计算 最精确的方法是将每头母牛每天每次的乳量进行称量记录，泌乳期结束后进行统计。这种方法十分烦琐，工作量大，不适于规模生产，实际中已很少采用。现介绍农业农村部颁发的测定办法。 （1）中国荷斯坦牛生产性能测定办法。测定的频度为每月 1 次，记录 24h 内的奶量、乳脂率和乳脂量。奶量可用秤称或容器量，容器刻度不应超过 200mL，奶量以千克表示，取 1 位小数。记录期间每次据奶量按比例取样，混合后作乳脂分析。奶样总收集量不少于 30mL，以接近 0℃（但不能低于 0℃）保存，也可在每升奶中加入 1g 重铬酸钾或氯化汞或 1~2mg 福尔马林进行保存。进行乳脂率的测定，并据此计算 24h 内的乳脂量，取小数点后 3 位。 测产每月 1 次，可间隔 26~33d，但分娩后 5d 内不测定。泌乳期以产犊翌日为开始日期，在挤奶次数减为 1d 2 次后，最后一次测产后的第 14 天为该泌乳期的结束日（不是实际结束日）。产奶量和乳脂率的计算方法如下。 设 M_1、M_2…、M_n为第 C_1、C_2…C_n次测产的奶量，单位为 kg（小数点后 1 位）；m_1、m_2、…、m_n为每次测产的乳脂量，单位为 kg（小数点后 3 位）；l_1、l_2、…、l_{n-1}，为 C_1 和 C_2 次测产、C_2 和 C_3 次测产…C_{n-1}，和 C_n次测产间的间隔天数；l_0为产犊至第 1 次测产间的天数；l_n为末次测产和泌乳结束日期间的天数；LM 为泌乳期奶量；LF 为泌乳期乳脂量。则： $LM=M_1（l_0+l_l/2）+M_2（l_1+l_2）/2+M_3（l_2+l_3）/2+\cdots+M_{n-1}（l_{n-2}+l_{n-1}）/2+M_n（l_{n-1}/2+l_n）$

操作程序	操作要求
生产性能测定	$LF=m_1(l_0+l_1/2)+m_2(l_1+l_2)/2+m_3(l_2+l_3)/2+\cdots+m_{n-1}(l_{n-2}+l_{n-1})/2+m_n(l_{n-1}/2+l_n)$ 平均乳脂率（%）=（LF/LM）×100 附加说明：如果漏测 1 次，可根据前后两次测产结果用内推法计算结果来代替，若测产中断 60d 以上，则测产结果不予承认。在泌乳期长于 305d 情况下，305d 产奶量只取前 305d 的测产结果。 对因条件所限，目前还不能按上述方法测产的个体户而言，可采用每月记录 3d，间隔 8～11d 的方法，按下列公式计算：全月产奶量（千克）=（$M_1 \times D_1$）+（$M_2 \times D_2$）+（$M_3 \times D_3$）。式中 M_1、M_2、M_3 为各测定日全天奶量，D_1、D_2、D_3 为本次测定日与上次测定日之间的间隔天数。 （2）奶牛群体产奶量的统计可依据下列两个公式进行。 成母牛全年平均产奶量=全群全年总产奶量/全年平均日饲养成母牛头数 泌乳牛年平均产奶量=全群全年总产奶量/全年平均日饲养泌乳母牛头数 式中，全年平均日饲养成年母牛头数包括所有成年母牛，即按饲养日计算的年均产奶量，可反映牛群的整体管理水平，便于计算牛群的饲料报酬和产奶成本。而全年平均日饲养泌乳牛头数只计算泌乳的牛，即按实际泌乳日计算的年均产奶量，可以反映牛群的质量，并供拟订产奶计划时参考。 2. 乳脂率和乳脂量的测定和计算 根据中国荷斯坦牛生产性能测定办法，乳脂率用盖氏法或能得到相同结果的其他方法测定，每月 1 次，与测定产奶量同时进行。现许多奶牛场拥有快速乳脂测定仪，也能较方便准确地测定乳脂率。根据乳脂率和产奶量计算乳脂量。 4%乳脂校正乳（FCM）的换算。不同奶牛个体的乳脂率差异很大，为评定不同个体间产乳性能的优劣，可用 4%乳脂校正乳来比较，其换算公式： FCM（%）= 0. 4×M+15×F 式中，FCM 为 4%乳脂校正乳量，M 为产奶量（kg），F 为乳脂量（kg）。 3. 饲料转化率的计算 饲料转化率可反映奶牛将饲料转化为奶的能力，也是鉴定奶牛品质的重要指标之一。其计算公式有二，A 式表示每千克饲料干物质可生产多少千克牛奶，B 式表示每生产 1kg 牛奶需消耗多少千克饲料干物质。 A：饲料转化率（%）= 全泌乳期 FCM 总产量（kg）/全泌乳期消耗饲料干物质总量×100 B：饲料转化率（%）= 全泌乳期消耗饲料干物质总量/全泌乳期 FCM 总产量（kg）×100 4. 乳蛋白率的测定 用凯氏微量定氮法、比色法、或能得到相同结果的其他方法进行测定。根据乳蛋白质率可计算出乳蛋白量。

操作程序	操作要求
生产性能测定	5. 排乳速度 排乳速度即挤奶时乳汁排放的快慢，以每 30s 或每分钟排出的奶量（kg）为准，可在挤奶时用弹簧秤挂在三脚架上直接称量。排乳速度快的母牛有利于在挤奶厅集中挤奶。 6. 前乳房指数 奶牛左右乳房的奶量基本相等，即发育较匀称，而前后乳区的奶量差别较大，后乳区的发育明显好于前乳区。通常用前乳房指数表示乳房的对称程度。测定的方法是，用有 4 个奶罐的挤奶机，挤奶时使 4 个乳区的奶分别流入 4 个奶罐中而测得每个乳区的奶量。用下式可计算出前乳房指数： 前乳房指数（%）= 前 2 个乳区产奶量（kg）/总奶量（kg）×100 一般乳用品种的前乳房指数为 43%左右，并且成年母牛略小于头胎母牛。 7. 其他 近来一些发达国家还测定乳中的无脂固形物率和体细胞数。乳无脂固形物率是指奶中除去脂肪后的固形物（干物质）含量，与奶的质量有关；乳中体细胞数与乳腺炎关系密切，体细胞数越多，患乳腺炎的可能性就越大。
奶牛的选种选配	选种选配是奶牛群改良工作中的一个重要环节。选种就是从奶牛群中，选出最优秀的个体作为种用，是牛群的遗传素质和生产水平不断提高。通过恰当的选配，把具有优良遗传特性的公母牛进行组合交配，可以达到提高产奶量、改善牛奶品质、克服体型缺陷、增强抗病力、提高经济效益的目的。 1. 母牛的选留与淘汰 （1）犊牛及青年母牛的选择。为了保持牛群高产、稳产，每年必须选留一定数量的犊牛、青年母牛。为满足这个需要，并能适当淘汰不符合要求的母牛，每年选留的母犊牛不应少于产乳母牛的 1/3。 对初生小母牛以及青年母牛，首先是按系谱选择，即根据所记载的祖先情况，估测来自祖先各方面的遗传性。按系谱选择犊牛及青年母牛，应重现最近三代祖先。因为祖先越近，对该牛的遗传影响越大，反之则越小。系谱一般要求三代清楚，即应有祖代牛号、体重、体尺、外貌、生产成绩。 按生长发育选择，主要以体尺、体重为依据，其主要指标是初生重、6 月龄、12 月龄体重、日增重及第 1 次配种及产犊时的年龄和体重，有的品种牛还规定了一定的体尺标准。犊牛出生后，6 月龄、12 月龄及配种前按犊牛、青年牛鉴定标准进行体型外貌鉴定。对不符合标准的个体应及时淘汰。 新生犊牛有明显的外貌与遗传缺陷，如失明、毛色异常、异性双胎母犊等，就失去了饲养和利用价值，应及时淘汰。在犊牛发育阶段出现四肢关节粗大，肢势异常，步伐不良，体型偏小，生长发育不良，也应淘汰。育成牛阶段有垂腹、卷腹、弓背或凹腰，生长发育不良，体型瘦小；青年牛阶段有繁殖障碍、不发情、久配不孕、易流产和体型有缺陷等诸多现象牛只应一律淘汰。

<table>
<tr><th>操作程序</th><th>操作要求</th></tr>
<tr><td>奶牛的
选种选配</td><td>（2）生产母牛的选择。生产母牛主要根据其本身表现进行选择。包括：产乳性能、体质外貌、体重与体型大小、繁殖力（受胎率、胎间距等）及早熟性和长寿性等性状。其最主要的是根据产乳性能进行评定，选优去劣。
产乳量：要求成母牛产奶量要高，根据母牛产乳量高低次序进行排队，将产乳量高的母牛选留，产乳量低的淘汰。因为头胎母牛产奶量和以后各胎次产奶量有显著正相关，所以，从头胎母牛产奶量即可基本确定牛只生产性能优劣，对那些产奶量低，产奶期短的母牛应及时淘汰。以后各胎次母牛，除产奶因素外，有病残情况的应淘汰。
乳的品质：除乳脂率外，近年不少国家对乳蛋白率的选择也很重视。这些性状的遗传力都较高，通过选择容易见效。而且乳指率与乳蛋白含量之间呈中等正相关，与其他非脂固体物含量也呈中等正相关。这表明，在选择高乳脂率的同时，也相应地提高了乳蛋白及其他非脂固体物的含量，达到一举两得之功效。但在选择乳脂率的同时，还应考虑乳脂率与产乳量呈负相关，二者要同时进行，不能顾此失彼。
繁殖力：就奶牛而言，繁殖力是奶牛生产性能表现的主要方面之一。因此要求成母牛繁殖力高、产犊多。对那些有繁殖障碍的母牛，且久治不愈的母牛，也应及早处理。
饲料转化率：是乳牛的重要选择指标之一。在奶牛生产中，通过对产奶量直接选择，饲料转化率也会相应提高，可达到直接选择 70%~95%的效果。
排乳速度：排乳速度多采用排乳最高速度（排乳旺期每分钟流出的奶量）来表示。排乳速度快的牛，有利于在挤奶厅中集中挤奶，可提高劳动生产率。
前乳房指数：指前乳房泌乳量占前后乳房泌乳总量的比例。前乳房指数反映 4 个乳区的均匀程度。在一般情况下，母牛后乳房一般比前乳房大。初胎母牛前乳房指数比 2 胎以上的成年母牛大。在生产中，应选留前乳房指数接近 50%的母牛。
泌乳均匀性的选择：产乳量高的母牛，在整个泌乳期中泌乳稳定、均匀，下降幅度不大，产乳量能维持在很高的水平。乳牛在泌乳期中泌乳的均匀性，一般可分为以下 3 个类型。①剧降型。这一类型的母牛产乳量低，泌乳期短，但最高日产量较高。②波动型。这一类型牛泌乳量不稳定，呈波动状态。此类型牛产乳量也不高，繁殖力也较低，适应性差，不适宜留作种用。③平稳型。本类型牛在牛群中最常见，泌乳量下降缓慢而均匀，产乳量高。一般在最初 3 个月占总产乳量的 36.6%；第 4、第 5、第 6 个月共 3 个泌乳月为 31.7%；最后几个月为 31.7%。这一类型牛健康状况良好，繁殖力也较高，可留作种用。
2. 选配原则与选配计划
公牛的生产性能与外貌等级应高于与配母牛等级。优秀公母牛采用同质选配、品质较差母牛采用异质选配。但是一定避免相同缺陷或不同缺陷的交配组合。除育种群中采用近亲交配外，一般牛群应控制近亲。
拟订选配计划以前，首先应审查公牛系谱、生产性能、外貌鉴定、后裔测定资料（包括各性状的育种值，体型线性柱形图及公牛女儿体型改良</td></tr>
</table>

<table>
<tr><th>操作程序</th><th>操作要求</th></tr>
<tr><td>奶牛的选种选配</td><td>的效果）和优缺点等。然后考虑本场牛群基本情况，绘制牛群血统系谱图，进行血缘关系分析。并对牛群生产水平与体型按公牛、按胎次、按年度等进行分析，并且和以前（或上一个世代）比较，从而提出需要改进的具体要求和指标。同时，分析历年来牛群中优秀的公母牛个体，选出亲合力最好的优秀公母牛组合。如果过去的选配效果良好，即可采用重复选配；对已证明过去选配效果不理想的个体，要及时进行适当调整；对没有交配过的母牛，可参照同胞姊妹和半同胞姊妹的选配方案进行，也可作为初配母牛进行选配（表 2-2）。

表 2-2　乳牛的选配计划
<table>
<tr><th colspan="4">母牛</th><th colspan="4">与配公牛</th><th rowspan="2">亲缘关系</th><th rowspan="2">选配目的</th></tr>
<tr><th>牛号</th><th>品种</th><th>等级</th><th>特点</th><th>牛号</th><th>品种</th><th>等级</th><th>特点</th></tr>
<tr><td></td><td></td><td></td><td></td><td></td><td></td><td></td><td></td><td></td><td></td></tr>
</table>

奶牛场在选用冷冻精液过程中，一定要从种公牛站获取上述资料，结合本场母牛的血统、生产性能和体型鉴定结果进行选配，不能因为种牛场的冷冻精液都是良种而盲目使用，以免造成近亲繁殖或同质遗传缺陷重合。
3. 选配方法
（1）同质选配。同质选配的原则是好的配好的，产生更好的后代，正如农谚所说“公的好，母的好，后代错不了”。一般地，为了保证本品种的优良特征特性，进行同质选配。同质选配决不允许所选的公母畜有共同的缺点，因为这样的选配，将会使缺点更加巩固。同质选配也可使隐性有害基因得到纯合，出现适应性差、生活力低的现象。因此，要注意加强选择，淘汰体质衰弱或有遗传缺陷的个体。
（2）异质选配。是利用体型外貌和生产性能不同的公母牛进行交配，目的是获得双亲有益品质的结合。一是选择具有不同优异性状的公母牛交配，以期两个性状结合在一起，从而获得兼有双亲不同优点的后代。二是选择同一性状但优劣程度不同的公母牛交配，以期优良性状改良不良性状，达到目的后再转入同质选配。异质选配可以提高双亲的差异性，增加新类型，提高生产力和适应性。为了创造高产群体和新品种时，可用不同品种的牛进行异质选配。我国利用黄牛和乳牛的杂交后代与荷斯坦牛进行选配，从而提高了产乳量，还改善了乳用体型和乳房结构。
同质选配和异质选配是相对的，二者在生产实践中是互为条件、相辅相成的。二者不能截然分开，只有将二者密切配合，交替使用，才能不断提高和巩固整个牛群的品质。
4. 选配方式
（1）个体选配。根据每头母牛的个体特性、来源、外貌和生产性能以及过去的选配效果，选择最优秀的种公牛进行交配。在这样的选配中获得优良的公牛比母牛更为重要。这种形式的选配多在育种场进行。
（2）群体选配。这种选配的本质是把母牛根据其来源、外貌特点和生产性能进行分群，根据各母牛群的特点来选择 2 头以上比该牛群优良的种公牛，以 1 头为主，其他为辅。这种选配方式多应用于生产场或人工授精站，也可应用于育种场。</td></tr>
</table>

<table>
<tr><th>操作程序</th><th>操作要求</th></tr>
<tr><td>奶牛的纯繁与杂交改良</td><td>在奶牛生产中，主要采用纯种繁育，也经常采用杂交改良的方式，以提高奶牛质量。
1. 纯种繁育
简称“纯繁”，是指同品种内公母牛的繁殖和选育，可以使品种的优良品质和特性在后代中更加巩固和提高。例如，各国的荷斯坦牛由于采用了“纯繁”，不仅更适宜各国的气候条件，而且产乳量也比 20 世纪 30 年代几乎提高 1 倍，乳脂率由 3.2%提高到 3.6%。
（1）近亲繁育。凡有亲缘关系的公母牛进行交配称近亲繁殖。近亲繁殖可增加基因纯合。亲缘系统越近的个体间交配，基因纯合的概率越大。通过近亲繁殖可使优良基因的纯合集中于某些个体，从而获得品质优异的理想型个体。反之，近亲繁殖也可使一些有害隐性基因纯合而暴露出来，以致产生退化现象。所以近亲繁殖可以创造和培育优良个体，同时也应淘汰不良个体，以便在改变牛群基因频率的基础上，逐步提高育种的水平。
（2）品系繁育。品系是指品种内具有相似特点，而又来源于同一优良种公牛的牛群。品系繁育比嫡亲繁育应用较广，这是比较保险的一种近亲繁育方法，但品系繁育需要的时间长，方可获得良好效果。目前对此问题尚有争议。加拿大专家认为，黑白花奶牛已成为世界性品种，不宜采用品系繁育。
2. 杂交改良
杂交改良是指不同品种牛间进行相互交配，其目的是利用杂种优势，提高奶牛生产性能。国内外资料表明，采用杂交改良是迅速提高低产品种乳牛生产性能的有效方法。因此，杂交改良在生产实践中应用最广，在乳牛上应用较广的杂交改良方法如下。
（1）引入杂交。也叫导入杂交。为了纠正某乳牛品种（或牛群）的某些个别缺点，往往引入另一乳牛品种进行引入杂交。引入杂交的方法是用含外血 1/2 的公牛与母牛交配，产生含有外血 1/4 的后代进行自群繁育；如果引入外血后对原有乳牛品种（或牛群）某些优良品质有所损失，则可用原乳牛品种公牛交配一次，以便使外血含量由 1/4 下降到 1/8，以免因引入杂交而改变原乳牛品种的基本特性。
近年来，我国曾多次从美国、加拿大引进荷斯坦牛种公牛与本国荷斯坦母牛进行交配。结果表明，后代产乳量、乳房形状、排乳速度和前乳房指数均有较大改进。目前在许多奶牛生产发达国家间，也定期地交换部分精液，这种双向的导入杂交，其目的已不仅是纠正缺点了，而是旨在扩大群内的遗传变异幅度。为了提高牛群的遗传变异，我国不同牛群间也应该有计划有目的地进行精液交换工作。
（2）级进杂交。是用高产乳用品种种公牛与低产品种母牛逐代进行杂交，一直达到彻底改造低产品种为目的。各代杂种母牛，随着杂交代数的增加，含高产品种血液也逐代增加。一般级进到 3~4 代，其杂种通常称高代杂种。高代杂种与纯种几乎已无差异。有的国家对四代以上的杂种母牛，即按纯种对待。采用级进杂交，必须为杂种牛创造良好的饲养管理条件，以使其优良遗传性状获得充分发挥。对公牛的选择必须慎重，以保证杂交改良的成功。</td></tr>
</table>

七、项目实施过程检查

序号	检查项目	检查标准	学生自检	教师检查
1	编号	有科学规律，准确，可追溯		
2	系谱	清晰，记录完整		
3	生产性能	测定方法正确，记录完整		
4	选配	选配科学合理		
5	杂交改良	优势明显		
6	教学过程中的课堂纪律	听课认真，遵守纪律，不迟到、不早退		
7	实施过程中的工作态度	在工作过程中乐于参与		
8	上课出勤状况	出勤95%以上		
9	安全意识	无安全事故发生		
10	环保意识	品种改良后能提高单产，减少单位畜产品温室气体和粪污排放量		
11	合作精神	能够相互协作，相互帮助，不自以为是		
12	实施计划时的创新意识	确定实施方案时不随波逐流，有合理的独到见解		
13	实施结束后的任务完成情况	过程合理，鉴定准确，与组内成员合作融洽，语言表述清楚		
检查评价	评语： 组长签字：　　　　教师签字： 年　　月　　日			

八、项目考核评价

同项目一中牛的品种识别、外貌鉴定及体尺测量的项目考核评价方法。

九、项目训练报告

撰写并提交实训总结报告。

项目八　牛场管理及卫生防疫制度的制定

通过本项目实训，掌握牛场日常卫生防疫制度和管理制度，能根据实际情况制定牛场疾病防控和日常管理制度手册。

一、项目任务目标

（一）知识目标

（1）掌握牛场管理制度的主要内容。

（2）掌握牛卫生防疫制度的内容。

（二）技能目标

（1）能制定牛场主要管理制度。

（2）会制定牛场卫生防疫制度。

二、项目任务描述

1. 工作任务

（1）掌握牛场管理制度的制定。

（2）掌握牛场卫生防疫制度的制定。

2. 主要工作内容

（1）掌握牛场管理制度内容。

（2）掌握牛场卫生防疫的内容。

（3）制定符合本地区的奶牛场/肉牛场管理和卫生防疫制度。

三、项目任务要求

1. 知识技能要求

（1）掌握牛场人员管理制度内容。

（2）掌握牛场动物管理制度内容。

（3）掌握牛场卫生制度内容。

（4）掌握牛场消毒程序。

（5）掌握牛场免疫程序。

2. 训练安全要求

消毒剂的选择应考虑对人、牛无毒害作用。

3. 职业行为要求

（1）制度应考虑人、牛的安全和动物福利。

（2）着装整齐。

（3）遵守课堂纪律。

（4）具有团结合作精神。

四、项目训练材料

纸张和笔。

牛场相关管理制度参考资料。

牛场卫生防疫法律法规，及相关参考资料。

五、项目相关知识

（一）牛场管理制度主要内容

肉牛场与奶牛场在管理制度方面有共同点，也有各自的特殊性。共同制度包括人员管理制度，饲料管理制度和兽药管理制度等。奶牛场还有挤奶管理制度。

（二）牛场卫生防疫规程

建造布局合理的牛舍结构、制定严格的消毒制度、建立系统的驱虫制度、制定科学的免疫程序，是控制牛疫病发生，降低死亡率、淘汰率，提高养牛效益的有效途径。

1. 建造布局合理的牛舍结构

牛场合理的布局，也是预防疾病的关键。牛场要选择地势高、平坦、向阳、无污染、水、电、交通都方便的地方，生产区、生活区要分开。要设置病牛隔离舍，将发病牛或潜伏期的牛及时隔离观察，及时治疗。病死牛要远离牛场进行焚烧或深埋，大群及时消毒以防传染。场内还要设置专门的堆粪场或粪便处理设施，减少病原微生物和对牛场的污染。

2. 制定严格的消毒制度

严格的消毒制度，是及时切断传染源，有效控制疫病的发生和传播的主要措施。

（1）要对整个牛舍和用具进行 1 次全面彻底的消毒，方可进牛。场门、生产区入口处消毒池内的药液要经常更换（可用 2%氢氧化钠液），保持有效浓度、车辆、人员都要从消毒池经过。

（2）严格隔离饲养，杜绝带病源的人员或被污染的饲料、车辆等进入生产区。从外面进入牛场内的人员需紫外线消毒 15min。

（3）牛舍内要经常保持卫生整洁、通风良好。每天都要打扫干净，牛舍每月消毒 1 次，每年春秋两季各进行 1 次大消毒。常用消毒药物有次氯酸钠消毒液、10%～20%生石灰乳、2%~5%氢氧化钠溶液、0.5%~1%过氧乙酸溶液、3%福尔马林溶液或0.1%高锰酸钾溶液。

（4）每年进行2~4次结核病定期预防消毒，常用消毒药为5%来苏尔、10%漂白粉、3%福尔马林溶液，监测为阳性牛进行隔离治疗。

3. 建立系统驱虫制度

（1）从外地引进的牛要进行检疫和驱虫后再并群，牛场内应消灭老鼠、蚊蝇及吸血昆虫。

（2）每年春秋两季各进行1次全牛群的驱虫，平常结合转群时实施。常用驱虫药如下。①丙硫咪唑。每千克体重5~10mg，驱牛蛔虫、胃肠线虫、肺线虫。②吡喹酮。每千克体重30~50mg，驱虫血吸虫。③硫氯酚。每千克体重40~50mg，驱肝片吸虫。④三氮脒。每千克体重3~5mg，配成5%~7%的溶液，深部肌内注射驱伊氏锥虫、梨形虫和牛泰勒虫。⑤1%敌百虫溶液喷于患部，可杀死牛皮蝇蛆和牛螨。犊牛1月龄和6月龄各驱虫1次。

4. 制定科学的免疫程序

根据本地区传染病的种类及发生季节、流行规律，特制定本预防计划，适时进行预防接种。免疫参考程序如下。

（1）中瘟病。春秋两季各接种1次。

（2）炭疽。炭疽二号芽孢苗免疫期为1年，每年春季用炭疽芽孢苗作1次预防注射。

（3）牛出血性败血症。每年给牛注射牛出血性败血症氢氧化铝菌苗1~2次，在3月、11月各注射1次。非疫区从外地引进牛必须经隔离观察1~3个月，确诊无病方可入群。

（4）气肿疽：免疫力6个月，每年春秋两季各免疫1次，6月龄以下犊牛免疫后，到6月龄时再注射1次；剂量按说明书。

六、项目实施（职业能力训练）

（一）牛场的管理制度

操作程序	操作要求
门卫管理制度	（1）严禁闲杂人员入场，公物出场要有手续，出入车辆必须检查，未经养殖场负责人批准或陪同，谢绝一切对外参观。 （2）严禁非工作人员在门房逗留、聊天，严禁其他家禽、家畜等动物进入场区。 （3）搞好门口的内外卫生及防疫消毒工作。非生产车辆严禁进入场区，确需进入的必须严格消毒。 （4）认真负责，坚守岗位，不迟到早退，要不定时查看责任区全部财产，因工作不负责任，丢失损坏财物，照价赔偿，损失重大的，解除劳动合同。

操作程序	操作要求
职工 管理守则	（1）严格遵守奶牛场内部各项规章制度，坚守岗位，尽责尽职，积极完成本职工作。 （2）服从领导，听从指挥，严格执行作息时间，做好出勤登记。 （3）认真执行生产技术操作规程，做好交接班手续。 （4）上班时间必须穿工作服，严禁喧哗打闹，不擅离职守。 （5）严禁在养殖区吸烟及明火作业，安全文明生产，爱护牛只，爱护公物。 （6）遵纪守法，艰苦奋斗，增收节支，努力提高经济效益。 （7）树立集体主义观念，积极为奶牛场的发展和振兴献计献策。
饲料制度	（1）饲料产地的选择。从原材料的种植基地和购入着手，收购生态条件良好，远离污染源的地方种植的饲料原料，每年对种植范围、面积、农药作用、肥料使用等进行检查确保各种植基地按无公害规定的种植规程进行种植。 （2）饲料原料应具备有一定的新鲜度，感官上要求应具有该品种应有的色、嗅、味和组织形态特征，无发霉、变质、异味，饲料原料中有害物质及微生物允许量符合饲料卫生标准的要求。 （3）饲料添加剂的使用。要求应色泽一致，使用的产品应是《允许使用的饲料添加剂品种目录》所规定的品种，或取得试生产产品批准文号的新饲料添加剂品种，并在使用时遵照产品说明书所规定的用法、用量使用。 （4）配合饲料、浓缩饲料和添加剂饲料中不应使用任何药物。 （5）根据奶牛各阶段不同的生理特点，分群饲养、选用最佳的饲料配方进行科学喂养。

（二）奶牛场的卫生防疫制度的制定

操作程序	操作要求
引进奶牛 的防疫 要求	（1）引进奶牛时必须从符合无公害条件的牛场或地区引进，且国家或地方规定的强制预防接种项目在免疫有效期内。 （2）引进牛应查看调处牛的档案和预防接种记录，然后进行群体或个体免疫。 （3）对调运的奶牛，应进行口蹄疫、牛瘟、传染性胸膜肺炎、结核病、炭疽、布鲁氏菌病等病的检疫，确定为健康无病者，取得检疫合格证后，准予调运。 （4）种牛的调运应符合卫生防疫制度的规定。

操作程序	操作要求
牛场的卫生管理	1. 对人员的卫生要求 （1）工作人员应定期体检，身体健康者方可上岗，生产人员进入生产区应淋浴消毒，更衣换鞋，工作服保持清洁卫生，定期（5~7d）消毒。 （2）生产人员应掌握动物卫生基本常识，坚守工作岗位，做到舍内人员不随便往来窜舍，用具不随便串换使用。仔细观察牛群健康状况，发现异常，应立即报告，并采取相应措施。 （3）场内兽医不准对外诊疗动物疫病，不得在场外兼职，配种人员不准对位从事配种工作。 （4）牛场应谢绝参观。必须参观的经允许后，进行消毒，更换衣鞋，方可进入，按照工作人员指定的路线参观。 2. 对环境用具的卫生要求 （1）保持牛舍内外环境、用具清洁卫生，定期消毒，冬季隔 1~1.5 个月，夏季隔 0.5~1 个月进行 1 次消毒。 （2）生产区不准解剖尸体，不准养狗、猪及其他畜禽，清除圈舍及周围的堆积物、杂草，定期灭鼠、蚊蝇，及时收集死鼠和残余药物。 （3）对生产用车辆的卫生要求。场外车辆、用具不得进入生产区，必须在场外接运。饲料由场内专用车运出，粪便、污物用专用车运出。在运前，运后都应对车辆严格彻底消毒。
牛场的卫生消毒	1. 消毒剂选择 选择对人和牛安全、高效、无残留、不对设备造成破坏、不会在牛体内产生有害积累的消毒剂。如酚类、醛类、碱类、含氯、过氧化物、季铵盐类等消毒剂。 2. 消毒方法 消毒前应采用清扫、洗刷、通风、过滤等机械方法消除牛场病原体。 （1）溶液消毒。用 0.1%新洁尔灭、有机碘混合液或煤酚水溶液进行洗手，洗工作服或胶鞋。 （2）紫外线消毒。在牛场入口、更衣室，用紫外线照射 1~2min 杀菌消毒。 （3）喷洒消毒。在牛舍周围、入口、墙角和牛犊栏下面撒生石灰或烧碱可杀灭大量细菌和病毒。 （4）火焰消毒。在牛栏、食槽、牛桩等牛经常接触的地方，用酒精、汽油、柴油、液化气喷灯进行火焰瞬间喷射消毒。

操作程序	操作要求
牛场的卫生消毒	(5) 喷雾消毒。在牛舍内用规定浓度的次氯酸盐、有机混合物进行喷雾消毒。 3. 消毒范围 (1) 牛场环境消毒。用2%烧碱或生石灰消毒，场周围及场内污水池、排粪坑、水道出口每月用漂白粉消毒1次，在大门口、牛舍入口设消毒池，用2%氢氧化钠或来苏尔作消毒液，并定期更换消毒液。 (2) 人员消毒。 (3) 牛舍消毒。每班牛下槽后，应彻底清扫牛舍，再进行喷雾消毒。 (4) 用具消毒。定期对饲槽、饲料车、料箱进行消毒，可用0.1%新洁尔灭或0.2%~0.5%过氧乙酸消毒。 (5) 带牛消毒。用0.1%新洁尔灭或0.3%过氧乙酸或0.1%次氯酸钠等消毒液定期进行带牛消毒。
牛场疫病预防	(1) 传染病的免疫预防。应根据本地区近年来动物曾经发生过的传染病流行情况，除接受地方政府畜牧主管部门每年春秋两季强制性免疫接种外，应制定各自牛场科学合理的免疫程序。 免疫制剂（疫苗、类毒素和免疫血清）应按要求保存和正确使用。 (2) 紧急免疫接种。一旦发生疫情，对疫区和受威胁区未发病的牛必须紧急免疫接种。对已患病的牛应及时隔离，并按《中华人民共和国动物防疫法》的有关规定处理。处于潜伏期的牛或隐性感染者，在紧急接种后反而促进其发病。 (3) 定期检疫。应配合相关管理单位每年对结核病、布鲁氏菌病、口蹄疫等重大疫病进行定期检疫。
寄生虫病的控制	牛场根据地理环境、自然条件的不同，结合当地主要的寄生虫种类、采取综合性防治措施，每年春秋季应对牛群驱虫，主要针对疥癣和新生犊牛蛔虫病、焦虫病、绦虫病。建议使用的药物有阿苯达唑、左旋咪唑、伊维菌素等。
污染物的无害化处理	(1) 牛场不得出售病牛、死牛。有治疗价值的病牛应隔离饲养，进行诊治；需要淘汰、处死的可疑病牛，按《病死及病害动物无害化处理技术规范》（农医发〔2017〕25号）的规定处理。 (2) 粪尿应集中堆放，进行无害化处理后，放可运出。

七、项目实施过程检查

序号	检查项目	检查标准	学生自检	教师检查
1	牛场管理制度	是否齐全，各项制度是否与法律法规一致，并符合技术要求		
2	消毒计划	消毒剂种类、消毒间隔时间、消毒方法是否按要求进行		

序号	检查项目	检查标准	学生自检	教师检查
3	免疫计划	免疫种类、日程和剂量是否符合要求		
4	病死牛处理	是否符合相关法律法规		
5	粪污处理	是否符合相关法律法规		
6	教学过程中的课堂纪律	听课认真，遵守纪律，不迟到、不早退		
7	实施过程中的工作态度	在工作过程中乐于参与		
8	上课出勤状况	出勤95%以上		
9	安全意识	无安全事故发生		
10	环保意识	制度是否有利于环境保护		
11	合作精神	能够相互协作，相互帮助，不自以为是		
12	实施计划时的创新意识	确定实施方案时不随波逐流，有合理的独到见解		
13	实施结束后的任务完成情况	过程合理，鉴定准确，与组内成员合作融洽，语言表述清楚		
检查评价	评语： 组长签字：　　　　教师签字： 年　　月　　日			

八、项目考核评价

同项目一中牛的品种识别、外貌鉴定及体尺测量的项目考核评价方法。

九、项目训练报告

撰写并提交实训总结报告。

模块三

养羊技术技能实训

项目一　羊毛品质分析样的采集及物理指标的测定

通过本项目实训，掌握羊毛样本的采集方法及羊毛细度、长度、密度和净毛率的测定方法。

一、项目任务目标

（一）知识目标

（1）掌握羊毛样本的采集方法。
（2）掌握羊毛细度的测定方法。
（3）掌握羊毛长度的测定方法。
（4）掌握羊毛密度的测定方法。
（5）掌握羊毛净毛率的测定方法。

（二）技能目标

（1）能够正确的采集羊毛样本。
（2）能够熟练的进行羊毛细度的测定。
（3）能够熟练的进行羊毛长度的测定。
（4）能够熟练的进行羊毛密度的测定。
（5）能够熟练的进行羊毛净毛率的测定。

二、项目任务描述

1. 工作任务
（1）进行羊毛品质分析样的采集。
（2）进行细度、长度、密度和净毛率的测定。
2. 主要工作内容
（1）采集羊毛样本。
（2）进行样本的洗涤。
（3）测定羊毛样本细度。
（4）测定羊毛样本长度。
（5）测定羊毛样本密度。

（6）测定羊毛样本净毛率。

三、项目任务要求

1. 知识技能要求

（1）掌握羊毛样本的采集方法。

（2）掌握羊毛样本细度、长度、密度和净毛率的测定方法。

2. 训练安全要求

在样本采集时，注意人、羊安全，防止剪伤羊只或羊伤人。在洗涤时，防止洗涤药液外溢或伤及人员。

3. 职业行为要求

（1）采样、测定要规范。

（2）动物、器械准备充足。

（3）着装整齐。

（4）遵守课堂纪律。

（5）具有团结合作精神。

四、项目训练材料

1. 器材

恒温烘箱0~200℃，精确度为0.001g的工业分析天平、精确度为0.01g的药物天平、搪瓷盆、温度计、量杯、玻璃棒、尖头镊子、电炉、500mL烧杯、剪刀、标本盒、脸盆、显微镜、物镜测微尺、目镜测微尺、载物片、盖玻片、培养皿、探针、双面刀片、玻璃棒、羊毛密度钳、外科直剪、尖头镊子、黑绒板、标本针、培养皿、烧杯、计数器、保定用具。

2. 药品

中性肥皂、碳酸钠、洗衣粉、防虫剂、四氯化碳、甘油、乙醚。

3. 动物

羊只、毛样。

4. 其他

工作服、工作帽、口罩、纱布、毛巾、纸、薄膜塑料、黑绒布板、登记册、卡片。

五、项目实施（职业能力训练）

（一）羊毛采样及净毛率测定

<table>
<tr><th>工作程序</th><th>操作要求</th></tr>
<tr><td>实验准备</td><td>穿好工作服、胶靴、戴工作帽、眼镜、围裙、胶皮手套。</td></tr>
<tr><td>羊毛采样</td><td>（1）采样部位。肩部、体侧部、股部。
（2）采集数量。每只羊采集 300g 左右。
（3）所采毛样应用塑料袋包装，测定含脂率及制作标本的毛样应用玻璃纸或薄膜塑料仔细包裹后再装袋。
（4）每个毛样必须注明产地、场名、品种、羊号、性别、年龄、等级、采样部位、日期、毛样重量及采集人。</td></tr>
<tr><td>羊毛洗涤</td><td>（1）取毛样称重。教学试验，每个毛样称 3g 左右（毛样中的沙土不能损失）。
（2）撕松抖土。仔细把羊毛撕松，并尽量抖去沙土、粪块和草屑，但注意不应使羊毛丢失。
（3）配制洗毛液。洗涤液的配制方法见表 3-1。
表 3-1　同质毛洗毛液配制（每 250mL 水中含量）
<table>
<tr><th>盆号</th><th>时间（min）</th><th>碱（g）</th><th>皂（g）</th><th>温度（℃）</th></tr>
<tr><td>1</td><td>3.0</td><td>—</td><td>—</td><td>25～30</td></tr>
<tr><td>2</td><td>3.0</td><td>0.75</td><td>0.75</td><td>40～45</td></tr>
<tr><td>3</td><td>3.0</td><td>1.00</td><td>1.00</td><td>50</td></tr>
<tr><td>4</td><td>3.0</td><td>0.75</td><td>1.00</td><td>50</td></tr>
<tr><td>5</td><td>3.5</td><td>0.75</td><td>0.75</td><td>45～50</td></tr>
<tr><td>6</td><td>1.5</td><td>—</td><td>—</td><td>40～45</td></tr>
<tr><td>7</td><td>1.5</td><td>—</td><td>—</td><td>40～45</td></tr>
</table>
（4）洗毛。将撕抖过的毛样根据要求顺序依次通过各盆（不要用手揉搓羊毛，以免擀毡，只许轻轻摆动）。每次由一盆放入另一盆时，需要将水挤净。</td></tr>
<tr><td>烘毛与称重</td><td>先将洗过的羊毛置 105℃ 的烘箱中烘 2～3h，以后每隔 30min 称重 1 次，直至恒重为止，准确度要求 0.001g。</td></tr>
<tr><td>净毛率计算</td><td>记录测定结果，根据以下公式计算净毛率。
普通净毛率（%）＝绝干净毛重×（1＋标准回潮率）×100/原毛毛样重</td></tr>
</table>

工作程序	操作要求
注意事项	（1）羊毛采集时应在规定部位用剪刀贴近皮肤处剪下毛样，毛茬要求整齐。用手指捏紧样品，将其撕下，尽可能保持羊毛的长度、弯曲及毛丛的原状。 （2）测定净毛率的毛样，应在采集时称重，避免抖掉杂质，也可以在剪毛前于采样部位作记号，待剪毛完毕时，在记号处采样，同样应称重，避免抖掉杂质。 （3）需要较长期保留的毛样，应加防虫剂，如樟脑等。纸或薄膜塑料仔细包裹后再装袋。

（二）羊毛物理指标测定

工作程序	操作要求
实验准备	穿好工作服、胶靴、戴工作帽、眼镜、围裙、胶皮手套。
羊样处理	从供测试的毛样中，选取重约 1~2g 的羊毛。将毛样置烧杯中，用四氯化碳或乙醚充分洗涤，洗净后的毛样用纱布或吸水纸吸去多余溶剂，待溶剂挥发干后即可供分析用。
细度测定	（1）用双面刀片在羊毛的中部轻轻切下要观察的毛段，置于载物片上，滴适量甘油，搅拌均匀，加盖玻片封固。 （2）调整目镜测微尺的绝对值。目镜测微尺为一圆形玻璃片，片上有 100 距离相等的刻度（小格），它的绝对值依显微镜放大倍数而定。物镜测微尺是一个带有刻度的玻璃量具，每一小格为 10μm。操作时先将接目镜测微尺放在镜筒内，将物镜测微尺置显微镜载物台上，在一定倍数放大下，调整焦距，使刻度线清晰。一般先将一端重合，再寻找另一端 2 个测微尺刻度上的重合点，计算重合范围内目镜测微尺与物镜测微尺各有几格。如目镜测微尺上 4 个格等于物镜测微尺上 1 个格，则目镜测微尺每格的刻度值为 $1\times10/4=2.5\mu m$。 （3）测量羊毛细度。将物测微尺移去，换上短纤维标本片。测量时要按一定顺序，由上向下、由左向右逐根测量，随时调节焦距，使影像清楚再读取刻度数，准确度要求 0.5 个格。每样品的测定数量，一般规定同质毛不少于 400 根，异质毛不少于 600 根。在教学实验中每组同学测定 50 根。
长度测定	（1）将毛样按实验、对照和备用各取约 0.5g。 （2）将毛样至于黑丝绒布上，用钢尺测量并记录其自然长度。 （3）测定羊毛的伸直长度。置毛样在黑丝绒布上左手指用载玻片轻压在毛样的上方，载玻片一端应与毛样一端取齐，测尺与样品平行，随后用镊子随机抽拉毛样，直至纤维弯曲消失时，记录此时的长度，即为毛样的伸直长度。 （4）同质毛从毛样两端各抽 100 根，共测 200 根。准确度为 0.5cm，采用三进二舍制。异质毛按纤维类型分别抽测 200 根。

<table>
<tr><th>工作程序</th><th>操作要求</th></tr>
<tr><td>长度测定</td><td>（5）计算结果填入表 3-2。

表 3-2　羊毛长度测定
<table><tr><th>毛样类别</th><th>编号</th><th>纤维类型</th><th>自然长度</th><th>平均伸直长度</th><th>伸直长度分布（组距为 0.5cm）</th></tr><tr><td></td><td></td><td></td><td></td><td></td><td></td></tr></table></td></tr>
<tr><td>密度测定</td><td>（1）由一人保定羊只，另一人在确定的样区内沿着被毛的自然龟裂将毛丛分开，并将一面压倒，露出整齐的采样区。将已校正过面积的羊毛密度钳沿毛丛垂直方向轻轻插入，在插入时，不要牵动皮肤，以免样区内毛纤维位置变动。
（2）用标本针轻轻分开钳齿两边的羊毛，露出齿上的两孔，然后将横叉插入孔中。这样 $1cm^2$ 皮肤上的毛纤维即被隔在密度钳的 $1cm^2$ 的间隙中。
（3）将密度钳向外移动少许，再把密度钳夹紧，用外科直剪贴皮肤整齐地把毛羊剪下。
（4）用标本针将密度钳 $1cm^2$ 范围以外的毛纤维拨开，再将密度钳内所采得的毛样取出，并装入培养皿中。注明品种、性别、年龄及部位。
（5）用镊子夹紧样品的根端，放入乙醚中清洗。注意不可使毛纤维脱落、拉断或搞乱，以免影响测定结果。洗净后晾干，即可进行测定。
（6）采用重量推算根数的方法。先将毛样两端剪齐，取中间段置天平上称其重量。然后将毛样等分为 16 小份。用镊子任取其中 1 份，或在 16 份中每份上各取少量合成 1 个小样。称小样的重量，并数其根数。</td></tr>
<tr><td>注意事项</td><td>（1）羊毛细度的测定要注意以下几项。①测定中如有纤维重叠、交叉和边际不清者，可不测定；②发现纤维粗细不均或严重的饥饿痕不应测定；③统计材料要保留小数点后 2 位；④实验室测量后的结果按微米查表得出支数。
（2）测定长度时，实验组和对照组的误差要在 5%以内，如果超出 5%，启用备用毛样测定。选用数值相近两组的数据计算结果。</td></tr>
</table>

六、项目相关知识

（一）羊毛样本的采集

1. 采样部位

公羊的采样部位主要有肩部、体侧部、股部、背部和腹部 5 个部位。而母羊采样部位为体侧部。

（1）肩部。指肩胛骨中心点周围。

（2）体侧部。指肩胛骨后缘 10cm，体侧中线稍偏上处。

（3）股部。指腰角至飞节连线的中间点。

（4）背部。指肩胛至十字部背线的中间点。

（5）腹部。指胸骨后缘至耻骨前缘连线的中部。相当于阴筒前端左侧及右侧。

2. 采样的重量

毛样采集重量应根据分析项目不同而定。

（1）每部位至少应采集30g毛样（异质毛需10个毛股以上），供纤维类型和物理指标等项目的分析测试用。

（2）为测定净毛率所采毛样，应以体侧部约10cm×10cm的面积，毛样采集量150~200g供分析测试用。

（3）制标本盒的毛样，各部位应采30g。

3. 采样方法

在规定部位用剪刀贴近皮肤处剪下毛样，毛茬要求整齐。用手指捏紧样品，将其撕下，尽可能保持羊毛的长度、弯曲及毛丛的原状。

测定净毛率的毛样，应在采集时称重，避免抖掉杂质，也可以在剪毛前于采样部位作记号，待剪毛完毕时，在记号处采样，同样应称重，避免抖掉杂质。

4. 采样后的样本处理

（1）所采毛样应用塑料袋包装，测定含脂率及制作标本的毛样应用玻璃。

（2）每个毛样必须注明产地、场名、品种、羊号、性别、年龄、等级、采样部位、日期、毛样重量及采集人。

（3）需要较长期保留的毛样，应加防虫剂，如樟脑等。纸或薄膜塑料仔细包裹后再装袋。

（二）羊毛的物理性质指标

羊毛（绒）的物理性质指标主要有细度、长度、弯曲、强伸度、弹性、毡合性、吸湿性、颜色、光泽及净毛率等。

1. 细度

毛纤维截面近似圆形，一般用直径大小表示其粗细，细度即指羊毛纤维横切面的直径或宽度，用微米（μm）表示。细度是确定毛纤维品质和使用价值的重要工艺特性，纺织工业用羊毛纤维的直径微米或品质支数表示；细度越小，支数越高，纺出的毛纱越细（表3-3）。

表3-3　羊毛品质支数与纤维直径折算

羊毛品质（支数）	纤维直径（μm）
80	14.6~18.0
70	18.1~20.0
66	20.1~21.5
64	21.6~23.0

（续表）

羊毛品质（支数）	纤维直径（μm）
60	23. 1～25. 0
58	25. 1～27. 0
56	27. 1～29. 0
50	29. 1～31. 0
48	31. 1～34. 0
46	34. 1～37. 0
44	37. 1～40. 0
40	40. 1～43. 0
36	43. 1～55. 0
32	55. 1～67. 0

（1）羊毛细度的表示方法。羊毛细度在实验室用纤维投影仪和羊毛细度仪来测定。基层技术人员一般凭经验用目测或与细度标样对比评定羊毛纤维细度。毛纺工业通常用支数表示。表示羊毛细度的方法如下。①品质支数法。其含意义是在英制中的 1 磅（1 磅≈453. 59g）净梳毛能纺成 560 码（约 512m）长度的毛纱数，如纺成 60 个 560 码长度的毛纱，即为 60 支纱；二是在公制中是以 1kg 净梳毛为重量单位，每能纺成 1 000m 长度为 1 支，能纺成多少个 1 000m 长度的毛纱，就称多少支纱。品质支数这种方法主要适用于同质毛，羊毛越细，单位重量内羊毛的根数越多，羊毛的品质支数越高。②横切片法。最早的原始方法，用哈氏切片仪将羊毛纤维切成横断面，用横切面的（长径+短径）/2 表示，单位用"μm"来表示，这种方法复杂、烦琐。③宽度法。用直径表示羊毛细度，是以假定羊毛纤维的横切面形状成圆形为基础的。单位用"μm"来表示，这种方法简单易行。

（2）影响羊毛细度的因素。影响羊毛细度的因素主要有品种、性别、年龄、身体部位、营养条件和季节等。①品种。不同生产方向的品种之间，其羊毛细度差异很大。如细毛羊品种其羊毛细度一般均集中在 60～70 支（18. 1～25. 0μm），半细毛羊品种，其羊毛细度在不同品种之间，范围差异很大，32～58 支（25. 1～67. 0μm）粗毛羊因为是异质毛，说平均细度，无实际意义。②性别。一般情况下，同一品种内，公羊毛比母羊毛粗一些，而羯羊介于公母羊之间，所以我们在选种时要求公羊毛细度高于母羊毛细度。从匀度上讲，羯羊最好，其次为公羊，母羊较差。③年龄。毛球发育尚未十分成熟的羔羊毛较细，3～5 岁的壮年羊毛最粗，5 岁以后的老羊羊毛偏细。④部位。羊的腹部的羊毛较细，头、鬐甲、背、腰、十字部的羊毛较粗，体侧介于二者之间。⑤营养。饲养条件对羊毛细度有重大影响。绵羊全年营养丰富而又均衡，所生长的羊毛较粗，羊毛均匀度好。如果营养不良、患病、生理负担较重等，羊毛变细，羊毛的细度不均匀，严重时产生饥饿毛或饥饿细部，其强度和工艺特性大之降低。⑥季节。夏秋季羊毛生长较好，毛较粗；冬春季羊毛生长较细，且匀度较差。

2. 长度

羊毛的长度在工艺上的意义仅次于细度。在细度相同的情况下，羊毛越长，纺纱性能越高，成品的品质越好。长度不仅影响毛纺织物的品质，而且是决定纺纱系统和选择工艺参数的依据。长度与纱线质量的关系也十分密切，纤维长度越长，纤维间接触面越大，纱线受外力时纤维不易滑脱，可提高纱线强力和织物抗起球的能力，增加条干均匀度，减少毛羽。所以，羊毛越长，其产毛量越高，纺织性能也越好。

（1）羊毛长度的表示方法。长度包括自然长度和伸直长度，前者是指毛束两端的直线距离，后者是将纤维拉直测得的长度。细毛的延伸率在20%以上，半细毛为10%~20%。①自然长度。指羊毛处在自然弯曲状态下的长度，又称毛丛长度。②伸直长度。指将羊毛纤维拉直，使弯曲刚刚消失时的长度。

（2）影响羊毛长度的因素。影响羊毛长度的因素主要有品种、性别、年龄、营养条件、身体部位、季节和剪毛等。①品种。不同品种其羊毛长度差异很大，如林肯羊和边区来斯特羊等长毛种为15~20cm，萨福克羊和汉普夏羊等中毛种为8~10cm，澳洲美利奴羊和新疆细毛羊等细毛种为8~9cm。品种是羊毛长度的重要决定因素。②性别。公羊的羊毛长度一般比母羊长。③部位。羊体各部位羊毛的长度是不一致的，一般以肩、颈、背部羊毛较长，腹部的羊毛最短，体侧介于中间。④年龄。羊出生时羊毛长度最短，到1周岁时，羊毛的长度达到最长的长度。随着年龄的增长一般到5~6岁以后，由于羊只生理机能减退的关系，羊毛长度也逐渐变短。⑤营养。营养水平是影响羊毛长度的重要因素，绵羊获得均衡的营养物质，其羊毛的生长较快，反之，在饲养粗放，营养不良，羊毛生长缓慢，长度也将受到影响。⑥季节。在夏、秋季，羊毛的生长速度较快，冬春季生长较慢。⑦剪毛。剪毛能刺激羊毛加速生长。剪毛次数越多，羊毛的累积长度越长，剪毛量也相应增加。

3. 密度

羊毛密度是指绵羊皮肤上单位面积所着生的羊毛纤维的根数。一般用“根数/cm^2”或“根数/mm^2”来表示。羊毛密度的大小是决定羊毛产量的最重要指标之一，羊毛密度越大，产毛量越高。所以在选种时准确地测定羊毛的密度，对于那些具有高度育种价值的种羊来说，有着非常重要的现实意义。绵羊身体各部位的羊毛密度是不相同的。所以应根据不同的测定目的选择不同的测定部位。测定方法有2种，工作中可根据具体情况选用。

（1）羊毛密度的测定方法。①密度钳测定法。该法是用羊毛密度钳采取1cm^2皮肤上的毛样，测定纤维根数的多少。采样部位一般为3个部位，即肩部、体侧和股部，也有采体侧一个部位的。采样方法如下。一是由一人保定羊只，另一人在确定的样区内沿着被毛的自然龟裂将毛丛分开，并将一面压倒，露出整齐的采样区。将已校正过面积的羊毛密度钳沿毛丛垂直方向轻轻插入，在插入时，不要牵动皮肤，以免样区内毛纤维位置变动。二是用标本针轻轻分开钳齿两边的羊毛，露出齿上的两孔，然后将横叉插入孔中。这样 $1cm^2$ 皮肤上的毛纤维即被隔在密度钳的 $1cm^2$ 的间隙中。三是将密度钳向外移动少许，再把密度钳夹紧，用外科直剪贴皮肤整齐地把毛羊剪下。四是用标本针将密度钳 $1cm^2$ 范围以外的毛纤维拨开，再将密度钳内所采得的毛样取出，并装入培养皿中。注明品种、性别、年龄及部位。毛样处理用镊子夹紧样品的根端，放入乙醚中清洗。注意不可使毛纤维脱落、拉断或搞乱，以免影响测定结果。洗净后晾干，即可进行测定。采用重量推算根数的方法。先将毛样两端剪齐，取中间段置天平上称其重量。然后将毛样等分为 16 小份。用镊子任取其中 1 份，或在 16 份中每份上各取少量合成 1 个小样。称小样的重量，并数其根数。密度计算公式为 $N=Wn/w$。式中，N 为样品总根数；n 为小样根数；W 为样品总重；w 为小样重量。②皮肤切片测定。一是用环形皮肤取样刀（直径 1cm）在欲测部位取活体皮肤一块。二是将取得的皮样在 10%的甲醛溶液中固定，至少 24h。三是将固定后的皮样制成 10～20μm 厚的皮肤横切片，并用 Mayer 明矾苏木精伊红染色。四是将染后的切片置 100 倍显微镜下，在不同部分观察 10 个视野，并计算出每一视野内毛囊数。观察时最好用方格形测微目尺，并按一定顺序进行，以防重复和漏测。五是计算出每个视野内毛囊平均数；计算出每个视野的面积；计算出每 $1cm^2$ 内含有多少个视野；计算出每 $1cm^2$ 皮肤上羊毛密度。

（2）影响羊毛密度的因素。羊毛密度的大小决定于绵羊的品种、性别、年龄、身体部位，胚胎发育条件及羔羊出生以后的饲养管理条件等因素。①品种。细毛羊在 5 000～8 000 根/cm^2；半细毛羊在 2 000～4 000 根/cm^2；粗毛羊在 700～800 根/cm^2。②性别。公羊羊毛密度一般大于母羊，羯羊介于二者之间。③年龄。一般在 2 岁时，羊毛密度最大，5 岁以后开始变稀。④身体部位。不同部位，羊毛密度不同。一般表现为距背线越近的部位，羊毛越密，而距腹线越近的部位，羊毛越稀。如细毛羊，背部 6 785 根/cm^2，腹部 3 700 根/cm^2。⑤饲养管理。加强怀孕母羊和出生后羔羊的饲养管理，能明显提高羊毛密度，使其未发育好的毛囊原始体，继续发育，长出羊毛纤维。

4. 净毛率

从羊体上剪下的羊毛叫污毛，也称原毛。经过洗毛后，将油汗和杂质洗去干燥后的羊毛称为净毛。在养羊业生产和育种工作中，净毛率常用以更精确地表示羊只实际羊毛生产力。

（1）净毛率的表示方法。①普通净毛率。羊场、羊毛收购单位和毛纺部门普遍采用的测定方法。普通净毛率%＝净毛绝对干燥重×（1+标准回潮率）×100%/原毛毛样重。一是根据农业行业标准 NY 1—2004《细羊毛鉴定项目、符号、术语》规定，细毛的标准回潮率为 17%，半细毛及异质毛的标准回潮率为 16%。二是洗后所得净毛，必须含有不超过 1.5%的油脂，这种含脂量也是保持羊毛正常物理性质所必需的。三是洗净后的羊毛，允许含有不超过 1%的植物质。②标准净毛率。这是国际上羊毛贸易所采用的方法，比较精密准确。标准净毛率的组成成分为绝对净毛占 86%、水分占 12%、油脂占 1.5%、灰分占 0.5%、植物质为 0，共计 100%。如果含量超过规定的标准，就需要在毛价中扣除超过的分量。

（2）影响净毛率的因素。净毛率的高低与品种、个体、外界环境及育种工作等有着密切的关系。①品种与类型。细毛羊的净毛率一般在30%~45%，半细毛羊在50%以上，粗毛羊在60%~70%。②个体特性。个体的被毛长度、细度、密度、油汗大小和被毛结构不同，其净毛率差别也很大。被毛在相同的密度下，羊毛越长，其净毛率越高，羊毛越细，净毛率越低。③饲养管理条件。饲草、饲料丰富、管理条件好、净毛率高。在贫瘠草地和风沙大的地区，净毛率低，管理不善，被毛经常与干草、粪便和尘土接触，杂质含量多，故净毛率低。

七、项目过程检查

序号	检查项目	检查标准	学生自检	教师检查
1	羊只保定，物品准备	准备充分，细致周到		
2	毛样采集、指标测定	实施步骤合理，有利于提高评价质量		
3	操作的准确性	细心、耐心		
4	操作的方法	符合操作技能要求		
5	操作结束后的处置	处置合理，不对标本和动物产生危害		
6	教学过程中的课堂纪律	听课认真，遵守纪律，不迟到、不早退		
7	实施过程中的工作态度	在工作过程中乐于参与		
8	上课出勤状况	出勤95%以上		
9	安全意识	无安全事故发生		
10	环保意识	标本、采输精场地及时处理，不污染周边环境		
11	合作精神	能够相互协作，相互帮助，不自以为是		

序号	检查项目	检查标准	学生自检	教师检查
12	实施计划时的创新意识	确定实施方案时不随波逐流，有合理的独到见解		
13	实施结束后的任务完成情况	测定数据准确，可信度高，实验报告按时完成		
检查评价	评语： 组长签字： 教师签字： 年 月 日			

八、项目考核评价

评价类别	项目	子项目	个人评价	组内互评	教师评价
专业能力（60%）	资讯（5%）	收集信息（3%）			
		引导问题回答（2%）			
	计划（5%）	计划可执行度（3%）			
		设备材料工具、量具安排（2%）			
	实施（25%）	工作步骤执行（5%）			
		功能实现（5%）			
		质量管理（5%）			
		安全保护（5%）			
		环境保护（5%）			
	检查（5%）	全面性、准确性（3%）			
		异常情况排除（2%）			
	过程（5%）	使用工具、量具规范性（3%）			
		操作过程规范性（2%）			
	结果（10%）	结果质量（10%）			
	作业（5%）	完成质量（5%）			

评价类别	项目	子项目	个人评价	组内互评	教师评价
社会能力（20%）	团结协作（10%）	小组成员合作良好（5%）			
		对小组的贡献（5%）			
	敬业精神（10%）	学习纪律性（5%）			
		爱岗敬业、吃苦耐劳精神（5%）			
方法能力（20%）	计划能力（10%）	考虑全面（5%）			
		细致有序（5%）			
	实施能力（10%）	方法正确（5%）			
		选择合理（5%）			
评价评语	评语： 组长签字：　　教师签字： 年　月　日				

九、项目训练报告

撰写并提交实训总结报告。

项目二　羊毛种类、羊毛纤维类型的识别与分析

通过本项目实训，了解羊毛的形成和组织形态学特征，掌握羊毛种类和羊毛纤维类型的识别要点及分析方法。

一、项目任务目标

（1）了解羊毛的形成。

（2）识别羊毛的组织学和形态学特征，进行羊毛分类。

二、项目任务描述

1. 工作任务

进行羊毛种类、羊毛纤维类型的识别与分析。

2. 主要工作内容

（1）要求学生掌握羊毛纤维的形成。

（2）掌握羊毛的纤维类型。

（3）掌握羊毛的分类。

三、项目任务要求

1. 知识技能要求

（1）借助模型、挂图和标本了解羊毛的组织学和形态学特征。

（2）掌握羊毛种类、羊毛纤维类型的识别与分析方法。

2. 实习安全要求

在进行剖检实际操作时，要严格按照规定进行操作，注意安全，防止病毒或细菌感染。

3. 职业行为要求

（1）实验材料要准备充足。

（2）着装整齐。

（3）遵守课堂纪律。

（4）具有团结合作精神。

四、项目训练材料

1. 器材

尖头镊子、天平（精确度为0.001g）、称量瓶、烘箱（0~200℃）、干燥箱、长柄镊子、显微镜、计数器、培养皿、表面皿、烧杯（250mL）。

2. 药品

苯、乙醚、中性肥皂。

3. 动物

羊毛纤维类型和羊毛种类标本、异质毛毛股。

4. 其他

黑绒板、工作服、工作帽、口罩。

五、相关知识

（一）羊毛纤维的形成

羊毛纤维的形成，开始于胚胎时期，要经历一个复杂的生物学过程，从毛囊原始点的发生到形成羊毛纤维，它是和胎儿的皮肤细胞发育同时发生。一般绵羊胚胎发育到50~70d时，表皮的分化已达到最强烈的程度，在生发层与乳头层交界而将要生毛的地方，出现一些特殊的细胞集团，这些细胞集团称表面性毛囊原始体。这个原始体以后就形成了毛囊和它的附属结构。整个形成过程大致分为5个不同时期。

1. 结节（或瘤状物）的形成时期

出现原始体以后，血液向此点流向加强，使这些细胞集团获得丰富的营养物质，开始迅速地增殖，由于细胞数量的增加，大量的增殖，结果就形成了结节。

2. 结节伸入时期（管状物形成时期）

已经形成的结节5~10d内便开始向真皮伸入生长，渐渐形成了一个充满生发层细胞的管状物。即开始时的毛囊，此时约比原始体增大了10倍。

3. 形成各组织时期

管状物中充满了生长细胞，发生了形态上的变化，这时在管状物的附近出现了汗腺、皮脂腺和竖毛肌的原始细胞，并分别发育为汗腺、皮脂腺和竖毛肌。管状物下端生发层细胞继续增殖，把顶端的皮乳头包围起来就形成了毛球。

4. 毛纤维形成时期

由于毛球膨大包围了毛乳头，在毛乳头中有血管供给养料，进行经常性的物质代谢，毛球细胞不断增殖并开始分化，边沿的细胞形成毛鞘，中间的则形成毛根。随着毛球细胞的急剧增殖，新的细胞在毛鞘里连续向上生长，并且在毛球上部逐渐角质化，不断角质化的细胞沿着毛鞘增长，就形成了毛纤维，并且继续向上冲出。

5. 毛纤维伸出体外时期

由于新生的角质化细胞不断增长，生长的羊毛便越来越沿着毛鞘向体表上升，加以毛囊的周期性规律运动，毛纤维最后穿过表皮，伸出体外。毛纤维的整个生长，从表皮原始点起，到突出胎儿体表止，共持续 30~40d。

（二）毛囊和毛囊群

羊毛是由真皮层内毛囊发育而成的。绵羊的毛囊有 2 种。

1. 初级毛囊

发生早，有完整的附属结构（皮脂腺、汗腺和竖毛肌），对于粗毛羊，形成的羊毛纤维是有髓毛，而对于细毛羊来说形成的纤维是粗大的无髓毛和少量的有髓毛（浮毛）

2. 次级毛囊

发生晚，没有汗腺和竖毛肌，仅有不发达的皮脂腺，所以次级毛囊没有完整的附属结构，所形成的纤维是较细的无髓毛。毛囊在皮肤上是成群排列的，每个毛囊群由三个初级毛囊和若干个次级毛囊组成。初级毛囊可分为中央初级毛囊和侧初级毛囊。次级毛囊可分为原次级毛囊和分支次级毛囊。每个毛囊群内初级毛囊的数目差别不大，一般有三个初级毛囊组成，也有一个或两个初级毛囊组成，但数量较少。而次级毛囊的数目因类型、品种不同差异很大，由几个到几十个不等。

初级毛囊与次级毛囊的比值称为毛囊比。毛囊比可以说明毛囊群的大小，并与产毛量密切相关。一般来说，粗毛羊毛囊比为 1：(3~4)，半细毛羊为 1：(5~10)，细毛羊 1：(10~20)。

毛囊比与纤维直径的关系：毛囊比例越大，纤维直径越细，毛囊比越小，纤维直径越粗。由初级毛囊发生的羊毛纤维在胎儿出生前几乎全部长出，而次级毛囊发生的羊毛纤维，在出生前部分长出。羔羊出生时，大部分次级毛囊是以不同的发育阶段存在于皮肤内，羔羊离开母体后，皮毛结构继续发育，在羔羊生后的第一个月龄是毛纤维发展最快的时期，如果这个时期，羔羊在丰富的营养条件下，直到生后 5 个月或更长一些时间，其余未发育好的毛囊原始体可以继续发育长出羊毛纤维。

（三）羊毛的形态学构造

在形态学上，羊毛分成 3 个主要部分，即毛干、毛根和毛球。

1. 毛干

毛干是羊毛纤维露出皮肤表面的部分，这一部分通常称羊毛纤维。

2. 毛根

毛根是羊毛纤维在皮肤内的部分，上接毛干，下接毛球。

3. 毛球

位于毛根下部，外形膨大成球状，内有毛乳头。

4. 羊毛的周围还有许多附属结构

（1）毛乳头。供毛球细胞的营养。

（2）毛鞘。由几层表皮细胞形成的圆管，它包围着毛根。

（3）毛囊。毛鞘周围的结缔组织层，形成毛鞘的外膜，形似囊状。

（4）脂腺。位于皮肤中沿毛鞘的两侧，分泌导管在毛鞘中开口。

（5）汗腺。位于皮肤深处，分泌管直接开口在皮肤表面，有时靠近毛孔。脂腺所分泌的油腺，汗腺所分泌的汗质在皮肤表面化合或混合而形成的物质，称为油汗。

（6）竖毛肌。皮肤内层一种很小的肌纤维。

（四）羊毛纤维的组织学构造

有髓毛分为 3 层，即鳞片层、皮质层和髓质层。

无髓毛分为 2 层，即鳞片层和皮质层。

1. 鳞片层

由扁平、无核、形状不规则的角质细胞组成。形似鱼鳞，一端附着于毛干，另一端向外游离，朝向纤维的顶端。按鳞片的形状可分为环状鳞片（每一鳞片围绕毛干一周）和非环状鳞片（由 2~3 个或更多的各种形状鳞片包围着毛纤维）。鳞片的形状和排列与羊毛的色泽有很大的关系。具有环状鳞片的，其排列紧密，游离端大，表面凹凸不平，对光线的反射能力较弱，非环状鳞片正好相反，对光线反射能力较强。鳞片对羊毛纤维具有保护作用，对羊毛的纺纱性、毡合性和缩绒性有着重要的关系

2. 皮质层

由细长、两端尖的、扁的梭状角质化细胞组成。皮质层是羊毛纤维的主体，皮质层所占的比例越大，纺织工艺越高。

3. 髓质层

由菱形或正方形的细胞所组成，是疏松的多孔组织，内含空气。在有髓毛中，髓质层越细，工艺价值越高。

（五）羊毛的纤维类型

按羊毛纤维的组织学结构、形态特征和工艺性能分为 3 类。

1. 无髓毛

（1）组织学结构。鳞片的结构为环状鳞片，皮质层所占的比例大，无髓质。

（2）形态特征。直径一般不超过 40μm，羊毛长度 5~15cm，弯曲多。

（3）工艺性能。在各类型羊毛中是最好的，无髓毛是毛纺工业上的优质原料。所有的细毛和大部分的半细毛以及粗毛中的绒毛均属于无髓毛。

2. 有髓毛

（1）组织学结构。鳞片的结构为非环状鳞片，皮质层所占的比例小，有髓质（髓质呈连续状）。

（2）形态特征。羊毛比较粗长，细度一般为 40~120μm，弯曲少。

（3）工艺性能。含有有髓毛的羊毛一般只能用作加工粗纺织品以及毛毯、地毯和毡制品等，有髓毛的含量及其粗细，直接反应粗毛品质的好坏。有髓毛主要存在于粗毛中，它组成了粗毛羊毛被的外层毛。

在有髓毛中，还有两种变态有髓毛。一是干毛，即组织学结构为有髓毛，外形特点是纤维上端粗硬、较脆、缺乏光泽，羊毛纤维干枯，其工艺价值低，是羊毛的疵点。二是死毛，组织学结构为有髓毛，其髓质充满着整个纤维，达 90%以上，外形特点为色泽灰白、无光泽、粗硬、脆弱易断，是一种遗传性很强的羊毛，无工艺价值，是毛纺工业的一害。

3. 两型毛

两型毛又称中间型羊毛。两型毛的组织学结构接近于无髓毛，它一部分有髓，一部分无髓，但髓质较细，多呈点状或间断状，它的鳞片也多呈环形。外形特点为两型毛的细度、长度和弯曲度介于无髓毛和有髓毛之间，一般羊毛细度在 30~50μm，羊毛纤维较长。两型毛的工艺性能：介于无髓毛和有髓毛之间，在粗毛羊品种中，两型毛是和无髓毛、有髓毛混合存在于毛被中；在半细毛羊品种中，两型毛的含量不等，以林肯羊两型毛的含量最高（达 50%以上）。两型毛比例大的羊毛，适合于制造提花毛毯和一般毛毯、长毛绒、地毯等的优质原料。

（六）羊毛的分类

羊毛主要分为同质毛和异质毛。同质毛是由同一纤维类型组成的羊毛，如细毛和大部分半细毛。异质毛是由多种纤维类型组成的羊毛。如粗毛和部分半细毛。生产实践中分类方法也很多。

1. 按绵羊品种分类

我国绵羊毛种类繁多，为了指导牧业生产，便于商业交接和工业利用，根据产区羊种特点和羊毛的品质特征，我国目前现行的《绵羊毛》国家标准（商业收购标准），即 GB 1523—2013/XG 1—2019《绵羊毛》国家标准第 1 号修改单，将绵羊毛按绵羊品种分为以下 4 类。

（1）细羊毛。指品质支数在 60 支及以上，毛纤维平均直径在 25. 0μm 及以下的同质毛。细毛羊品种羊所产的羊毛属此类。

（2）半细羊毛。指品质支数在 36~58 支，毛纤维平均直径在 25. 1~55. 0μm 的同质毛。来自半细毛品种羊所产的羊毛。

（3）改良羊毛。指从改良过程中的杂交羊（包括细毛羊的杂交改良羊和半细毛羊的杂交改良羊）身上剪下的未达到同质的羊毛。

（4）土种羊毛。原始品种和优良地方品种绵羊所产的羊毛，属异质毛。这种羊毛按生产羊毛的羊种可分为土种毛和优质土种毛。土种毛是指未经改良的原始品种绵羊所产的羊毛，优质土种毛是指经过国家有关部门确定不进行改良，保留的优良地方品种所产的羊毛。

2. 按羊毛产地分类

分为华北毛、西宁毛、新疆毛等。

3. 按剪毛季节分类

（1）春毛。春季剪的羊毛。我国北方只有土种羊在春秋两次剪毛，对这种羊来说，春季剪的羊毛为春毛。土种羊的春毛，底绒多，毛质较好。同质毛羊仅在春季剪毛，如细毛羊、半细毛羊都生长 12 个月才能剪毛，但不称为春毛。

（2）秋毛。北方牧区土种羊和南方农区养羊有两次剪毛的习惯，秋毛在羊体身上只生长 4~5 个月，毛短，毛丛中绒毛少、松散、质量较差。

（3）伏毛。在酷夏时期所剪的毛，毛短。我国南方个别地方仍有剪伏毛的习惯。

4. 按毛纺产品用料的分类

（1）精梳毛。用于生产精梳毛纺产品的羊毛。要求同质，纤维细长，弯曲整齐，物理性能好。

（2）粗梳毛。用于生产粗梳毛纺产品的羊毛。如呢线、毛毯等，粗纺产品种类较多，用料要求从优到次。

（3）毛毡用毛。短而粗的异质羊毛，可以制毡。

5. 按剪毛方式分类

分为剪毛、割毛、抓毛。

六、项目实施（职业能力训练）

工作程序	操作要求
剖检前准备	穿好工作服、胶靴、戴工作帽、眼镜、围裙、胶皮手套。
羊毛种类的识别	取细羊毛、半细毛和粗毛的标样，分别置于黑绒板上，仔细观察其同质性、长短、粗细、弯曲形状、油汗多少等特点及区别，并记录观察结果。
羊毛纤维类型的识别	取异质毛一束，先用乙醚洗净、晾干，置黑绒板上。选取有髓毛、两型毛、无髓毛等各若干根，并取刺毛若干根。仔细观察它们在外观形态上的异同及在苯中（将毛纤维放入盛有苯的表面皿中）的可见程度，记录观察结果。
羊毛纤维类型分析方法	1. 重量分析法 （1）从被检毛样中取 3 个各重为 2~3g 的试样（分析、对照、后备）。 （2）将已洗净的称量瓶置于烘箱中烘至绝干（绝对干燥），然后取出，放在干燥器中冷却，用天平称重（其精确度为 0.000 1g），并记录。 （3）供试毛样应用乙醚或碱皂溶液洗涤干净。 （4）将洗净的毛样放入已称重的称量瓶中，置 105℃烘箱中，烘至绝干。取出后置于燥器内冷却（至少 20min），最后称重（准确至 0.000 1g），并记录。 （5）将已称重的毛样置黑绒板上（如系有色毛则需用白绒板），用尖头镊子按照羊毛纤维的几种基本类型把每种纤维选出，并按有髓毛、两型毛、无髓毛、干毛及死毛分别归类放置。

工作程序	操作要求
羊毛纤维类型分析方法	见下

(6) 将分出的不同类型羊毛分别装入已称重的称量瓶中，再放入105℃的烘箱烘至绝干。取出后置干燥器中冷却，再在天平上称重，分别记录各类型纤维的重量。

分析工作结束后，可能残留少量未经撕开的纤维小团，这些在技术上无法列入各类型之中，故称残留物；还可能存留少量杂物，统称垃圾。残留物和垃圾均应在绝干情况下分别称重，并记录（表3-4）。其重量如某一项超过样品原重的3%时，分析结果为不合格。

表3-4 羊毛纤维类型重量分析统计

项目	第一样品		第二样品		第三样品		平均	
	重量（mg）	百分比（%）	重量（mg）	百分比（%）	重量（mg）	百分比（%）	重量（mg）	百分比（%）
有髓毛								
两型毛								
无髓毛								
死毛								
共计								
残留物								
垃圾								
损耗								
样品总量								

2. 数量分析法

(1) 取供试毛样0.5g。

(2) 数量分析与纤维重量无关，所以一般不需要洗毛。为了分析工作方便，也可将毛样用乙醚清洗。

(3) 将毛样置黑绒板上，按有髓毛、两型毛、无髓毛，由长到短的顺序，用镊子逐根抽取，并用计数器进行数量统计（表3-5）。

分析过程中，动作要轻，注意尽量不要拉断纤维。如不慎拉断，应做记录，其数量不能超过纤维总数的5%。

表3-5 羊毛纤维类型数量分析统计

项目	有髓毛		两型毛		无髓毛		死毛		干毛		总根数（根）
	根数（根）	百分比（%）	根数（根）	百分比（%）	根数（根）	百分比（%）	根数（根）	百分比（%）	根数（根）	百分比（%）	
实验组											
对照组											
平均											

工作程序	操作要求
数据处理	（1）某纤维类型的重量百分比=某一纤维类型的重量/各类纤维的总重量×100%。 （2）残留物的重量百分比=残留物绝干重量/样品绝干重量×100%。 （3）垃圾重量百分比=垃圾绝干重量/样品绝干重量×100%。 （4）某纤维类型的根数百分比=某一纤维类型的根数/各类纤维的总根数×100%。 （5）耗损=（样品绝干重量-各类型纤维绝干总重-残留物绝干重-垃圾绝干重）/样品绝干重量×100%。
注意事项	（1）重量分析时，不管如何小心，总会有一些损耗，但损耗量如果超过了样品原重的3%，亦应视为分析工作不合格。 （2）分析结果统计后，如基本（实验）样品与对照样品之间各类型纤维重量或数量百分比差别不超过3%，即认为分析合格，并可用两个样品的平均数代表分析结果。如超过3%，则需分析第三样品，并以其中两个相近结果的平均数为分析结果。 （3）对0.5cm以下的短纤维，重量分析时列入杂质中计算，数量分析时可不计。

七、项目过程检查

序号	检查项目	检查标准	学生自检	教师检查
1	实验前准备	准备充分，细致周到		
2	羊毛种类、羊毛纤维类型的识别	实施步骤合理，有利于提高评价质量		
3	操作的准确性	细心、耐心		
4	操作的方法	符合操作技能要求		
5	操作结束后的处置	处置合理，不对标本和动物产生危害		
6	教学过程中的课堂纪律	听课认真，遵守纪律，不迟到、不早退		
7	实施过程中的工作态度	在工作过程中乐于参与		
8	上课出勤状况	出勤95%以上		
9	安全意识	无安全事故发生		
10	环保意识	标本、采输精场地及时处理，不污染周边环境		

序号	检查项目	检查标准	学生自检	教师检查
11	合作精神	能够相互协作，相互帮助，不自以为是		
12	实施计划时的创新意识	确定实施方案时不随波逐流，有合理的独到见解		
13	实施结束后的任务完成情况	测定数据准确，可信度高，实验报告按时完成		
检查评价	评语： 组长签字：　　教师签字： 年　月　日			

八、项目考核评价

同项目一羊毛品质分析样的采集及物理指标的测定中的项目考核评价方法。

九、项目训练报告

撰写并提交实训总结报告。

项目三　羊的发情鉴定与配种

通过本项目实训，掌握羊的生殖系统生理构造、人工采精技术、发情诊断技术、精液保存技术、精液品质鉴定技术和人工授精技术。

一、项目任务目标

（1）通过对羊生殖器官的观察，了解其生理机能。

（2）通过观看录像、图片等影像资料，使学生熟练掌握各种羊的发情鉴定方法。

（3）通过现场操作，掌握羊的人工采精技术、精液稀释方法和人工授精技术。

二、项目任务描述

1. 工作任务

（1）识别羊生殖器官。

（2）掌握羊的人工采精和人工授精技术。

2. 主要工作内容

（1）掌握羊的发情诊断技术。

（2）掌握羊的人工采精技术。

（3）掌握羊的人工授精技术。

三、项目任务要求

1. 知识技能要求

（1）掌握人工采精和精液保存的顺序及注意事项。

（2）掌握羊的发情鉴定方法。

（3）能够正确实施羊的人工授精。

2. 实习安全要求

在进行采精和配种实际操作时，要严格按照规定进行操作，注意安全，防止病毒或细菌感染。

3. 职业行为要求

（1）实验材料要准备充足。

（2）着装整齐。

（3）遵守课堂纪律。

（4）具有团结合作精神。

四、项目训练材料

1. 器材

羊发情录像带、假阴道，集精杯，假台畜、恒温水浴箱、离心机、显微镜、比色仪、冷藏箱、开膣器、输精枪、镊子、高压灭菌器、载玻片、灭菌纱布、脱脂棉、塑料纸。

2. 药品

0.1%新洁尔灭、酒精棉球、70%酒精、肥皂、生理盐水。

3. 标本

公羊的生殖器官、母羊的生殖器官。

4. 动物

种公羊、发情母羊。

5. 其他

工作服、工作帽、口罩、眼镜、胶皮手套、胶靴、毛巾、肥皂、脸盆。

五、项目实施（职业能力训练）

（一）羊生殖器官的操作要求

工作程序	操作要求
操作前准备	穿好工作服、胶靴、戴工作帽、眼镜、胶皮手套。
观察	1. 公羊的生殖器官的观察 公羊的生殖器官由睾丸、附睾、阴囊、输精管、副性腺、尿生殖道和阴茎 7 个部分组成。 （1）睾丸的个数与位置。 （2）附睾的组成与位置。 （3）阴囊的构成与位置。 （4）输精管的组成与位置。 （5）副性腺的种类与位置。 （6）尿生殖道的组成、分布与位置。

工作程序	操作要求
观察	（7）阴茎的组成、形状与位置。 2. 母羊的生殖器官的观察 母羊的生殖器官由卵巢、输卵管、子宫、阴道、尿生殖前庭、阴门等6个部分组成。 （1）卵巢的位置与形状。 （2）输卵管个数、位置与形状。 （3）子宫的构成。 （4）阴道位置与形状。 （5）尿生殖前庭位置与形状。 （6）阴门位置与形状。
注意事项	（1）要爱护标本，不得损坏实验所用各标本。 （2）实验结束后，应及时将标本放回标本池或用塑料纸将标本包裹好，以免标本干燥。

（二）羊采精程序与操作要求

工作程序	操作要求
采精前的准备	1. 种公羊的调教 （1）选择一个固定、安静、较少闲杂人员走动的房间作为采精室进行。 （2）要保定好诱情羊。 （3）对于初次参加人工采精的种公羊，可先选用正常发情、体况较好的发情母羊作诱情羊进行采精，获得几次成功后，诱情羊即可换成非发情母羊，或可将发情母羊的尿液或分泌物涂抹在公羊鼻端，刺激公羊性欲，逐渐建立固定性反射。 2. 器械的准备 （1）采精前要准备好采精所需的器材和设备，主要有羊用假阴道，集精杯，假台畜等。假阴道及集精杯等器材，在采精前必须充分洗涤，玻璃器材应高温干燥消毒。 （2）准备好精液处理、检查和保存需要的器材和设备，包括精液处理设备（如恒温水浴箱、离心机等）、精液质量检测设备（如显微镜、比色仪等）、冷藏箱等。

工作程序	操作要求
采精操作	（1）假阴道的安装。安装假阴道时，先将内胎装入假阴道外壳，再装上集精瓶，注意内胎平整，不要出现皱褶。为保证假阴道有一定的润滑度，用清洁玻璃棒蘸少许灭菌凡士林，均匀涂抹在假阴道内胎和前 1/3 处。为使假阴道温度接近母羊温度，从假阴道注水孔注入少量温水，使水约占内外胎空间的 70%，假阴道温度在采精时应保持在 39~41℃，注水后，再通过气体活塞吹入气体，使假阴道保持一定弹性，吹入气体的量一般以内胎表面呈三角形合拢而不向外鼓出为适宜。并维持适当的压力。 （2）采精操作台和假阴道准备好后，用温水洗种公羊阴茎的包皮，并擦干净。 （3）引导公羊性欲，在公羊初次阴茎勃起时，应继续调教种羊，不让其立即爬跨，待公羊性欲充分冲动跳上台畜时，不等其阴茎碰到台畜后躯、迅速将准备好的假阴道靠到台畜臀部右侧，将阴茎导入假阴道。假阴道的手持角度以 35°左右为宜。 （4）双手要握紧假阴道，待公羊冲动射精后，随即放低集精杯一端，并打开气门活塞，顺势竖起假阴道。立即送到处理间内收集精液。
精液品质检查	（1）射精量。绵、山羊的射精量一般为 0. 5~2mL，可用灭菌针管或输精器吸取测量。 （2）色泽。正常精液呈乳白色或浅黄色，其他色泽即可视为不正常现象，会危害到受精力。 （3）气味。正常的有一点腥味，但无臭，否则为出现异常，不能作输精之用。 （4）活力。在保温箱 36~38℃的环境下，用灭菌玻璃棒蘸取 1 滴精液，置于载玻片上，加盖玻片，在 200~600 倍显微镜下观察。 （5）密度。用显微镜观测到精子密度的大小。 （6）精子畸形率。将 1 滴精液滴在洁净载玻片一端，迅速涂片。自然干燥后染色，染色液用吉姆萨液、苏木精伊红液、石炭酸复红液、龙胆紫等染色 3~5min 后水洗。自然干燥后，置于 600 倍显微镜下观察，查出的精子总数不得少于 200 个，计算畸形率。
精液的保存	（1）低温保存。将稀释好的精液，盛入瓶子内，包上 8~12 层纱布（逐渐降温），放入冰箱 2~5℃冷藏室保存。 （2）常温保存。应尽量选择凉爽条件，如悬吊在井内、放置在地窖。

工作程序	操作要求
注意事项	（1）调教种公羊建立固定性反射时一定要有耐心，认真细致、反复训练、切勿强迫恐吓，应减少不良刺激，训练时间与采精地点也应相对固定。采精调教训练成功后，才能进行正式操作。 （2）注意成年种公羊每天采精1~2次，连采3d休息1次，初采羊可酌减。 （3）每头公羊的射精量是一定的，如果出现大的波动或成年公羊的一次射精量低于0.3mL，就应探查原因。 （4）精液若有深红色、黑赤色或褐色，则应将种公羊交兽医诊断并治疗，停止使用。 （5）精子活力检查时温度过高精子活动强，死亡也快；温度过低则活力减弱。除保温外，显微镜下光线不宜太强，以灰白光为宜。 （6）一般用于输精的精子畸形率不得超过14%，否则会直接影响受胎率。 （7）精液保存应尽量避免精子因快速运动、消耗能量而过早衰老、死亡。

（三）羊输精程序与操作要求

工作程序	操作要求
输精前的准备	（1）输精人员应穿工作服，用肥皂水洗手擦干，用75%酒精消毒后，再用生理盐水冲洗。 （2）开膣器、输精枪、镊子等输精器械要用纱布包好，一起用高压锅蒸汽消毒。 （3）对发情母羊进行鉴定及健康检查后，才能输精，母羊输精前，应对外阴部进行清洗，以1/3 000新洁尔灭溶液或酒精棉球进行擦拭消毒，待干燥后再用生理盐水棉球擦拭。 （4）将精液置于35℃的温水中升温5~10min后，轻轻摇匀，做显微镜检查，达不到输精要求的不能用于配种。
输精操作	（1）将用生理盐水湿润后的开膣器插入阴道深部触及子宫颈后，稍向后拉，以使子宫颈处于正常位置之后轻轻转动开膣器90°，打开开膣器。 （2）输精枪应慢慢插入到子宫颈内0.5~1.0cm处，插入到位后应缩小开膣器开张度，并向外拉出1/3，然后将精液缓缓注入。 （3）输精完毕后，让羊保持原姿势片刻，放开母羊，原地站立5~10min，再将羊赶走。

工作程序	操作要求
注意事项	（1）输精人员要严格遵守操作规程，输精员输精时应切记做到深部、慢插、轻注、稍停。对个别阴道狭窄的青年母羊，开膣器无法充分打开，很难找到子宫颈口，可采用阴道内输精，但输精量需增加 1 倍。输精后立即做好母羊配种记录。每输完一只羊要对输精器、开膣器及时清洗消毒后才能重复使用，有条件的建议用一次性器具。 （2）每个母羊 1 个情期内应输精 2 次，发现发情时输精 1 次，间隔 8~10h 应进行第 2 次输精。输精量：每头份的输精量，原精液为 0.05~0.10mL，稀释后精液应为 0.1~0.2mL。

六、相关知识

（一）生殖器官及生理机能

1. 公羊的生殖器官及生理机能

公羊的生殖器官由睾丸、附睾、阴囊、输精管、副性腺、尿生殖道和阴茎 7 个部分组成（图 3-1），其生理机能是产生精子、分泌雄性激素，自然交配中将精液送入母羊生殖道等作用。

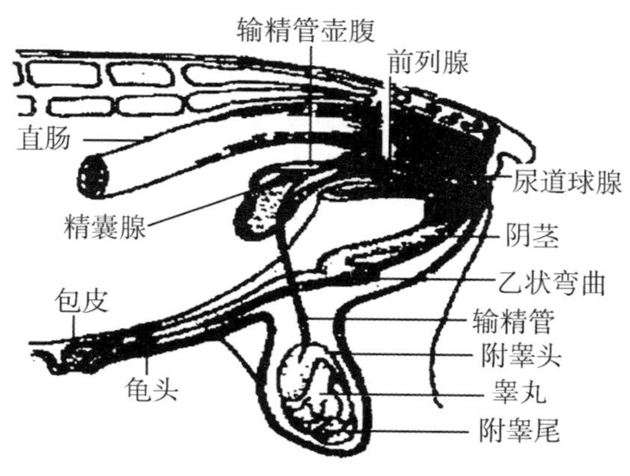

图 3-1　公羊生殖器官示意

（1）睾丸。睾丸为雄性生殖腺体，具有产生精子、合成和分泌雄性激素的功能。羊的睾丸在胚胎前期，位于腹膜外面，当胎儿发育到一定时期，它就和附睾一起通过腹股沟管进入阴囊的两个腔内（图 3-2）。胎儿出生后公羊睾丸若未下降到阴囊，即为“隐睾”。公羊两侧均为隐睾时将完全失去生育能力，单侧隐睾虽然有生育能力，但隐睾具有遗传性，所以两侧或单侧隐睾的公羊不能留作种用。

（2）附睾。附睾由头、体、尾 3 个部分组成，附睾贴附于睾丸的背后缘。附睾具有精子最后成熟、浓缩并供给精子营养，将成熟的精子运送和贮存于附睾尾等功能。公

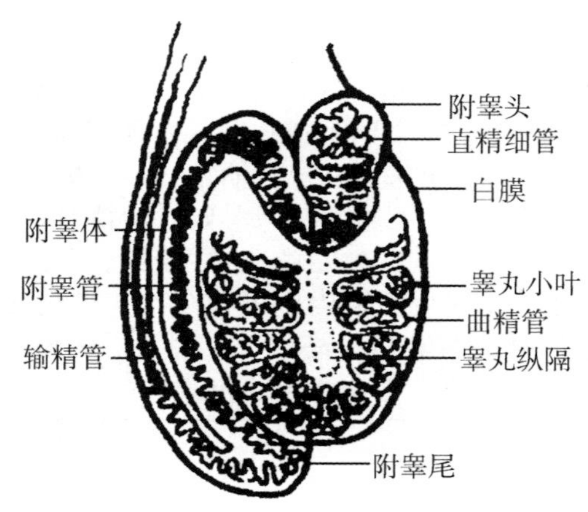

图 3-2　公羊睾丸结构示意

羊附睾贮存精子数为 1 500 亿个以上，其中 68%贮存于附睾尾。附睾头由许多睾丸输出管盘曲组成，借结缔组织结成若干附睾小叶，这些附睾小叶连接成扁平而略呈环状的附睾头贴附于睾丸的头端。各附睾小叶的输出管汇成一条弯曲的附睾管，弯曲的附睾管由睾丸头端沿附着缘延伸的狭窄部分为附睾体。在睾丸的尾端扩张而成附睾尾。附睾管最后过渡为输精管。

（3）阴囊。阴囊是由腹壁形成的囊袋，由皮肤内膜、睾外提肌、筋膜和总膜构成。阴囊分隔成 2 个腔，2 个睾丸分别位于其中。阴囊具有温度调节作用，以保护精子正常生成。当外界温度下降时，借助内膜和睾外肌的收缩作用，使睾丸上举，紧贴腹壁，阴囊皮肤紧缩变厚，保持一定温度；当外界温度升高时，阴囊皮肤松弛变薄，睾丸下降，阴囊皮肤表面积增大，以利散热降温。阴囊腔的温度比正常体温低 2～3℃，通常为 34～36℃。

（4）输精管。输精管是由附睾管延续而来，与通往睾丸的神经、血管、淋巴管、睾内提肌组成精索，一起通过腹股沟管，进入腹腔，转向后进入股盆腔通往尿生殖道，开口于尿生殖道骨盆部背侧的精阜，在接近开口处输精管逐渐变粗而形成输精管壶腹，并与精液囊的导管一同开口于尿生殖道。输精管具有发达的平滑肌纤维，管尾厚而口径小。在交配时，由于输精管平滑肌强力的收缩作用而产生蠕动，将精子从附睾尾输送到壶腹，同时与副性腺分泌物混合，然后经阴茎射出。

（5）副性腺。副性腺有精囊腺、前列腺和尿道球腺 3 种。射精时它们和输精管壶腹的分泌物一起混合形成精清，精清与精子共同形成精液。

（6）尿生殖道。尿生殖道起自膀胱颈末端，终于龟头，可分为盆骨部和阴茎部。盆骨部为膀胱颈至坐骨弓的一段。背侧壁内黏膜上有一突出的精阜，另外副性腺的导管均开口于精阜的后方。阴茎部为阴茎腹侧的一段，于阴茎同长，其末端突出于阴茎，有明显的尿道突，绵羊的呈“S”状弯曲。尿生殖道为尿液和精液的共同通道。

（7）阴茎。阴茎有阴茎海绵体和尿生殖道阴茎部分组成，其末端藏于包皮内，可分成阴茎根、体和龟头（或尖）三部分。羊的阴茎较细，体部呈“S”状弯曲在阴囊的后方，在龟头上有一丝状体，呈蜗卷状。阴茎的功能是排尿和输送精液到母羊生殖道里，是公羊的交配器官。

2. 母羊的生殖器官和生理机能

母羊的生殖器官由卵巢、输卵管、子宫、阴道、尿生殖前庭、阴门6个部分组成（图3-3）。

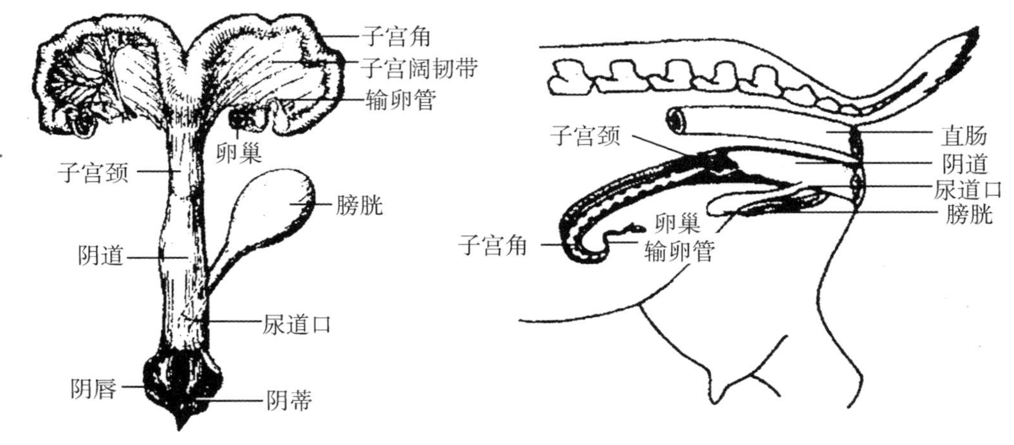

图3-3　母羊生殖器官示意

（1）卵巢。卵巢位于腹腔肾脏的后下方，由卵巢系膜悬挂在腹腔靠近体壁处，后端有卵巢固有韧带连子宫角。卵巢左右各1个，呈杏仁形，长1.0~1.5cm，宽0.5~0.8cm。具有产生和成熟卵细胞的机能和分泌雌性激素的功能。由于雌性激素的作用，激发第二性征的发育和性周期的变化。

（2）输卵管。输卵管位于卵巢与子宫角之间的输卵管系膜内，是弯曲状的管道，两侧各有一条，靠近卵巢一端较粗，膨大呈漏斗状，称输卵管漏斗，开口于腹腔，称输卵管伞，以接纳由卵巢排出的卵子。输卵管的子宫端逐渐变细与子宫角前端相连接，无明显分界。输卵管是输送卵子到子宫的管道，也是精子与卵子在输卵管上1/3处完成受精过程的地方。受精以后的受精卵和早期胚胎沿着输卵管运行到子宫。

（3）子宫。子宫由两个子宫角、一个子宫体和一个子宫颈构成。其生理机能如下。①子宫内膜分泌前列腺素对卵巢的周期性黄体起消溶退化作用，在促卵泡激素的作用下，引起卵泡的发育，导致母羊发情。②发情、配种时，子宫颈口稍开张，有利于精子进入，并且有阻止死精子和畸形精子的能力，可防止过多的精子到达受精部位。大量的精子贮存在复杂的子宫隐窝内。精子进入是借助子宫肌纤维有节律而强有力的收缩送到输卵管部，在子宫内膜的分泌液作用下，使精子获能。③妊娠时，子宫颈黏液高度黏稠形成栓塞，封闭子宫颈口，起屏障作用，防止感染；子宫内膜还可以供受精卵发育的胚泡附植，附着后子宫内膜形成母体胎盘，与胎儿胎盘结合成为胎儿从母体吸收营养和排泄物的器官。

（4）阴道。阴道是一伸缩性很大的管道，是母羊的交配器官和分娩时胎儿的产道，又是子宫颈、子宫黏膜和输卵管分泌物的排出管道。它位于股盆腔，背侧为直肠，腹侧为膀胱和尿道，前接子宫，有子宫颈口突出于阴道，形成一个环形隐窝，称为阴道穹隆。后接尿生殖前庭，以尿道外口和阴瓣为界。羊的阴道 10~14cm。

（5）尿生殖前庭。尿生殖前庭是交配、排尿和分娩的通道。它位于骨盆腔内，间于阴道与阴门之间的一段，前高后低，稍微倾斜，尿道口位于阴瓣的后下方，与膀胱相通。底壁有不发达的前庭小腺，开口于阴蒂的前方，在尿道外口的腹侧有一盲囊，称尿道憩室。两侧壁有前庭大腺及其开口，为分支管状腺，发情时分泌增多。

（6）阴门。阴门位于肛门之下，是通入尿生殖前庭的入口，由左右两侧阴唇构成，其上、下两端分别为阴唇的上、下联合。上联合呈钝圆形，下联合突而尖。阴蒂较短，埋藏在下联合阴蒂窝内。阴蒂由弹力组织和海绵组织构成，富含神经。因此，阴蒂是母羊的交配感觉器。发情时阴唇充血肿胀，阴蒂也充血、外露。

（二）羊的繁殖生理特点

1. 初情期

初情期是指雌性动物初次出现发情和排卵的时期，且此时配种便有受精的可能性。

2. 性成熟

羔羊生长到一定年龄，生殖机能达到比较成熟的阶段，此时生殖器官已经发育完全，并出现第二性征，能产生成熟的生殖细胞（精子或卵子），而且具有繁殖后代的能力，此时称为性成熟。在这个时候，公羊可以产生精子，母羊可以产生成熟的卵子，如果此时将公、母羊相互交配，即能受胎。性成熟期，虽因品种和分布地区的不同而略有差异，但一般是在 5~8 月龄，小尾寒羊性成熟年龄为 5~7 月龄。绵羊达到性成熟时并不意味着可以配种，因为绵羊刚达到性成熟时，其身体并未达到充分发育的程度，如果这时进行配种，就可能影响它本身和胎儿的生长发育，因此，公、母羔在 4 月龄断奶时，一定要分群管理，以避免偷配。山羊的性成熟比绵羊略早，如青山羊的初情期为（108.42±17.75）日龄，马头山羊为（154.30±16.75）日龄。

3. 体成熟期

雌性动物达到性成熟时，因其身体发育并未完成，故此时不宜用于繁殖。性成熟后，动物再经过一定时期发育。当机体各器官组织发育完成，并具有动物固有外貌特征，此时称为体成熟。

4. 适配年龄

在生产实践中，考虑动物身体的发育成熟和经济价值，一般选择在性成熟之后体成熟之前用于繁殖，这个适于开始繁殖的年龄称为适配年龄（或称繁殖适龄）。动物开始配种时的体重一般应达到成年体重的 50%~70%。

绵羊的初次配种年龄指公、母羔羊第 1 次配种时的年龄。通常，初配母羊在 7~8

月龄、体重达到成年羊体重的70%是比较适宜的，但早熟品种、饲养管理条件好的母羊，可以提前配种。在我国的广大农村牧区，凡是草场或饲养条件良好、绵羊生长发育较好的地区，初次配种都在1.5岁，而草场或饲养条件较差的地区，初次配种年龄往往推迟到2~3岁时进行。如中国美利奴羊，母羊性成熟一般为8月龄，早的6月龄；母羊体成熟12~15月龄，当体重达到成年母羊的85%时，可进行第一次配种，一般初配年龄以18月龄为宜。

5. 发情

羔羊生长发育到一定年龄时，母羊有一系列性行为的表现，并在一定时间排卵的现象称为发情。母羊发情时有以下一些表现特征。

（1）性行为。母羊发情时，产生一定的性欲望，即性欲。这时母羊一般不抗拒公羊接近或爬跨，或者主动接近公羊并接受公羊的爬跨交配（图3-4）。在发情初期，性欲表现不甚明显，以后逐渐显著。排卵以后，性欲逐渐减弱，到性欲结束后，母羊则抗拒公羊接近和爬跨。同时母羊表现出兴奋不安，对周围外界的刺激反应敏感，常鸣叫，举尾拱背，频频排尿，食欲减退，放牧的母羊离群独自行走，喜主动寻找和接近公羊，愿意接受公羊交配，并摆动尾部，后肢岔开，后躯朝向公羊，当公羊追逐或爬跨时站立不动。泌乳母羊发情时，泌乳量下降，不照顾羔羊。

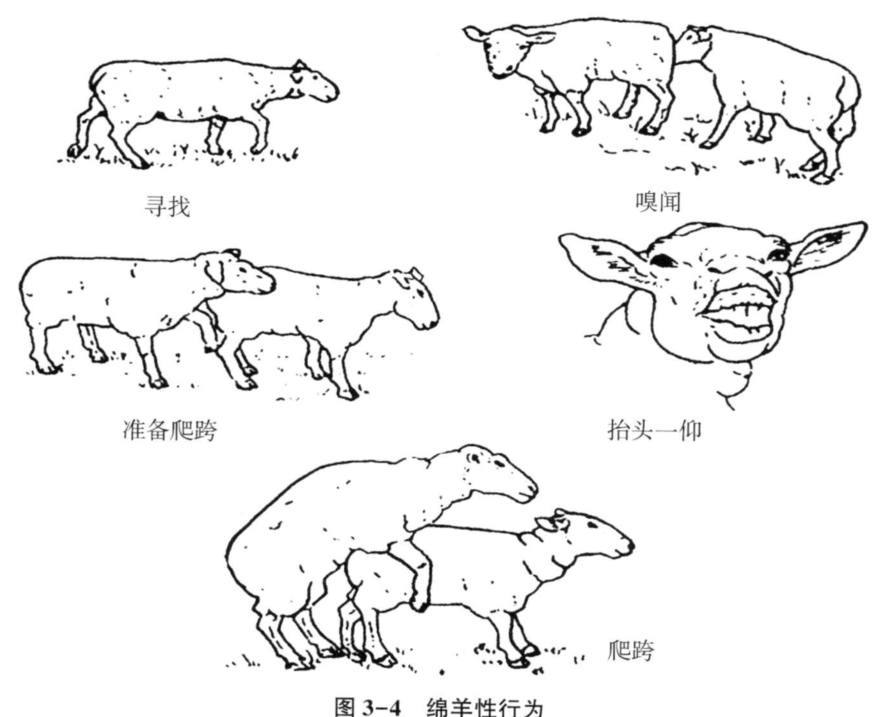

图3-4 绵羊性行为

（2）生殖道变化。母羊在发情周期中，在雌激素和孕激素的共同作用下，生殖道发生周期性的生理变化，所有这些变化都是为交配和受精做准备。发情母羊由于卵泡迅速增大并发育成熟，雌激素分泌增多，强烈刺激生殖道，使血流量增加，母羊外阴部充血，肿胀、松软、阴蒂充血勃起。阴道黏膜充血，潮红、湿润并有黏液分泌，发情初期黏液分泌量少且稀薄透明，中期黏液增多，末期黏液稠如胶状且量较少。子宫颈口较松弛，开张并充血肿胀，腺体分泌增多。

（3）卵巢变化。母羊发情开始前卵巢卵泡已开始生长，至发情前 2~3d 卵泡发育迅速，卵泡内膜增生，到发情时卵泡已发育成熟，卵泡分泌液不断增多，使卵泡容积更加增大，此时卵泡壁变薄并突出卵巢表面，在激素的作用下促使卵泡壁破裂，致使卵子被挤压而排出。

母羊从开始表现上述特征到这些特征消失为止，这一时期叫发情持续期。母羊的发情持续期与品种、个体、年龄和配种季节等有密切的关系，如中国美利奴羊为 1~2d，小尾寒羊为（30.23±4.84）h；马头山羊为 2~3d，波尔山羊为 1~2d，青山羊为（49.56±11.83）h。羊在发情期内，若未经配种，或虽经配种但未受孕时，经过一定时期会再次出现发情现象。由上次发情开始到下次发情开始的期间，称为发情周期。发情周期同样受品种、个体和饲养管理条件等因素的影响，如阿勒泰羊为 16~18d，湖羊为 17.5d，成都麻羊为 20d，雷州山羊为 18d，波尔山羊为 14~22d。

6. 排卵

排卵是指从卵泡中排出卵子，一般都在发情后期，排卵时间在发情开始后 12~26h 内。小尾寒羊在一个发情期中一般排卵 1~4 个，多的可达 10 个。

7. 繁殖季节

绵羊、山羊的繁殖季节（亦称配种季节）是通过长期的自然选择逐渐演化而形成的，主要决定因素是分娩时的环境条件要有利于初生羔羊的存活。绵羊、山羊的繁殖季节，因品种、地区而有差异，一般是在夏、秋、冬三个季节母羊有发情表现。母羊发情时，卵巢机能活跃，滤泡发育逐渐成熟，并接受公羊交配。平时，卵巢处于静止状态，滤泡不发育，也不接受公羊的交配。母羊发情之所以有一定的季节性，是因为在不同的季节中，光照、气温、饲草饲料等条件发生变化，由于这些外界因素的变化，特别是母羊发情开始早，而且发情整齐旺盛。小尾寒羊可全年发情，一年产两胎或两年三胎。

公羊在任何季节都能配种，但在气温高的季节，性欲减弱或者完全消失，精液品质质量下降，精子数目减少，活力降低，畸形精子增多。在气候温暖、海拔较低、牧草饲料良好的地区，饲养的绵、山羊品种一般一年四季都发情，配种时间不受限制。配种一般应在发情开始后 12~24h。在实际生产中，一般上午发现发情母羊，16—17 时进行第 1 次交配或输精，第 2 天上午进行第 2 次交配或输精；如果是下午发现发情母羊，则在第 2 天 8—9 时进行第 1 次交配或输精，下午进行第 2 次交配或输精。

8. 繁殖机能停止期

动物繁殖年龄是有一定年限的。雌性动物到达老年时，卵巢生理机能逐渐停止，不再出现发情与排卵。家养动物在此年龄之前，因已失去饲养价值而多被淘汰。如小尾寒羊种羊使用年限为 4~6 年，母羊的配种使用年限为 5~7 年。母羊的使用年限虽与饲养管理有密切的关系，营养缺乏或营养过度都会造成不育，但一般 8~10 岁就终止发情，失去繁殖能力。

（三）发情鉴定方法

发情鉴定方法很多，常用的方法有试情法、外部观察法、阴道检查法等方法。由于母羊发情持续期短，外部表现不太明显，不易发现，尤其是绵羊。因此，母羊的发情鉴定应以试情为主，结合外部观察。

1. 外部观察法

外部观察法是通过观察母羊的外部表现、精神状态和性欲表现，从而判断其是否发情或发情程度。母羊发情时常表现为精神不安，鸣叫，食欲减退，外阴部充血肿胀、湿润，有黏液流出，对周围的环境和公羊的反应敏感，出现爬跨，公羊追逐或爬跨时常站立不动，并强烈摆动尾部、频尿等现象。但是，绵羊一般发情期短，外部表现不如山羊明显。处女羊一般较经产羊表现差。

2. 公羊试情法

试情法是根据母羊在性欲及性行为上对公羊的反应判断其发情程度的。发情时，通常表现为愿意接近公羊，弓腰举尾，后肢开张，频频排尿，有爬跨动作等，而不发情或发情结束后则表现为远离公羊，当强性牵引接近时，往往会出现躲避行为等抗拒行为。生产实践中，选择体格健壮、无病、年龄 2~5 岁有性经验的公羊进入母羊群，发现有站立不动并接近公羊的母羊，特别是接受爬跨的母羊，即已发情。为了防止试情公羊偷配母羊，通常在试情公羊腹部绑好试情布护住其阴茎，也可在使用前做输精管结扎或阴茎移位手术。同时，试情公羊平时应单圈饲养，除试情外，不得和母羊在一起，给以良好饲养条件，保持体格健壮，并每隔 5~6d 让其本交 1 次，以维持其旺盛的性欲。试情公羊与母羊的比例以 1：(45~50) 为宜。在生产中多采用每天早上试情，也有早晚各试情 1 次的。由于天亮以后，母羊急于出牧，性欲下降，试情效果不好，因此试情应在黎明前进行，天亮时结束。

3. 阴道检查法

阴道检查法是用阴道开膣器来观察阴道的黏膜，分泌物和子宫颈口的变化，以判断是否发情，发情母羊阴道黏膜充血红色，表面光亮润滑，有透明黏液流出，子宫颈口充血，松弛、开张，有黏液流出，做阴道检查时，先将母羊保定好，外阴部清洗干净，将开膣器清洗、消毒、烘干后，涂上灭过菌的润滑剂或用生理盐水浸湿，工作人员右手横向持开膣器，闭合前端，慢慢插入，轻轻打开开膣器，通过反光或手电筒光线检查阴道变化，检查完后稍微合拢开膣器，抽出。检查时，阴道开张器或扩张筒要洗净和消毒，以防感染，插入时要小心谨慎，以免损伤阴道黏膜。此法由于不能准确地判定动物的排卵时间，因此，目前只作为一种辅助性检查手段。

(四) 配种

配种方法分为自由交配，人工辅助交配和人工授精 3 种。

1. 自由交配

自由交配为最简单的交配方式，也称自然交配或本交。在配种期内，按 1：(30～40) 只公母羊混群放牧饲养，公母羊自由寻找发情母羊交配。自由交配的优点是省工省事，易于管理，适合小群分散的专业户或生产单位，若公、母羊比例适当，可获得较高的受胎率。缺点是公羊随时追逐母羊交配，公羊体力消耗较大，影响羊群放牧饲养；无法掌握配种情况，与配母羊、配种时间无法确定，后代血统不清，易造成近亲交配，也难预测产期；公羊利用率低。

2. 人工辅助交配

人工辅助交配是将公、母羊分群隔离放牧，在配种期内用试情公羊，有计划地安排公、母羊配种。这种交配方式不仅可以提高种公羊的利用率，增加利用年限，而且能够有计划地选配，提高后代质量。交配时间，一般是发现发情的母羊即进行交配，为确保受胎，最好在第 1 次交配后间隔 12h 左右再重复交配 1 次。

3. 人工授精

人工授精是用器械的人为的方法采取公羊的精液，经过精液品质检查和一系列处理，再通过器械将精液输入到发情母羊的生殖道内，达到母羊受胎的配种方式。人工授精可以提高优秀种公羊的利用率，比本交提高与配母羊数十倍，加速了羊群改良的遗传进展，并可防止疾病传播，减少饲养大量种公羊的费用。

(1) 采精。①种公羊的调教。种公羊第一次采精时的年龄应在 1.5 岁左右，不宜过肥，也不宜过瘦。调教种公羊时，应选择一个固定、安静、较少闲杂人员走动的房间作为采精室，并在室内埋设一个金属或木制的采精架，用于保定诱情羊。对于初次参加人工采精的种公羊，可先选用正常发情、体况较好的发情母羊作诱情羊进行采精，获得几次成功后，诱情羊即可换成非发情母羊，或可将发情母羊的尿液或分泌物涂抹在公羊鼻端，刺激公羊性欲，逐渐建立固定性反射，有的较熟练的公羊甚至能用假母羊成功采精。调教种公羊建立固定性反射时一定要有耐心，认真细致、反复训练、切勿强迫恐吓，应减少不良刺激，训练时间与采精地点也应相对固定。采精调教训练成功后，才能进行正式操作。②器械的准备。采精前要准备好采精所需的器材和设备，主要有羊用假阴道，集精杯，假台畜等。假阴道及集精杯等器材，在采精前必须充分洗涤，玻璃器材应高温干燥消毒。假台畜可以是非种用待淘汰的健康母羊，或是利用木料或金属制成的假台羊架。同时，准备好精液处理、检查和保存需要的器材和设备，包括精液处理设备（如恒温水浴箱、离心机等）、精液质量检测设备（如显微镜、比色仪等）、冷藏箱、冷冻设备和冷藏设备（液氮、液氮罐）等。安装假阴道时，先将内胎装入假阴道外壳，再装上集精瓶，注意内胎平整，不要出现皱褶（图 3-5）。为保证假阴道有一定的润滑度，用清洁玻璃棒蘸少许灭菌凡士林，均匀涂抹在假阴道内胎和前 1/3 处。为使假阴道温度接近母羊温度，从假阴道注水孔注入少量温水，使水约占内外胎空间的70%，假阴道温度在采精时应保持在39~41℃，注水后，再通过气体活塞吹入气体，使假阴道保持一定弹性，吹入气体的量一般以内胎表面呈三角形合拢而不向外鼓出为适宜，并维持适当的压力。③采精过程。采精操作台和假阴道准备好后，用温水洗种公羊阴茎的包皮，并擦干净。引导公羊性欲，在公羊初次阴茎勃起时，应继续调教种羊，不让其立即爬跨，待公羊性欲充分冲动跳上台畜时，不等其阴茎碰到台畜后躯、迅速将准备好的假阴道靠到台畜臀部右侧，将阴茎导入假阴道。假阴道的手持角度以35°左右为宜。此时双手要握紧假阴道，待公羊冲动射精后，随即放低集精杯一端，并打开气门活塞，顺势竖起假阴道。立即送到处理间内收集精液。成年种公羊每天采精1~2次，连采3d休息1次，初采羊可酌减。

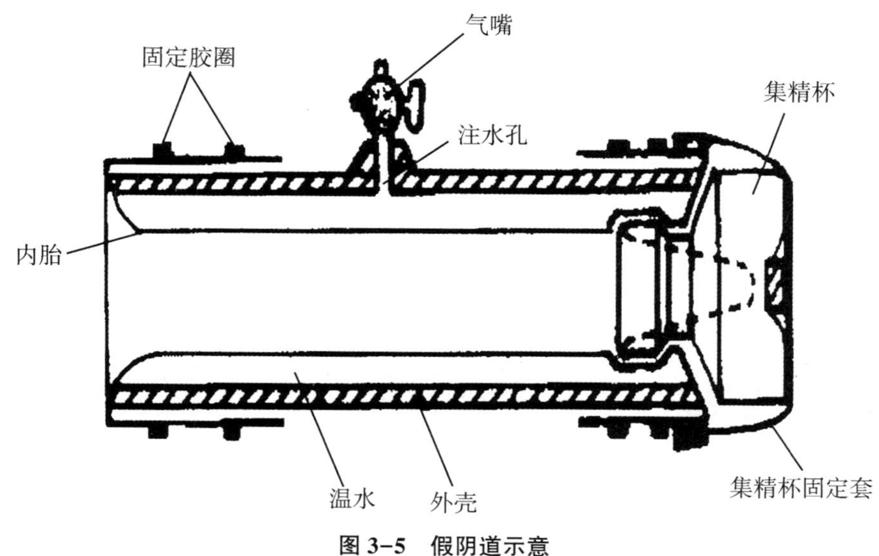

图3-5　假阴道示意

（2）精液品质检查与处理。公羊精液品质检查的项目通常包括射精量、色泽、气味、活力、密度、和畸形精子比率等。①射精量。绵、山羊的射精量一般为0.5~2mL，可用灭菌针管或输精器吸取测量。每头公羊的射精量是一定的，如果出现大的波动或成年公羊的一次射精量低于0.3mL，就应探查原因。②色泽。正常精液呈乳白色或浅黄色，其他色泽即可视为不正常现象，会危害到受精力。通常乳白色精液中的精子密度大于浅黄色精液，淡灰色表示精液稀薄；淡红色证明有鲜血，其原因可能是配种过度或操作时不慎引起小的创伤等；黄色或淡绿色表明有浓汁或混入了尿液；若遇有深红色、黑赤色或褐色，则应将种公羊交兽医诊断并治疗，停止使用。③气味。正常的有一点腥味，但无臭，否则为出现异常，不能作输精之用。④活力。活力是在体温条件下精子在精液中呈直线活动的精子百分比，即精子活率。显微镜的保温箱应在36~38℃，温度过高活动强，死亡也快；温度过低则活力减弱。除保温外，显微镜下光线不宜太强，以灰白光为宜。在大多数改良站活力的评定采用十级制，检查时，用灭菌玻璃棒蘸取1滴精液，置于载玻片上，加盖玻片，在 200～600 倍显微镜下观察。活力每提高 10%的话，即提高 0.1 分。有 40%的精子呈直线运动的分值为 0.4，依此类推，全部精子都呈直线前进运动则评为 1 级。原精稀释后活力在 0.4 级以下、冻精解冻后活力在 0.3 级以下时不能用于输精。⑤密度。密度是目测精子数量的评定指标。用显微镜观测到精子密度很大，精子间几乎见不到空隙，很难看出个别精子的活动时定为稠密，用“密”字记载；观测到精子密度中等，精子间空隙清晰可见，空隙大小相当于 1～2 个精子的容纳量，各个精子的活动清晰可见时定为中等，记载“中”字；观测到精子数很少，精子间距离大，一个视野中仅能看到少数精子时定为稀薄，用“稀”字表示（图 3-6）。⑥精子畸形率。精子畸形率是指精液中畸形精子占精子总数的百分数。畸形精子如无头、无尾、双头、双尾、头大、头小等。检查方法是将 1 滴精液滴在洁净载玻片一端，迅速涂片。自然干燥后染色，染色液用吉姆萨液、苏木精伊红液、石炭酸复红液、龙胆紫等染色 3～5min 后水洗。自然干燥后，置于 600 倍显微镜下观察，查数的精子总数不得少于 200 个，计算畸形率。一般用于输精的精子畸形率不得超过 14%，否则会直接影响受胎率。

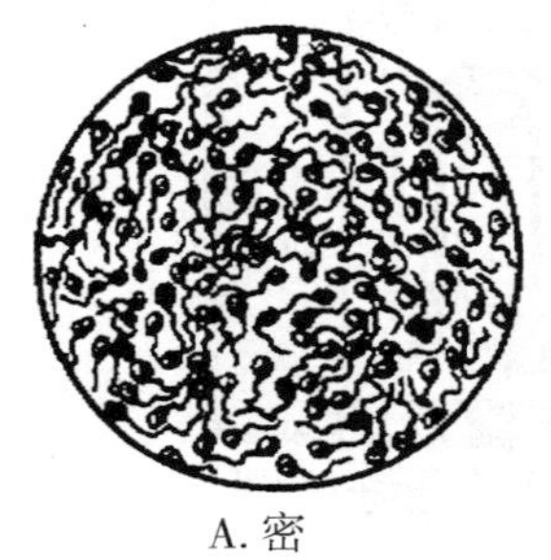
A. 密

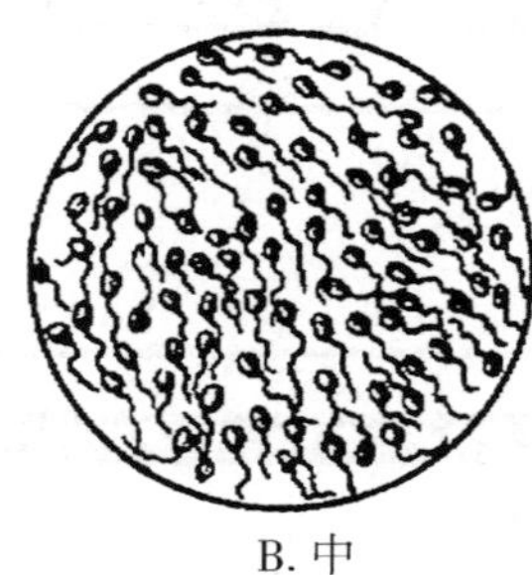
B. 中

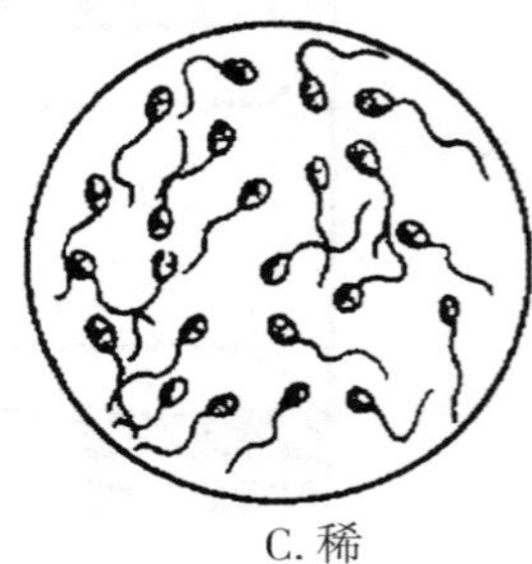
C. 稀

图 3-6　精子密度示意

（3）精液保存。将精子按照其活力和密度进行稀释后保存。稀释时对密度中等、精子活力达到 0.7～0.8 的精液按 1：10 稀释，活力在 0.8 以上的精液可按 1：（12～15）稀释。稀释液的温度与精液的温度相同或相近，而且要尽快稀释，以避免精子受刺激而死亡。保存的方法有低温保存和常温保存。①低温保存。将稀释好的精液，盛入瓶子内，包上 8～12 层纱布（逐渐降温），放入冰箱 2～5℃冷藏室保存。保存时间以不超过 2d 为宜。常温保存的稀释液可选择如下几种。一是取葡萄糖 3g、柠檬酸钠 3g，加双蒸水至 100mL，经过水浴消毒 30min 后，放入冰箱保存。用时取该基础液 80mL，加蛋黄 20mL、青霉素 10 万 U、链霉素 100mL。二是取葡萄糖 3g、柠檬酸钠 1.4g，加双蒸水至 100mL，经过滤、消毒后，放入冰箱保存。用时取该基础液 50mL，另加消毒脱脂羊奶 50mL、青霉素 10 万 U、链霉素 100mL。三是将羊奶煮沸、去脂肪后，装入盐水瓶予以水浴消毒 30min。然后置于冰箱保存、待用。②常温保存。在没有低温保存条件或者采精后能及时用完的情况下，可采用室温保存法。但应尽量选择凉爽条件，如悬吊在井内、放置在地窖。以尽量避免精子因快速运动、消耗能量而过早衰老、死亡。保存时间以不超过 1d 为宜。常温保存的稀释液可选择如下几种。一是维生素 B_{12} 注射液（商品制剂）。二是葡萄糖（5%）氯化钠（0.9%）注射液（商品制剂）。三是 0.9%氯化钠注射液（商品制剂）。

（4）输精。①输精前的准备。输精前要做好人员、器械、动物和精液的准备工作。输精人员应穿工作服，用肥皂水洗手擦干，用 75%酒精消毒后，再用生理盐水冲洗；开膣器、输精枪、镊子等输精器械要用纱布包好，一起用高压锅蒸汽消毒；对发情母羊进行鉴定及健康检查后，才能输精，母羊输精前，应对外阴部进行清洗，以 3 000 倍新洁尔灭溶液或酒精棉球进行擦拭消毒，待干燥后再用生理盐水棉球擦拭；将精液置于 35℃的温水中升温 5~10min，轻轻摇匀，做显微镜检查，达不到输精要求的不能用于配种。②输精方法。将用生理盐水湿润后的开膣器插入阴道深部触及子宫颈后，稍向后拉，以使子宫颈处于正常位置之后轻轻转动开膣器 90°，打开开膣器，开张度在不影响观察子宫的情况下开张的越小越好（2cm），否则易引起母羊努责，不仅不易找到子宫颈，而且不利于深部输精。输精枪应慢慢插入到子宫颈内 0.5~1.0cm 处，插入到位后应缩小开膣器开张度，并向外拉出 1/3，然后将精液缓缓注入。输精完毕后，让羊保持原姿势片刻，放开母羊，原地站立 5~10min，再将羊赶走。每个母羊 1 个情期内应输精 2 次，发现发情时输精 1 次，间隔 8~10h 应进行第 2 次输精。输精量为每头份的输精量，原精液为 0.05~0.10mL，稀释后精液应为 0.1~0.2mL。

七、项目过程检查

序号	检查项目	检查标准	学生自检	教师检查
1	标本观察、人工采精和人工授精准备	准备充分，细致周到		
2	标本观察、人工采精和人工授精步骤	实施步骤合理，有利于提高评价质量		
3	操作的准确性	细心、耐心		
4	操作的方法	符合操作技能要求		
5	操作结束后的处置	处置合理，不对标本和动物产生危害		
6	教学过程中的课堂纪律	听课认真，遵守纪律，不迟到、不早退		
7	实施过程中的工作态度	在工作过程中乐于参与		
8	上课出勤状况	出勤 95%以上		
9	安全意识	无安全事故发生		

序号	检查项目	检查标准	学生自检	教师检查
10	环保意识	标本、采输精场地及时处理，不污染周边环境		
11	合作精神	能够相互协作，相互帮助，不自以为是		
12	实施计划时的创新意识	确定实施方案时不随波逐流，有合理的独到见解		
13	实施结束后的任务完成情况	过程合理，观察仔细、判断准确，操作合理，与组内成员合作融洽，语言表述清楚		
检查评价	评语： 组长签字： 教师签字： 年 月 日			

八、项目考核评价

同项目一羊毛品质分析样的采集及物理指标的测定中的项目考核评价方法。

九、项目训练报告

撰写并提交实训总结报告。

项目四　产羔准备与接羔技术

通过本项目实训，掌握羊预产期的计算方法、羔羊的接生准备技术和人工助产技术和方法。

一、项目任务目标

（1）通过计算能够准确预测羊生产日期。

（2）掌握产羔准备与接羔技术。

二、项目任务描述

1. 工作任务

（1）产羔准备。

（2）掌握接羔技术。

2. 主要工作内容

（1）掌握羊的预产期计算。

（2）掌握羊的产前准备工作。

（3）掌握羊的接羔技术。

（4）掌握羊的人工助产技术。

三、项目任务要求

1. 知识技能要求

（1）掌握接羔的准备工作及注意事项。

（2）掌握羊的接产方法。

（3）能够正确实施羊的人工助产。

2. 实习安全要求

在进行接产或人工助产时，要严格按照规定进行操作，注意安全，防止病毒或细菌感染。

3. 职业行为要求

（1）实验材料要准备充足。

（2）着装整齐。

（3）遵守课堂纪律。

（4）具有团结合作精神。

四、项目训练材料

1. 药品

碱水、石灰水溶液、百毒杀、碘酊、酒精、高锰酸钾粉、药棉、强心剂、镇静剂、催产剂。

2. 动物

临产母羊。

3. 其他

工作服、工作帽、口罩、眼镜、胶皮手套、胶靴、毛巾、肥皂、脸盆、水桶、毛巾、产羔记录本、记录笔、手电筒、电池、取暖设备、耳号、耳号钳等。

五、项目实施（职业能力训练）

工作程序	操作要求
接羔准备	（1）计算预产期。 （2）准备产房。 （3）饲草料的准备。 （4）药品的准备。 （5）用具的准备。 （6）环境的准备。
临产判断	（1）乳房的变化。 （2）外阴部的变化。 （3）行为的变化。
接产	（1）用力捏挤母羊尾根和阴门的联合部，很快将头挤出，同时用手拉住羔羊两前肢顺势向后下方轻拉，羔羊即可产出。 （2）羔羊出生后，先将它口鼻部的黏膜擦掉，并让母羊将羔羊舔干（如果母羊不舔，可在羔羊身上撒些麸皮）。 （3）脐带一般会自然拉断，接羔人员要把脐带内的血液挤净，然后涂上碘酊消毒；也可以用烧烙器烙断。
人工助产	（1）将手指甲剪短、磨光、消毒手臂，涂上润滑油。 （2）根据难产情况作相应处理。如胎位不正，先将胎儿露出部分送回阴道，将母羊后躯抬高，手入产道校正胎位，随母羊有节奏的努责，将胎儿拉出；如胎儿过大，可将羔羊两前肢反复拉出和送入，然后一手拉前肢，一手扶头，随母羊努责缓慢向下方拉出。
羔羊护理	羔羊出生后 1h 即可站立行走吃奶，如不能自己吃奶的，接产人员要辅助羔羊吃到初乳。

工作程序	操作要求
注意事项	（1）产房温度以 5～10℃为宜，至少也应在 0℃以上，产房的封闭要好，要求无贼风，地而干燥并垫有清洗的褥草，产房内要配备产羔栏。利用羊舍作产羔房，可留 10～15cm 厚的羊粪以利于保暖。 （2）有的羔羊呈假死现象，可进行人工呼吸，以两手分别握住羔羊的前肢和后肢，慢慢活动胸部，或在鼻腔内进行人工吹气，羔羊很快就会正常呼吸。 （3）人工助产时切忌用力过猛，或不配合努责节奏硬拉而拉伤阴道。

六、相关知识

（一）产羔前的准备工作

母羊怀孕 150d 左右就要生产，在临产前，要做好准备，产房地面一定要干燥、清洁、消毒，铺垫短、软、清净的褥草，室内温度在 10℃以上，准备好接生用的碘酊、药棉等消毒药品，并准备好强心剂、镇静剂、催产剂等。

1. 预产期的确定

从配种日算起 150d（范围为 145～155d）后就是母羊应该分娩的日期，这个日期为预产期。计算方法是月“+5”或“−7”日“−3”，计算出每只母羊的预产期后可以统计出产羔期内每天应有多少只母羊待产，饲养大户应将统计出的数据绘制成产羔曲线，产羔曲线可以直观地显示出开产日期、产羔高峰结束日期。

2. 人员的准备

接羔是一项繁重而细致的工作，因此，每群产羔母羊除主管牧工以外，还必须配备一定数量的辅助劳动力，才能确保接羔工作的顺利进行。每群产羔母羊配备辅助劳力的多少，应根据羊群属于什么品种、羊群的质量、畜群的大小、营养状况、是经产母羊还是初产母羊，以及接羔时的具体情况而定。产羔母羊群的主管牧工及辅助接羔人员，必须分工明确，责任落实到人。在接羔期间，要求坚守岗位，认真负责地完成自己的工作任务，杜绝一切责任事故发生。对所有参加接羔的工作人员，在接羔前组织学习有关接羔的知识和技术。

3. 设施的准备

我国地域辽阔，各地自然生态条件和经济发展水平差异很大，接羔棚舍（在较寒冷地区可用塑料暖棚）及用具的准备，应当因地制宜，不能强求一致。如青海省规定：300 只产羔母羊至少应有接羔室 90m^2，有条件的单位面积还可更大一些，暂时没有条件修建接羔室者，应在羊舍内临时修建接羔棚；每个产羔母羊群至少要有 10 个分娩栏，50～80 个护腹带，2～4 个接羔袋。新疆要求冬产母羊每只应有产羔舍面积 2m^2 左右，分娩栏为产羔母羊数的 10%～15%。

产房温度以 5～10℃ 为宜，至少也应在 0℃ 以上，产房的封闭要好，要求无贼风，地面干燥并垫有清洁的褥草，产房内要配备产羔栏。利用羊舍做产羔房，可留 10～15cm 厚的羊粪以利于保暖，俗称暖圈。

接羔棚舍内可分大、小两处，大的一处放母子群，小的一处放初产母子。运动场内亦应分成两处，一处圈母子群，羔羊小时白天可留在这里，羔羊稍大时，供母子夜间停宿；另一处圈待产母羊群。

4. 饲草料的准备

在牧区，在接羔棚舍附近，从牧草返青时开始，在避风、向阳、靠近水源的地方用土墙、草坯或铁丝网围起来，作为产羔用草地，其面积大小可根据产草量、牧草的植物学组成以及羊群的大小、羊群品质等因素决定，但至少应当够产羔母羊一个半月的放牧用为宜。有条件的羊场及农、牧民饲养户，应当为冬季产羔的母羊准备充足的青干草、质地优良的农作物秸秆、多汁饲料和适当的精料等；对春季产羔的母羊也应准备至少可以舍饲 15d 所需要的饲草饲料。

5. 药品的准备

在产羔母羊比较集中的地方，应当设置兽医站（点），备足防治在产羔期间母羊和羔羊常见病的必需药品。除平时值班兽医 1 人外，还应临时增加 1 人，以便巡回检查，做到及时防治。此外，对一些常见病、多发病、可将预防药物按剂量包好，交给经过培训的放牧员，按规定及时投服。在母羊产羔前需准备好有关药品，用于免疫方面及有破伤风抗毒素；用于治疗方面的有青霉素，链霉素、环丙沙星、诺氟沙星、安痛定、维生素 C、地塞米松、催产素、氯贝胆碱、盐水、5%葡萄糖溶液等，用于消毒方面的有碱水、百毒杀、碘酊、酒精、高锰酸钾等。

6. 用具的准备

需要准备的物品：医用橡胶手套、水桶、脸盆、毛巾、产羔记录本、记录笔、手电筒、电池、取暖设备、耳号、耳号钳等。

7. 环境的准备

产羔工作开始前 3～5d，必须对接羔棚舍、运动场、饲草架，饲槽、分娩栏等进行修理和清扫，并用 3%～5%碱水或 10%～20%石灰乳溶液或其他消毒药品进行比较彻底的消毒。消毒后的接羔棚舍，应当做到地面干燥、空气新鲜、光线充足、挡风御寒。

（二）分娩

妊娠期满，母羊将发育成熟的胎儿和胎衣从子宫排出体外的生理过程即为分娩，亦称产羔。

1. 分娩预兆

（1）乳房的变化。母羊在妊娠中期乳房即开始增大，分娩前夕，母羊乳房迅速增大，稍现红色而发亮，乳房静脉血管怒张，触之有硬肿感，此时可挤出初乳。但个别母羊分娩后才能挤出初乳。

（2）外阴部的变化。临近分娩时，母羊阴唇逐渐柔软、肿胀，皮肤的皱纹消失，越接近产期越表现潮红。阴门容易开张，卧下时更加明显。生殖道黏液变稀，牵缕性增加，子宫黏液栓也软化，潴留在阴道内，并经常排出阴门外。

（3）骨盆韧带的变化。在分娩前1~2周开始松弛。

（4）行为的变化。临近分娩时，母羊精神状态显得不安，回顾腹部，时起时卧。躺卧时两后肢呈伸直状态。排粪、排尿次数增多。

2. 分娩过程

（1）子宫颈开张期。从子宫角开始收缩，至子宫颈完全开张，使子宫颈与阴道之间的界限消失，历时1~1.5h。这一阶段子宫颈变软扩张，一般仅有阵缩，没有努责。母羊表现不安，时起时卧，食欲减退，进食和反刍不规则，有腹痛感。

（2）胎儿产出期。从子宫颈完全开张，胎膜被挤出并破水开始到胎儿产出为止的时期，此期阵缩和努责共同发生作用。母羊表现极度不安，心跳加速，呈侧卧姿势，四肢伸展。此时，胎囊和胎儿的前置部分进入软产道，压迫刺激盆腔神经感受器，除子宫收缩以外，又引起了腹肌的强烈收缩，出现努责，在这两种动力作用下将胎儿排出。此期为0.5~1h。羊的胎儿排出时，仍有相当部分的胎盘尚未脱离，可维持胎儿在产前有氧的供应，使胎儿不致窒息。

（3）胎衣排出期。从胎儿产出到胎衣完全排出的时间，需要1.5~2h。当胎儿开始娩出时，由于子宫收缩，脐带受到压迫，供应胎膜的血液循环停止，胎盘上的绒毛逐渐萎缩。当脐带断裂后，绒毛萎缩更加严重，体积缩小，子宫腺窝紧张性降低，所以绒毛很容易从子宫腺窝中脱离。胎儿产出后，由于激素的作用，子宫又出现了阵缩。胎膜剥落和排出主要依靠阵缩，并且伴有轻微的努责。阵缩是从子宫角开始的，胎盘也是从子宫角尖端开始剥落，同时由于羊膜及脐带的牵引，使胎膜常呈现内翻状态排出。

羔羊出生后0.5~3h排出胎衣。排出胎衣要及时取走，以防被母羊吞食而养成恶习。

（三）接产

一般经产母羊产羔很快，不需助产。初产或胎儿过大的母羊，当羔羊嘴部露出阴门后，接羔人员应以手用力捏挤母羊尾根和阴门的联合部，很快将头挤出，同时用手拉住羔羊两前肢顺式向后下方轻拉，羔羊即可产出。羔羊出生后，先将它口鼻部的黏膜擦掉，并让母羊将羔羊舔干。如果母羊不舔，可在羔羊身上撒些麸皮。脐带一般会自然拉断，接羔人员要把脐带内的血液挤净，然后涂上碘酊消毒；也可以用烧烙器烙断。有的羔羊呈假死现象，可进行人工呼吸，以两手分别握住羔羊的前肢和后肢，慢慢活动胸部，或在鼻腔内进行人工吹气，羔羊很快就会正常呼吸了。

1. 顺产

顺产分娩时先看到羔羊的两前蹄，肢部和嘴鼻，当头顶露出后，就较容易产出来了，这时的胎向为正生，头部前置，胎位为上位姿势，个别的轻度侧位，胎势为两前腿伸直，头颈放置于两条腿之上。

2. 倒产

倒产时先产出两后肢，这时的胎向为倒生，后蹄前置，胎位也为上位姿势，胎势为两条后腿伸直。

3. 难产

分娩是否正常取决于产力、产道、胎儿三方面因素，无论其中哪一方面出现问题都可能造成难产，所以难产可分为产力性难产、产道性难产和胎儿性难产三种，三种情况的难产并不一定单独发生，有时会两种或三种并存发生。

发生难产时需要人工助产。助产人员应将手指甲剪短、磨光、消毒手臂，涂上润滑油，根据难产情况作相应处理。如胎位不正，先将胎儿露出部分送回阴道，将母羊后躯抬高，手入产道校正胎位，随母羊有节奏的努责，将胎儿拉出；如胎儿过大，可将羔羊两前肢反复次拉出和送入，然后一手拉前肢，一手扶头，随母羊努责缓慢向下方拉出，切忌用力过猛，或不配合努责节奏硬拉而拉伤阴道。

难产症状有以下几种。①羊水破后，母羊频频努责，经 3~4h 仍不见胎儿任何部位，这种情况多见于胎儿过大、畸形、横位或母羊产道狭窄。②只见胎儿鼻、头、一侧前肢、此时母羊频频努责，产仔情况无任何进展，此种情况多为一例前肢关节弯曲。③两前肢腕关节已娩出外阴，不见胎儿头部，且两前肢一长一短，多见于胎儿头部变位。如胎儿头部的后背、侧背、下背。④两后肢正关节而娩出外阴或只见后肢，这种情况有时被误认为伪位，实则为倒生。⑤母羊阴道内流出褐色或暗红色羊水泡，同时母羊伴有精神沉郁等全身症状，不见胎儿任何部位，多为死胎或胎儿腐败。

（四）产后母羊的护理

母羊产后，身体虚弱，应让其很好休息并给一些温盐水饮用，喂些麸皮和青干草。胎衣通常在产后 2~3h 排出，应及时处理，以防母羊吞食。对绵羊应把乳房周围的毛剪去，并调教母羊护羔、授奶。哺乳期羔羊的营养主要依靠母羊，母乳是羔羊生长发育所需营养的主要来源。母羊乳多羔羊生长发育就好，抗病力强，成活率高。因此，在产后 1~3d，要对母羊进行补饲。母羊的补饲要根据各地具体情况，以补饲多汁及优质干草为主适当补喂精饲料，每天每只母羊 0.25~0.5kg 补充料。产后 1~3d 的母羊，不能饲喂过多精料，以防造成消化不良和发生乳腺炎；产后不久的母羊不能饮冷水和冰水；羔羊断奶时，也要减少母羊多汁饲料，青贮料和精料的喂量。

（五）羔羊的护理

1. 辅助羔羊吃初乳

初乳浓稠，营养丰富，并含有初生羔羊所需的抗体等。羔羊吃了初乳可促使其胎粪排出，增强疾病的抵抗力。羔羊出生后 1h 即可站立行走吃奶，如不能自己吃奶的应在接产人员辅助下进行，保证羔羊吃到初乳。

2. 羔羊补饲

羔羊的哺乳期一般为2~3个月，母羊产后1个月奶量逐渐减少，往往不能满足羔羊生长发育的需要。因此，羔羊出生后10~15d，要训练其采食能力。先让羔羊学吃饲草嫩叶，或选择优质、柔软的禾本科和豆科牧草，扎成直径为5cm的小草把，吊在羊舍4周，让其采食；30日龄羔羊要让其采食混合精料，每只每天50~100g，60日龄羔羊100~150g。补饲的食盐和骨粉可混入精料中饲喂。

七、项目实施过程检查

序号	检查项目	检查标准	学生自检	教师检查
1	接羔准备	准备充分，细致周到		
2	预产期计算与临产判断	计算精确，判断准确		
3	接产程序	符合接产要求		
4	人工助产	正确判断难产，正确实施人工助产		
5	教学过程中的课堂纪律	听课认真，遵守纪律，不迟到、不早退		
6	实施过程中的工作态度	在工作过程中乐于参与		
7	上课出勤状况	出勤95%以上		
8	安全意识	无安全事故发生		
9	环保意识	猪粪便及时处理，不污染周边环境		
10	合作精神	能够相互协作，相互帮助，不自以为是		
11	实施计划时的创新意识	确定实施方案时不随波逐流，有合理的独到见解		
12	实施结束后的任务完成情况	过程合理，鉴定准确，与组内成员合作融洽，语言表述清楚		
检查评价	评语： 组长签字：　　　　教师签字： 年　　月　　日			

八、项目考核评价

同项目一羊毛品质分析样的采集及物理指标的测定中的项目考核评价方法。

九、项目训练报告

撰写并提交实训总结报告。

项目五　羊场管理制度的制定与检查

通过本项目实训，掌握羊场工作内容、人员管理办法、制度管理办法和生产定额管理办法，并能制定完整的羊场综合管理制度。

一、项目任务目标

（1）掌握羊场管理制度的制定工作。

（2）掌握羊场管理制度的检查工作。

二、项目任务描述

通过课堂讲授，现场参观使学生掌握羊场管理制度的制定与检查工作。

三、项目任务要求

1. 知识技能要求

（1）掌握羊场人员管理办法。

（2）掌握羊场制度管理办法。

（3）了解羊场生产定额管理办法。

2. 职业行为要求

（1）遵守课堂规律。

（2）具有团结合作精神。

四、相关知识

（一）人员管理

人员管理包括人员的招聘、人员福利以及处理人员之间的关系等。良好的人员关系能增强规模羊场的经济效益。羊场应尽可能地给员工提供舒适、安全的工作条件、休息条件和生活条件。整洁的环境有利于保持工人的工作热情。如羊场通风较差、室内空气污秽等，不仅影响生产，也直接影响员工的健康。羊场同时应该注意安全问题，严防隐患产生。

（二）制度管理

规章制度是规模羊场生产部门加强和巩固劳动纪律的基本方法。规模羊场主要的劳动管理制度有岗位制、考勤制、基本劳动日制、作息制、质量检查制、安全生产制、技术操作规程等。

1. 现场管理制度

（1）现场管理小组的组成。组成以场长为组长，副场长为副组长，各部门主管为成员的现场管理小组。

（2）现场管理责任划分。①组长负责各自分管区域的物资、区域卫生、圈舍卫生、圈舍设施和区域管理安全工作，制定圈舍负责责任制；负责监督饲草料场和饲草料加工区域的现场物资、区域卫生和安全工作，制定区域责任制。②副组长负责羊场值班室区域的环境、现场卫生、实验室的物资和安全工作。

（3）现场具体管理标准与要求。①圈舍管理标准和要求。一是要求对所管理区域的物资建立登记管理制度，每月进行盘点；对所管理的羊群建立养殖档案，根据养殖档案的填写标准，每天进行对应的登记，对发现异常的情况进行上报处理。二是对区域内的卫生每天进行清理，每周进行大扫除，达到无异物、杂物，地面清洁。三是对区域内的圈舍和活动场每天进行整理、整顿、清洁，要求活动场内无异物和杂物，圈舍内物资定置存放、摆放整齐，产房围栏内、通道清洁干净。四是圈舍内的设施能够正常使用，并每天对圈舍内的设施安全和正常使用情况进行检查，出现异常情况及时上报后勤保障部处理。五是对所使用的器材和药品，要严格遵守领用管理制度，及时对多余的物资进行清理、整顿。六是对所使用的设备要求每周进行检查和维护，发现问题及时处理解决，因人为因素造成的损坏，按照设备管理制度进行处理。②饲草料现场管理标准和要求。一是要每天对饲草料的现场进行整理、整顿和清扫，保证饲草料加工和存放区域的清洁。二是每天或根据实际情况对饲草的质量进行查看，及时对霉变或者变质的饲草料进行清理，并存放到相应区域，每清理 1 次进行称重，月度统一报损。三是下雨天或者下雪天要对露天的饲草料及时封盖，避免因雨雪造成的损失。四是每周所使用的设备进行维保，包括设备的清洁、设备检测，确保设备的正常运行，并对出现的问题及时与后勤保障部联系处理，定期配合后勤保障部进行设备的保养。五是每周对所负责区域的道路进行清扫，下雪后要及时进行清理，保证路面的清洁和驾驶的安全。③羊场值班室管理标准和要求。一是每天清扫值班室区域的卫生，包括洗手间和外部的卫生，每周进行大扫除。二是对办公室内的所使用的物资建立健全领用登记手续，并对物资使用的安全负责。三是不定期对实验室的卫生进行清理，做好实验室物资使用的管理和登记，档案及时维护，并对实验室的物资使用安全负责。

（4）生产现场的检查。①羊场生产现场管理小组每周一上午进行大检查，对未按照标准和要求的场内进行通报批评，并责令限期整改。②根据评定标准进行评分，得分第一名要奖励，最后一名的要处罚，以现金的形式进行奖惩，奖惩区域管理负责人，奖励资金用于购买羊场员工所需物资。

2. 劳动职责

（1）场长职责。①认真贯彻执行国家有关发展养羊业的法规和政策。②决定羊场的经营计划和投资方案。③确定羊场年度预算方案、决算方案、利润分配方案及工资制度。④确定羊场的基本管理制度。⑤决定羊场内部管理机构的设置、聘任或者解雇员工。⑥决定羊产品价格和收费标准。⑦订立合同，申请专利，注册商标，对外签订经济合同。⑧牵头决定羊场合并、变更、经营形式、解散等重大事情。⑨遵守国家法律、法规和政策，依法纳税，服从国家有关机关的监督管理。

（2）养殖主管的职责。①按照本场的自然资源、生产条件及市场需求，组织羊场技术人员制定全场生产年度计划和长远计划，审查生产基本建设和投资计划，掌握生产进度，提出增产措施和育种方案。②制定各项养殖技术操作规程，并检查其执行情况，对于违反技术操作规程和不符合技术的事项有权利制止和纠正。③负责拟订全场各类饲料采购、贮备和调配计划，并检查其使用情况。④组织养殖技术经验交流、技术培训和科学实验等工作。⑤对于养殖技术中的重大事故，要负责做出结论，并承担应负的责任。⑥对全场技术人员的任免、调动、升级、奖惩提出意见和建议。

（3）兽医主管的职责。①制定本场消毒、防疫检疫制度和制定免疫程序，并进行监督。②负责拟订全场兽医药械的分配调配计划，并检查其使用情况，在发生传染病时，根据有关规定封锁或者捕杀病羊。③组织进行技术经验交流、技术培训和科学实验工作。④及时组织会诊疑难病例。⑤对于兽医技术中的重大事故，要负责做出结论，并承担应负的责任。⑥对全场兽医技术人员的任免、调动、升级、奖惩提出意见和建议。

（4）畜牧技术人员职责。①根据本场生产任务和饲料条件，拟订生产计划。②根据畜牧技术规程，拟订饲料配方和饲喂定额。③制定育种、选种、选配方案。④负责羊场的饲养任务、畜牧技术操作和畜群生产管理。⑤配合场部制定、督促、检查各种生产操作规程和岗位责任制贯彻执行情况。⑥总结本场的畜牧技术经验，传播科技知识，填写各项技术记录，并进行统计管理。⑦对于本场畜牧技术中的事故，及时报告，并承担责任。

（5）兽医技术人员的职责。①负责畜群卫生保健、疾病监控和治疗，贯彻防疫制度，制定药械购置计划，填写病历和有关报表，实行兽医记录电脑管理。②认真细致地进行疾病诊治，充分利用化验室提供的科学数据，遇疑难病例及时汇报。③每天巡视畜群，发现问题及时处理。④普及卫生保健知识，提高员工素质。⑤掌握科技信息，开展科研工作，推广应用先进技术。

（6）饲养人员职责。①按照不同畜群饲料定额，定时、定量按顺序饲喂，少喂勤添，确保质量。②熟悉羊群情况、体况，不同的应区别对待。③细心观察羊群的食欲、精神和粪便情况，发现异常及时汇报。④节约饲料，减少浪费，根据实际情况，对饲料的配方、定额及饲料质量向技术人员提出意见和建议。⑤每次饲喂前应保证饲槽清洁卫生，保证饲料新鲜，提高饲喂质量。⑥保管、使用喂料车和工具，节约水电，并做好交接班工作。

（7）配种员职责。①每年年末制定翌年的每月配种繁殖计划，参与制定选种选配计划。②负责发情鉴定、人工授精、胚胎移植、妊娠诊断、生殖道疾病诊断、治疗。③及时填写发情记录、配种记录、妊娠检查记录、流产记录、产羔记录、生殖道疾病记录、繁殖卡片等。④按时整理分析各种繁殖技术资料并及时如实上报。⑤普及羊繁殖知识，掌握科技信息，推广先进技术和经验。⑥经常注意液氮存量，做好精液的保管和采购工作。

（三）生产定额管理

定额是生产管理的基础，也是编制生产计划的基础。是羊场科学管理的前提。为了增强生产管理的科学性，提高规模羊场经营管理水平，取得预期效果，应当在生产管理的全过程中搞好定额工作，充分发挥定额管理在生产管理中的作用。在编制计划的过程中，对人力、物力、财力的配备和消耗，产供销的平衡，经营效果的考核等计划指标，都是根据定额标准进行计算和研究确定的。只有合理的定额，才能制订出先进可靠的计划。

1. 人员配备定额

规模 10 000 只的羊场，全舍饲，建议其人员配备如下。

（1）管理人员 3 人。场长 1 人，生产主管 2 人。

（2）财务人员 2 人。会计 1 人，出纳 1 人。

（3）技术人员 7 人。畜牧技术人员 2 人，兽医 2 人，人工授精员 2 人，统计员、资料员 1 人。

（4）生产人员 51 人。饲养员 21 人，清洁工 7 人，接产员 2 人，轮休 2 人，饲料加工及运送 5 人，夜班 2 人，机修 2 人，仓库管理 1 人，锅炉工 2 人，洗涤员 5 人，保安 2 人。

2. 劳动定额

劳动定额是在一定生产技术和组织条件下，为生产一定的合格产品或完成一定的工作量，所规定的必要劳动消耗量，是计算产量成本、劳动生产率等各项经济指标和编制生产、成本和劳动等计划的基础依据。

（1）饲养工。饲养工负责羊群的饲养管理工作，按羊群生产阶段进行专门管理。主要工作：根据羊场生产情况饲喂精料、全价饲料或粗饲料；按照规定的工作日程，进行羊群护理工作；经常观察羊群的食欲、健康、粪便、发情和生长发育等情况。羊场的饲养定额一般是每人负责成年母羊 100～200 头，羔羊 50～100 头，育成羊 400～500 头。

（2）饲料工。每人每天送草 5 000kg 或者粉碎精料 1 000kg，或者送全价颗粒饲料 3 000kg，送料送草过程中应清除饲料中的杂质。

（3）技术员。技术员包括畜牧技术人员和兽医技术人员，每 300～500 只羊配备畜牧兽医技术人员各 1 人，主要任务是落实饲养管理规程和疾病防治工作。

（4）配种员。每 1 000 只羊配备 1 名人工授精员和 1 名兽医，负责羊保健、配种和孕检等工作，要求总繁殖率在 90%以上，情期受胎率大于 50%。

（5）产房工。负责围产期母羊的饲养管理，做好兽医技术人员的助手，每天饲养羊 50~100 只。要求管理仔细，不发生人为的事故。

（6）清洁工。负责羊体、羊床、羊舍以及周围环境的卫生。每人可管理各类羊 500 只。

（7）场长。组织协调各部门工作，监督落实羊场各项规章制度，搞好羊场的发展工作，制订年度计划。

（8）销售员。负责产品销售，及时向主管领导汇报市场信息，协助监督产品质量。销售员根据销售路线的远近决定销售量，负责将羊群按时送给用户。

3. 饲料消耗定额

羊群维持和生产产品需要从饲料中摄取营养物质。羊群种类的不同，同种羊的年龄、性别上的不同，生长发育阶段的不同及生产用途不同，其饲料的种类和需要量也不同。因此制定不同羊群的饲料消费定额所遵循的方法，首先应该查找其饲养标准中对各种营养成分的需要量，参照不同饲料的营养价值确定日粮的配给量；其次以给定日粮配给作为基础，计算不同饲料在日粮中的占有量；最后再根据占有量和家畜的年饲养日即可计算出年饲料的消耗定额。计算定额时应加上饲喂过程中的损耗量。饲料消耗定额是生产单位产量的产品所规定的饲料消费标准，是确定饲料需要量，合理利用饲料，节约饲料和实行经济核算的重要依据。以成年母羊为例，成年母羊每天每只平均需要 0. 5kg 优质干草，5kg 青贮玉米；育成羊每天每只平均需要 1kg 干草，3kg 玉米青贮。

4. 成本定额

成本定额是羊场财务定额的组成部分，羊场成本分为两大块，即产品总成本和产品单位成本。成本定额通常指的是成本控制指标，主要是生产某种产品或某种作业所消耗的生产资料和所付劳动报酬的总和。成本项目包括工资和福利费、饲料费、燃料费和动力费、医药费、固定资产折旧费、固定资产修理费、低值易耗品费、其他直接费用和企业管理费等。

5. 定额的修订

修订定额是搞好计划的一项很重要内容。定额是在一定条件下制定的，反映了一定时期的技术水平和管理水平。生产的客观条件不断发生变化，因此定额也应及时修订。在编制计划前，必须对定额进行一次全面的调查、整理、分析，对不符合新情况、新条件的定额进行修订，并补充齐全定额和制定新的定额标准，使计划的编制有理有据。

五、项目过程检查

序号	检查项目	检查标准	学生自检	教师检查
1	课前预习	充分了解课程内容，预习细致周到		
2	教学过程中的课堂纪律	听课认真，遵守纪律，不迟到、不早退		
3	教学互动	乐于参与		
4	上课出勤状况	出勤率95%以上		
5	合作精神	能够积极参与课程讨论，互相补充		
6	创新意识	不随波逐流，有合理的独到见解		
7	听课笔记	认真做好课程笔记		
8	课程作业	积极思考，认真完成		
检查评价	评语： 组长签字：　　　　教师签字： 年　　月　　日			

六、项目考核评价

同项目一羊毛品质分析样的采集及物理指标的测定中的项目考核评价方法。

七、项目训练报告

撰写并提交实训总结报告。

项目六　羊场管理及卫生防疫制度的制定

通过本项目实训，掌握羊场各项生产管理制度、卫生防疫制度、疾病防控制度，能根据需要制定完整的生产管理和卫生防疫制度和办法。

一、项目任务目标

（1）掌握羊场管理制度的制定。
（2）掌握羊场卫生防疫制度的制定方法。

二、项目任务描述

通过课堂讲授和实地参观学习，使学生了解羊场管理及卫生防疫制度知识，掌握卫生防疫制度的制定方法。

三、项目任务要求

1. 知识技能要求
（1）掌握羊场消毒管理制度的制定。
（2）掌握羊场动物疫情监测报告制度的制定。
（3）掌握羊场动物预防免疫接种制度的制定。
（4）掌握羊场动物保健计划的制定。
（5）掌握羊场用药管理制度的制定。
（6）掌握羊场动物无害化处理管理制度的制定。
（7）掌握动物标识佩戴制度的制定。
2. 职业行为要求
（1）遵守课堂纪律。
（2）具有团结合作精神。

四、相关知识

（一）羊场消毒管理制度

在羊场要按照《中华人民共和国动物防疫法》的要求对装卸动物、动物产品的车辆在装前、卸后要进行严格消毒工作；对动物及动物产品要严格按照《病死及病害动物无害化处理技术规范》（农医发〔2017〕25 号）进行消毒；对饲养羊只的圈舍、动物的屠宰车间，要坚持定期清扫、消毒；对规模养殖场、散养户必须要按照固定消毒管理流程进行严格消毒；对经营畜禽及畜禽产品的场所必须定期消毒；对进行无害化处理的工作人员、服装、污染场所必须进行严格消毒；要规范使用消毒药品，领取、配置应有记录，手续齐全。

1. 场区入口消毒

（1）人员消毒。任何进入生产区的工作人员，包括本场生产人员和经批准进入生产区的来访人员都必须进行消毒，更换已消毒的工作服、鞋（鞋套）等。进入生产区的人员必须走专用消毒通道。通道出入口应设置紫外线灯或气化喷雾消毒装置。人员进入通道前先开启消毒装置，人员进入后，应在通道内稍停（一般不超过 3min），能有效地阻断外来人员携带的各种病原微生物。气化喷雾可用碘酸 1：500 稀释液或绿力消 1：800 稀释液。

鞋底消毒。人员通道内地面应做成浅池。池中垫入有弹性的室外型塑料地毯，并加入消毒威 1：500 稀释液或 1%氢氧化钠溶液消毒。每天适量补充水，每周更换 1 次。

（2）车辆消毒。任何进入公司大门的车辆必须用 2%氢氧化钠溶液高压喷雾进行严格的消毒或经过大门消毒池。消毒池的长度为进出车辆车轮的 2 个周长以上。消毒池添加 2%氢氧化钠溶液或其他消毒液，坚持补充水调节浓度，每周更换 1 次。

2. 场区环境消毒

场区环境每周消毒 1 次，特殊情况另作安排；消毒时要严格按照消毒剂使用说明的比例适量配制溶液；每月更换一种消毒剂，消毒剂交替使用；一般情况下每个星期六下午按时消毒，雨天顺延；消毒范围包括道路、水泥地面、下水道以及各种设施等，消毒覆盖面达到 100%。

（1）生产区道路、空地、运动场等消毒。应做好场区环境卫生工作，坚持经常清扫，保持干净，无杂物和污物堆放。对道路必要时采用高压水枪清洗。对空地运动场要定期喷雾消毒。可用 2%氢氧化钠溶液或来苏尔 1：300 稀释液、百毒净 1：800 稀释液，对场区环境进行消毒。

（2）排污沟消毒。定期将排污沟中污物、杂物等清除干净，并用高压水枪冲洗。每周至少用百毒净 1：800 稀释液，消毒 1 次，对蝇蛆繁殖可起到抑制作用。

3. 羊舍消毒

羊舍每 3d 消毒 1 次，特殊情况由生产主管另作安排；严格按照消毒剂使用说明的比例配制溶液；每 15d 更换一种消毒剂，消毒剂交替使用；消毒覆盖面尽量达到 100%，消毒效果：地面、墙面以湿润为准，羊体、羊栏以滴水珠为准。

（1）成年羊舍消毒。母羊舍、公羊室、育肥羊舍以及后备羊舍的生活环境都必须保持干燥、卫生，并严格消毒。

（2）产房消毒。怀孕母羊在产羔前应对其产房严格消毒。可用来苏尔 1：300 稀释液或用紫外线消毒设备消毒。应将羊全身擦洗干净，使羊体表保持洁净，对外阴部用消毒液消毒。

（3）保育室消毒。提前1d，对新生羔羊保育室墙壁、地面、保温垫草（或垫板）充分喷雾消毒。同时，让羔羊保育室跟产房气味、温度相一致，降低羔羊对环境变更的应激反应。

（4）挤奶室的消毒。保持良好的产奶母羊生存环境，可降低鲜羊奶的膻味，提高鲜奶卫生，有效预防乳腺炎的发生。因此，产奶羊的圈舍每天要清扫两次，保持干燥、卫生，并定期严格消毒。挤奶室（挤奶厅），是产奶羊产奶的活动场所，应经常保持清洁、干燥、卫生。在每次挤奶完成后，进行清扫和喷洒消毒。

（5）隔离室消毒。每个生产小区应有单独的病羊隔离室。一旦发现某一只或几只羊出现异常，应该隔离观察治疗，以免传染给其他健康羊只。对隔离室应在病羊恢复后及时进行严格消毒，可用2%氢氧化钠稀释液喷雾消毒。

4. 器械工具消毒

羊场的生产工具要定期消毒，对频繁出入羊舍的各种器具，如车、锹、耙、杈、笤帚、奶桶等必须定期用来苏尔1∶300稀释液喷雾或浸泡严格消毒。治疗医用器械根据需要每天定时消毒。手术使用过的各种医疗器械，可先用碘酸1∶150稀释液浸泡后，再放入来苏尔1∶500稀释液中浸泡半天以上，取出用洁净水冲洗、晾干备用。手术前要对金属器械进行高压灭菌处理。对常用器械做到每天常规消毒。

（1）生产工具（包括饲料铲、饲料车、粪铲、粪车、料箱、补料槽等）用消毒液作喷雾消毒。

（2）注射用具（注射器、针头等）用高压蒸煮消毒。

（3）实验室用具和器械用干燥箱消毒。

（4）产房器械及设施用消毒液消毒和熏蒸消毒。

（5）上水设备、饮水器、水箱等用漂白粉稀释成3%的溶液，浸泡或冲洗消毒。

（6）粪车在使用后应在羊舍外指定地点冲洗干净，待干燥后消毒。

5. 生活区消毒

羊场的生活区每15d消毒1次，特殊情况根据生产主管的意见由后勤主管另作安排。消毒时要严格按照消毒剂使用说明的比例适量配制溶液。一般安排在每月15日和月末按时消毒，雨天顺延。消毒的范围包括道路、下水道、食堂、宿舍、公司大门、娱乐场所、厕所等生活设施，覆盖面100%。

6. 消毒的注意事项

（1）正确使用各种消毒药物，遵循使用说明的规定和要求。

（2）在配制消毒液或实施消毒时应佩戴口罩、手套等防护物品。

（3）不得同时使用两种消毒液消毒同一部位和物品。

（4）在对上水设备、饮水器、水箱消毒后，在使用前应彻底清洗干净。

（5）大门、羊舍入口处的消毒池（盆）应定期更换药液（一般每周更换1~2次）。

（6）人或动物皮肤不得直接接触消毒液，一旦眼睛、皮肤上沾有药液应及时冲洗干净，特别是使用烧碱、生石灰等腐蚀性强的药品时要注意安全。

(7) 在消毒时为了减少对工作人员的刺激，应佩戴好口罩。

(二) 羊场动物疫情监测报告制度

根据《动物防疫法》及相关法律法规的要求，凡进入动物产地收购、贩运动物及动物产品的单位和个人，必须提前到当地的动物产地检疫报检点登记报检，并取得动物运载工具消毒合格证明后，方可进入产地收购、贩运动物及产品。凡无免疫耳标和有效检疫合格证明的动物及产品一律不准上市、买卖和运输，对违反动物产地检疫法律、法规、规章的单位和个人，将由动物防疫监督机构依照《中华人民共和国动物防疫法》及相关法律法规予以处理。

1. 疫情监测制度

(1) 制定方案。根据《中华人民共和国动物防疫法》有关规定，结合当地的实际情况，要制定疫病监测方案。

(2) 配备人员设备。养羊场必须设专职人员（动物疫情测报员），负责动物疫情监测和上报工作。并配备相应的工作设备、药品等，对养殖场的畜禽疫病进行监测。

(3) 报告制度。实行零报告制，每月 3 日前，动物疫情报告员将上月动物疫病发生情况上报乡镇农业技术服务中心。发现疫情后，必须在 2h 内向乡镇一级农技服务中心报告；乡镇农技服务中心在接到动物疫情员重大疫情发生报告时，应 1h 内报至县级兽医卫生监督所；监测报告的内容包括动物疫病流行病发生地点，发生状况和蔓延趋势。

(4) 登记制度。羊场要对羊只的进出栏情况进行详细登记。

(5) 抽查制度。动物疫病监测机构定期或不定期进行必要的疫病监督抽查，并将抽查结果报告当地畜牧兽医行政管理部门。

(6) 奖惩制度。羊场应建立动物疫情测报员、报告员岗位职责以及工作考核及奖惩制度。

2. 疾病监控

羊场常规监测的疾病至少应包括口蹄疫、羊痘、蓝舌病、炭疽、布鲁氏菌病。同时需注意监测外来病的传入，如痒病、小反刍兽疫、山羊关节炎、脑炎等。还应根据当地实际情况，选择其他一些必要的疫病进行监测。羊患病时，在外观表征、行为特征、生理生化特征及粪便等方面均有异常表现。羊对疾病的忍受能力较强，所以患病初期症状不明显，不易被发现。因此，饲养人员要经常细心地观察羊群，发现病羊，及早治疗，避免造成较大损失。

(1) 羊病的一般观察。①精神状态。健康羊在放牧时总是争先恐后吃草，而且采食速度较快，对放牧口令很敏感。患病羊放牧时常常落在群后，有时呆立在一旁，不吃草，或卧地不起。病情严重的羊往往是时起时卧跟随羊群，或落在群后自己行动。②头部观察。健康羊的耳朵灵敏，眼睛有神，对外界反应灵敏。病羊则对外界反应迟钝，不愿抬头，头部毛粗乱，有的流眼泪，有眼屎，病情严重时头部肿大。③皮肤、被毛观察。健康羊的毛被紧密而有光泽，毛根有油脂，毛的触觉灵敏。患病羊的毛被焦黄无光泽、质脆，有结团脱落现象。健康羊的皮肤红润具有弹性。患病羊皮肤苍白、干燥、增厚、弹性消失，有痂皮或龟裂，有些病可使羊皮肤出现疹块、溃烂、红肿等。④粪便观察。健康山羊所排的粪便呈椭圆球形，羔羊的粪球小且两端尖，绵羊的粪球有连接在一起的现象；粪便的颜色随着采食饲料颜色的不同而不同，一般夏季呈黑绿色，冬季呈黑褐色。患病羊所排泄的粪便似牛粪状或稀糊状，有时还粘在股部；粪便颜色变黄、变白且混有黏液或血丝，臭味重。若粪便干硬，颜色变黑，排粪费力，则是便秘的表现。

（2）羊病的检查。①检查眼结膜和鼻。用右手拇指与食指拨开上下眼皮看它的颜色。健康羊的眼结膜为淡红色，鼻镜湿润发红，鼻孔周围干干净净。患病羊眼结膜苍白或呈黄色、赤紫色，鼻孔周围有鼻涕。②检查口腔。用食指和中指从羊嘴角处伸进口腔，把舌拉出，以检查舌面。用手指向两嘴角用力压挤，羊的嘴会自然张开，以检查口腔。健康羊的口舌红润，口内无异味。病羊的舌干燥，口内有黏液和异味，舌面有苔，呈黄、黑赤、白色或有溃烂和脓肿现象。③生理指标检查。羊患病时，其体温、心率、呼吸频率一般都会发生异常变化。绵羊的正常体温是38.5～40℃，山羊是38.5～39.5℃，检查体温可以用手摸，患病羊身上发凉或发热。准确的方法是用兽用体温计插在肛门内进行测试，低于或高于正常范围，均是病态特征。健康羊心跳均匀，心音清晰，心率70～80次/min。检查心率可用手伸进羊后股内侧把摸股动脉波动情况（切脉），或用听诊器于羊体左侧第3至第6肋骨间听诊。健康羊的正常呼吸频率绵羊12～20次/min、山羊10～20次/min，每次呼吸持续时间长，并发出“呋呋”声响，患病羊则常常呼吸急促，发出“呼噜、呼噜”声响或声似拉风箱。羊呼吸音可用耳贴在羊的胸部听到或用听诊器放在羊的胸部听取。根据羊体温、心率及呼吸频率及音质的变化，即可辅助判断羊是否有病。需要注意的是，羊正常体温在一昼夜内略有变动，一般上午低，下午高，相差1℃左右。④反刍检查。健康羊在采食后，休息时即反刍，咀嚼动作快（青年羊更快），反刍频率为40～60次/min。一旦出现干扰立即停止反刍。患病羊往往反刍迟缓稀少无力，时间短促，甚至停止反刍。

（3）发现疑似传染病时应采取应急措施。羊群一旦发生疑似传染病，应立即隔离病羊，对与病羊有过接触的羊也应单独圈养。隔离区内一切东西未经彻底消毒不得运出，工作人员出入应严格遵守消毒制度。对已隔离的病羊要及时治疗，对病羊尸体不得随意抛弃，要焚烧或深埋。对于烈性传染病如口蹄疫、羊痘等要及时报告有关部门，划定疫区，采取严格隔离封锁措施，并尽快扑灭疫情。治愈羊只经过一定时期的观察、诊断，确系痊愈者方能与健康羊合群。

3. 隔离制度

（1）选址。选址必须远离动物生产、屠宰、经营，动物产品加工、经营场所，符合政府有关部门的总体规划和布局要求；其建筑布局、设施设备、用具符合动物防疫要求。

（2）消毒。隔离场的出入口有消毒设施、设备。

（3）设备。要有车辆、圈舍等器具；场所的清洗消毒设施、设备要齐全；有隔离动物的排泄物等污水、污物及病死动物无害化处理的设施、设备；

（4）人员。饲养、诊疗人员无人畜共患病，持有《个人健康证明》。

（三）羊场动物预防免疫接种制度

严格遵守《中华人民共和国动物防疫法》，按兽医主管部门的统一布置和要求，认真做好牲畜感染病和传染病防范工作、强制性免疫病种的免疫工作。

（1）严格按场内制定的免疫程序做好其他疫病的免疫接种工作，严格免疫操作规程，确保免疫质量。

（2）遵守国家关于生物安全方面的规定，使用来自合法渠道的合法疫苗产品，不使用实验产品或中试产品。

（3）在县级动物疫病预防控制中心的指导下，根据本场实际，制定科学合理的免疫程序，并严格遵守。免疫程序见表 3-6。

表 3-6　羊的免疫程序

类别	疫苗名称	注射时间	注射方法及注射量	备注
种羊、断奶羔羊	口蹄疫浓缩苗	每年春秋冬季各注射 1 次	按说明书	免疫期 4~6 个月
种羊、羔羊	羊快疫、羊猝狙、羊肠毒血症、羔羊痢四联苗	每年 3 月初、9 月下旬各注射 1 次	按说明书	免疫期 1 年
羔羊	羔羊痢疫苗	怀孕母羊分娩前 20~30d 第 1 次注射，分娩后 10~20d 第 2 次注射	按说明书	免疫期：母羊 5 个月，经乳汁可使羔羊获得抗体
种羊、羔羊	羊痘鸡胚化弱毒苗	每年 3—4 月注射 1 次	按说明书	免疫期 1 年
各种年龄羊	羊口疮弱毒细胞冻干苗	每年 3 月、9 月各注射 1 次	按说明书	
种羊、肉羊	羊传染性胸膜肺炎氢氧化铝疫苗	每年注射 1 次	按说明书	免疫期 1 年

（4）建立疫苗出入库制度，严格按照要求贮运疫苗，确保药苗的有效性。各种疫苗要按要求进行保存，凡是过期、变质、失效的疫苗一律禁止使用。

（5）废弃疫苗按照国家规定无害化处理，不乱丢乱弃疫苗及疫苗包袋物。

（6）疫苗接种及反应处置由取得合法资质的兽医进行或在其指导下进行。

（7）遵守操作规程、免疫程序接种疫苗并严格消毒，防止带毒或交叉感染。

（8）疫苗接种后，按规定佩戴免疫标识并详细记入免疫档案。

（9）免疫接种人员按国家规定做好个人防护。

（10）定期对主要病种进行免疫效价监测，及时改进免疫计划，完善免疫程序，使本场的免疫工作更科学更实效。

（四）羊场动物保健计划

防控羊病是一件复杂的工作，必须在正确诊断的基础上开展群防群治，把治疗和预防紧密结合起来，采取综合性防治措施，才能收到较好的效果。

1. 加强饲养管理

合理的饲养管理可以保证羊只良好的生长发育，具有健康的体质。羊只体质健壮，则抗病能力强，可减少羊群的发病率。如合理的划区轮牧，可显著减少寄生虫病的发生率。细致的管理，可防止羊普通病的发生率。加强饲草饲料及饮水管理，可减少传染病的流行。

2. 搞好环境卫生，定期消毒

羊所处环境卫生状况的好与坏，与羊病的发生有密切的关系。环境污秽潮湿，有利于病原微生物和寄生虫的滋生，有利于蚊、蝇、老鼠等病原体宿主和携带者的繁衍。同时，环境污秽，易污染饲草饲料和饮水，最终导致羊疫病的发生和传播。次外，环境污秽、潮湿、通风不良也会使羊只的健康状况下降，抗病能力降低，患病的可能性增加。因此，羊的圈舍、场地要经常清扫、注意通风，保持清洁、干燥。羊舍的用具要经常清洗。羊舍、场地及用具要定期消毒，羊的粪便和污物要定点堆放，并做无害化处理。对饲草饲料和饮水要重点保护，防止被粪尿及其他物质污染。认真做好杀虫灭鼠工作保持良好的环境卫生，有利于羊只健康。

3. 严格执行检疫制度

羊从生产到出售，要经过出入场检疫、收购检疫、运输检疫和屠宰检疫等。只有经过检疫而未发现疫病时，方可让羊及其产品进场、出场、运输、屠宰等。其中出入场检疫是最基本最重要的检疫。为了避免疫病发生，要做到不从疫区购入羊只、饲料和用具等。同时，新购入羊只必须隔离观察至少 1 个月，确认健康者方可进场，且进场前要进行驱虫、消毒或补注疫苗。羊场的日常管理中，严防闲杂人员出入羊场，并坚持入场人员消毒制度。

4. 定期驱虫，有计划地免疫接种

一般采取定期药浴预防外寄生虫病的发生，内服驱虫药物预防内寄生虫病的发生。药浴液可用 1%敌百虫水溶液或速灭菊酯 80～200mg/L、溴氰菊酯 50～80mg/L，也可用石硫合剂等。内服驱虫药有多种，应视内寄生虫病的流行情况选用适宜的药物种类。一般常用高效、低毒、广谱的阿苯达唑。使用驱虫剂时，要求剂量准确，最好先做小群驱虫试验，取得经验后再进行全群驱虫。驱虫过程中发现病羊应对症治疗，及时解救出现毒、副作用的羊。免疫接种应事先摸清本地区疫病发生规律，有针对性地按免疫程序定期进行。

5. 预防中毒

严把饲草饲料和饮水关，合理利用天然草场、防止羊只误食毒草，禁止给羊饲喂霉变饲料。严防羊只误食农药、化肥污染过的草料而中毒，同时禁止饮用工厂排出的废水或被化肥、农药等污染过的死水。

（五）羊场用药管理制度

羊场药品的购入、分发、使用，必须符合国家相关规定。鼓励使用环保型、绿色、无残留的药物，勿用毒性杀虫剂和毒性灭菌（毒）、防腐药物。

1. 购入

药品、添加剂的购入，分发使用及监督指导，须从正规大型规范厂家购入，并严格执行国家《饲料和饲料添加剂管理条例》和《兽药管理条例及其实施细则》。药品购入、检测和使用需由国家授权和兽医药使用规范，并结合各进口国的要求实施，以防止滥用。尽量减少用药。药品的分发、使用须由兽医开具处方，并监督指导使用，以改善体内环境，增加抵抗力。

2. 验收

包括药品外观性质检查、药品内外包装及标识的检查，主要内容有品名、规格、主要成分、批准文号、生产日期、有效期等。

3. 登记

（1）购入登记。建立完整的药品购进记录。记录内容包括：药品的品名、剂量、规格、有效期、生产厂商、供货单位、购进数量、购货日期。

（2）用药登记。做好用药记录，包括动物品种、年龄、性别、用药时间、药品名称、生产厂家、批号、剂量、用药原因、疗程、反应及休药期。必要时应附医嘱：用药动物种类、休药期及医嘱等。

4. 使用

场内预防性或治疗性用药，必须由兽医决定，其他人员不得擅自使用；兽医使用兽药必须遵守国家相关法律法规规定，不得使用非法产品；必须遵守国家关于休药期的规定，未满休药期的畜禽不得出售、屠宰，不得用于食品消费；树立合理科学用药观念，不乱用药；不擅自改变给药途径、投药方法及使用时间等。

5. 保管

药品仓库专仓专用、专人专管。在仓库内不得堆放其他杂物，特别是易燃易爆物品。药品按剂量或用途及储存要求分类存放，陈列药品的货柜或厨子应保持清洁和干燥。地面必须保持整洁，非相关人员不得进入。

（六）羊场动物无害化处理管理制度

羊场发生疫病，出现动物死亡时，必须坚持“五不一处理”原则：即不宰杀、不贩运、不买卖、不丢弃、不食用，进行彻底的无害化处理。检疫中发现的病死畜禽及染疫畜禽产品，按照规定在检疫人员监督下进行无害化处理。

（1）当羊场发生重大动物疫情时，除对病死羊进行无害化处理外，还应根据动物防疫主管部门的决定，对同群或染疫的羊进行扑杀和无害化处理。

（2）无害化处理措施和方式必须按照动物防疫法有关规定进行。

（3）无害化处理的场所建设必须科学合理，远离居民区、水源和交通要道等，并依法取得动物防疫条件合格证。羊场必须根据养殖规模在场内下风口修一个无害化处理化尸池。

（4）当羊场的羊发生传染病时，一律不允许交易、贩运，就地进行隔离观察和治疗。

（5）无害化处理过程必须在驻场兽医和当地动物卫生监督机构的监督下进行，并认真对无害化处理的动物数量、死因、体重及处理方法、时间等进行详细的记录、记载。

（6）无害化处理完后，必须彻底对其圈舍、用具、道路等进行消毒、防止病原传播。

（7）在无害化处理过程中及疫病流行期间要注意个人防护，防止人畜共患病传染给人。

（七）动物标识佩戴制度

按照有关规定，羊场应当向当地县级动物疫病预防控制机构申领畜禽标识，并按照下列规定对畜禽加施畜禽标识。

（1）新出生畜禽，在出生后30d内加施畜禽标识；30d内离开饲养地的，在离开饲养地前加施畜禽标识。

（2）羊在左耳中部加施畜禽标识，需要再次加施畜禽标识的，在右耳中部加施。

（3）畜禽标识严重磨损、破损、脱落后，应当及时加施新的标识，并在养殖档案中记录新标识编码。

（4）动物卫生监督机构实施产地检疫时，应当查验畜禽标识。没有加施畜禽标识的，不得出具检疫合格证明。

（5）没有加施畜禽标识的，不得运出养殖场。

（6）畜禽标识不得重复使用。

五、项目过程检查

序号	检查项目	检查标准	学生自检	教师检查
1	课前预习	充分了解课程内容，预习细致周到		
2	教学过程中的课堂纪律	听课认真，遵守纪律，不迟到、不早退		
3	教学互动	乐于参与		
4	上课出勤状况	出勤95%以上		
5	合作精神	能够积极参与课程讨论，互相补充		
6	创新意识	不随波逐流，有合理的独到见解		
7	听课笔记	认真做好课程笔记		
8	课程作业	积极思考，认真完成		
检查评价	评语： 组长签字：　　　　教师签字： 年　　月　　日			

六、项目考核评价

同项目一羊毛品质分析样的采集及物理指标的测定中的项目考核评价方法。

七、项目训练报告

撰写并提交实训总结报告。

模块四

养禽技术技能实训

项目一　禽的品种识别、外貌鉴定

通过本项目实训，掌握家禽品种识别的要点及各项外貌指标的鉴定方法。

一、项目任务目标

（1）通过实验要求掌握保定家禽的方法。

（2）认识禽体外貌部位和羽毛的名称。

（3）掌握家禽的体尺测量和外貌鉴定的基本方法。

二、项目任务描述

1. 工作任务

（1）保定好家禽。

（2）根据家禽外貌特征识别家禽品种。

（3）明确家禽品种识别、外貌鉴定的基本指标。

（4）明确家禽外貌鉴定指标的测定方法。

2. 主要工作内容

（1）掌握家禽外貌各部分的名称和结构。

（2）掌握禽场家禽品种识别的基本方法。

（3）掌握家禽外貌鉴定的意义和基本方法。

（4）掌握家禽外貌鉴定指标的测定方法。

三、项目任务要求

1. 知识技能要求

（1）掌握家禽保定的方法。

（2）掌握家禽体貌的主要构成部分。

（3）掌握家禽主要体貌特征。

（4）掌握家禽外貌鉴定的基本指标和测量方法。

（5）掌握家禽外貌鉴定的评价方法。

2. 实习安全要求

在进行家禽品种识别和外貌鉴定实际操作时，要严格按照规定进行操作，保定好家禽，注意安全，防止被家禽抓伤、啄伤或测量工具等造成意外伤害。

3. 职业行为要求

（1）实验材料要准备充足。

（2）着装整齐。

（3）遵守课堂纪律。

（4）具有团结合作精神。

四、项目训练材料

1. 器材

皮尺、游标卡尺、卡尺、胸角器、磁盘、活禽（公鸡、母鸡、水禽），鸡、鸭、鹅外貌部位名词图，鸡冠型、翼羽图谱或幻灯片。

2. 其他

工作服、工作帽、毛巾、肥皂、脸盆。

五、项目相关知识

（一）抓鸡和保定鸡

用右手大拇指将鸡右翼压在鸡右腿上，其他四指抓住鸡右大腿内侧基部，将鸡从鸡笼中取出来。抓好后将鸡移至左手。用左手大拇指和食指夹住鸡的右腿，无名指和小指夹住鸡的左腿，并将鸡的胸腹部置于左手掌中，使鸡的头部向着鉴定者。这样把鸡保定在左手上不致活动，又可随意转动左手，以便观察鸡体各部位。

（二）禽体外貌部位识别

在观察过程中，注意外貌（及羽毛）与家禽的健康和性别的联系以及不同家禽的主要区别。

1. 头部

头部的形态及发育程度能反映品种、性别、生产力高低和体质情况。

（1）冠。为皮肤的衍生物，位于头顶，是富有血管的上皮构造。鸡冠的种类很多，是品种的重要特征，见图。大多数品种的鸡冠为单冠。冠的发育受雄性激素控制，公鸡比母鸡发达；去势鸡与休产鸡萎缩而无血色。为了防止冻伤或者作为标志，初生雏可以剪冠。

单冠：由喙的基部至头顶的后部，成为单片的皮肤衍生物。单冠上又分冠基、冠尖和冠叶三部分，冠尖的数目因品种而异。

豆冠：由三叶小的单冠组成，中间一叶较高，故又称三叶冠，有明显的冠齿。

玫瑰冠：冠的表面有很多突起，前宽后尖，形成冠尾，冠尾无突起。

草莓冠：与玫瑰冠相似，但无冠尾，冠体较小。

杯状冠：冠体为杯状形，具有很规则的冠齿固着在头顶上。杯状形前侧喙基上为一单冠，前部连接在环状体上。

羽毛冠：冠体为一扭曲“S”形小型豆冠或一“V”形肉质平滑角状体，后者又叫角状冠或“V”形冠，其后侧为类似圆球状羽毛束，俗称“凤头”。羽毛冠的羽毛束的大小、形状随品种不同而异。羽毛冠品种的鸡，常常还具有胡或须，或同时具有胡须，也随品种或个体而异。

冠形是品种的重要标志。现代鸡种几乎所有蛋鸡都是单冠的。以前肉种鸡父系中既有单冠的又有豆冠的，以后育种公司所推出的肉用鸡基本上是单冠的。但不能仅根据冠形来评判现代肉用种鸡是否假冒品种。

（2）喙。由表皮衍生而来的特殊构造，是啄食与自卫器官，其颜色因品种而异，一般与跖部的颜色一致。健康鸡的喙应短粗，稍微弯曲。

（3）脸。蛋用鸡的脸清秀，无堆积的脂肪，脸毛细小，大部分脸皮赤裸，一般鲜红色。强健鸡色润泽而无皱纹，老弱鸡苍白而有皱纹。

（4）眼。位于脸中央。鸡眼圆大而有神，向外突出，眼睑宜单薄，虹彩的颜色因品种而异。

（5）耳叶。位于耳孔的下部，椭圆形或圆形，有皱纹，颜色视品种而异，最常见的为红、白两种。

（6）肉垂。颌下下垂的皮肤衍生物，左右组成 1 对，大小相称。

（7）胡须。胡为脸颊两侧羽毛，须为颌下的羽毛。

2. 颈部

颈部羽毛具有第二性状，母鸡颈羽端部圆钝，公鸡颈羽端尖形，像梳齿一样，称梳羽。

3. 体躯

胸部是心脏与肺脏所在的位置，应宽、深、发达，如现代高产肉率肉鸡品种，均为宽胸型，胸肌发达，产肉量大。腹部容纳消化器官和生殖器官，应有较大的腹部容积。特别是产蛋母鸡，腹部面积大。胸骨末端到耻骨末端之间距离和两耻骨末端之间的距离越大，则腹部容积越大，一般情况下产蛋能力也较强。家禽腰部称鞍部，母鸡鞍羽短而圆钝，公鸡鞍羽长呈尖形，像蓑衣一样披在鞍部，特称蓑羽。尾部羽毛分主尾羽和覆尾羽两种。主尾羽公母鸡都一样，从中央 1 对起分两侧对称数法，共有 7 对。公鸡的覆尾羽发达，状如镰羽形，覆第 1 对主尾羽的大覆羽叫大镰羽，其余相对较小叫小镰羽。梳羽、蓑羽和镰羽都是第二性征。

4. 四肢

鸟类前肢发育成翼，适应飞翔。

鸟类后肢骨骼较长，胫骨肌肉发达，外貌部位称为大腿。跖骨细长，其外貌部位习惯上被称为胫部，为使骨骼和外貌部位相对应，应统称为跖部。跖部鳞片为皮肤衍生物，年幼时鳞片柔软，成年后角质化，年龄越大，鳞片越硬，甚至向外侧突起。跖部因品种不同而有不同的色泽。

(三) 家禽的性别鉴定

鸡、鸭、鹅的性别特征具体见表 4-1。

表 4-1　成年家禽的性别鉴定

项目	鸡	鸭	鹅
头颈	公鸡冠高大，头颈较粗大		
羽毛	公鸡颈羽（梳羽）、鞍羽（蓑羽）和尾羽（大、小镰羽）均细长，末端尖细；母鸡、颈羽、鞍羽和覆尾羽较短，末端呈钝圆形	公鸭覆尾羽有 2~4 根上卷，称“性羽”	母鹅腹部皮肤皱褶成肉袋，称“蛋窝”
鸣声	公鸡啼声洪亮，“喔喔”长鸣	公鸭叫声低短、嘶哑，发出“咝咝沙沙”声；母鸭鸣声洪亮，做“呷呷”声	公鹅鸣声洪亮；母鹅叫声低细、短平
脚	公鸡胫部粗大，上有发达的距；母鸡胫部较细，距小或无距		
体型、神态	公家禽体大，脚高，好斗，体态轩昂；母禽体小清秀，温顺，体态文雅		
耻骨状态	成年母禽耻骨薄而柔软，耻骨间距大；公禽耻骨厚而硬，耻骨间距小		

(四) 家禽体尺的测定

测量家禽体尺，目的是更精确地记载家禽的体格特征和鉴定家禽体躯各部分的生长发育情况，常用在家禽育种和地方禽种调查工作中。现将禽体与生产性能有密切关系的几个主要体尺测量指标的方法说明如下。

(1) 体斜长。为了解禽体在长度方面发育情况，用皮尺测量锁骨前上关节到坐骨结节间的距离。

(2) 胸宽。为了解禽体的胸腔发育情况，用卡尺测量两肩关节间距离。

(3) 胸深。为了解胸腔、胸骨和胸肌发育状况，用卡尺量度第 1 胸椎至胸骨前缘间的距离。

(4) 胸骨长。为了解体躯和胸骨长度的发育情况，用皮尺度量胸骨前后两端间距离。

(5) 胫长。为了解体高和长骨的发育，通常采用测量胫长度的方法，用卡尺度量跖骨上关节到第 3 趾与第 4 趾间的垂直距离。

(6) 胸角。为了解肉鸡胸肌发育情况，采用测量胸角的大小来表示，方法将鸡仰卧在桌案上，用胸角器两脚放在胸骨前端，即可读出所显示的角度，理想的胸角应在 90°以上。

（7）耻骨间距。为衡量家禽繁殖器官的发育情况，采用测量两个耻骨结节之间的距离长度来表示。可用卡尺和游标卡尺测量。

（8）胸耻骨间距。为衡量家禽繁殖器官的发育情况，采用测量胸骨末端到两耻骨结节中点的距离表示。

六、项目实施（职业能力训练）

（一）以鸡为例，对其他部位进行外观及触摸识别和体尺测量

操作要点	操作要求
实验准备	（1）穿好白大褂，按照预定分成小组。 （2）注意安全，防止被家禽抓伤、啄伤或测量工具等造成意外伤害。 （3）准备好实验用具，熟悉用具的操作。
保定	（1）遵循正确抓鸡的方法，切忌直接抓提鸡颈、单翼或是尾羽。若平养鸡群，则用抓鸡钩抓鸡。 （2）用左手大拇指和食指夹住鸡的右腿，无名指和小指夹住鸡的左腿，并将鸡的胸腹部置于左手掌中，使鸡的头部向着鉴定者。
外貌识别	（1）按鸡体各部位，从头、颈、肩、翼、背、腰（鞍）、臀、胸、腹、腿、胫、趾和爪等部位仔细观察，并熟悉各部位名称。 （2）仔细分辨不同家禽品种和性别的各部位的差异。
羽毛识别	（1）认识禽体各部位羽毛的名称。家禽全身几乎覆盖着羽毛，羽毛名称与外貌部位名称相对应，如颈部的羽毛称颈羽，尾部羽毛称尾羽等等。有些鸡种还有胫羽和趾羽。在认识禽体羽毛名称时，留意区分。 （2）鸡羽毛种类的识别。用活鸡识别正羽、绒羽和纤维羽（又称毛羽）。 （3）翼羽各部位名称。用活鸡识别翼羽各部位名称，并数一数主翼羽、轴羽和副翼羽的根数及主翼羽脱换情况。 （4）通常在自别雌雄品系中，可根据初生鸡的主翼羽与覆主翼羽的相对生长长度，分辨公母；可根据主翼羽换羽时间及换羽速度，大致了解生产性能；翼膜（臂骨与桡骨之间的三角区）是带翅号或刺种鸡痘的地方。

操作要点	操作要求
性别识别	（1）公鸡体躯比母鸡高大，昂首翘尾、体态轩昂。头部稍粗糙、冠高、肉垂较大，颜色鲜红。梳羽、蓑羽、镰羽长而尖。胫部有距，性成熟时，发育良好，距越长则公鸡的年龄越大，一岁时，距的长度约 1cm。公鸡啼声洪亮。母鸡体躯稍小，体态文雅，头小，纹理较细，冠与肉垂较小。颈羽、鞍羽、覆尾羽较短，末端呈钝圆形。后躯发达，腹部下垂。胫部比公鸡短而细，距不发达，虽成年母鸡，亦仅见残迹而已。 （2）公鸭体躯大，颈粗体长，北京公鸭的喙和脚颜色较深，羽毛整齐光洁。公鸭有卷羽或性指羽。叫声嘶哑。母鸭体躯比公鸭小而身短。母鸭的喙色和脚色较浅，鸣声作“呷呷”声。 （3）公鹅体格大，头大，额疱高，颈粗长，胸部宽广，脚高，站立时轩昂挺直，鸣声洪亮。翻开其泄殖腔，可见螺旋状的阴茎。母鹅体格比公鹅小，头小，额疱也较小，颈细、脚细短，腹部下垂，站立时不如公鹅挺直，鸣声低细而短平，行动迟缓。
龄期鉴定	（1）家禽的最准确的龄期，只有根据出雏日期来断定。但其大概龄期可凭它的外形来估计。 （2）青年鸡的羽毛结实光润，胸骨直，其末端柔软，胫部鳞片光滑细致、柔软，小公鸡的距尚未发育完成。小母鸡的耻骨薄而有弹性，两耻骨间的距离较窄，泄殖腔较紧而干燥。 （3）老鸡在换羽前的羽枯涩凋萎，胸骨硬，有的弯曲，胫部鳞片粗糙，坚硬，老公鸡的距相当长。老母鸡耻骨而硬，两耻骨间的距离较宽，泄殖腔肌肉松弛。
体尺测量	（1）在进行实习体尺测量之前，应先对照家禽骨骼标本，熟悉家禽骨骼和关节的正确位置，使测量的结果更精确。 （2）明确各体尺指标和禽体生长发育的关系和测量的意义。 （3）按照指标测量要求准确测定主要体尺指标的值。

（二）除认识各部位名称外，还能分辨健康鸡或病弱鸡以及品种缺点或失格

观察项目	健康鸡	病弱鸡	品种缺点或失格
喙	小而尖	交叉喙、畸形喙	
冠、肉垂	鲜红、湿润、丰满、温暖、无病灶	苍白、萎缩、干燥、冰凉、紫色、有鸡痘、葡萄球菌病或有肿瘤等	不符合本品种的冠形或畸形冠
眼	眼大有神	小而无神、常紧闭	
脸部	红润、无病灶	苍白、有肿瘤，流鼻涕；眼流泪，有干酪样物等	

观察项目	健康鸡	病弱鸡	品种缺点或失格
胸	胸骨硬而直立	胸骨脆弱，呈“S”形弯曲；有胸囊肿等疾病特征	胸骨呈“S”形弯曲；有大小胸
翼	紧贴身躯	翼下垂或折断或烂翅	主副翼羽扭曲
尾部	尾直立	尾下垂	畸形尾如缺副尾羽、主尾羽、歪尾
颈与脚	正常	大跖骨粗大，踝关节肿大；有脚趾瘤、烂趾，跛脚，“鹰爪”等不正常特征	两腿“O”形或“X”形；鸭形脚（有蹼）；公鸡无距
体重	符合本品种	轻	标准体重以下
色泽	羽毛有光泽	羽毛污乱，无光泽	皮肤、喙、耳叶和胫的色泽不符合本品种要求，黑羽品种出现红、黄羽；白羽品种出现其他羽色

七、项目过程检查

序号	检查项目	检查标准	学生自检	教师检查
1	试验材料和教学工具、用具的准备	准备充分，细致周到		
2	课前预习、基本理论知识的准备	实施步骤合理，有利于提高评价质量		
3	实验操作的准确性	细心、耐心		
4	家禽品种识别、外貌鉴定时的保定、基本部位和测定指标	符合操作技能要求		
5	实验工具的准备	所需工具准备齐全，不影响实施进度		
6	教学过程中的课堂纪律	听课认真，遵守纪律，不迟到、不早退		
7	实施过程中的工作态度	在工作过程中乐于参与		
8	上课出勤状况	出勤 95% 以上		
9	安全意识	无安全事故发生		

序号	检查项目	检查标准	学生自检	教师检查
10	环保意识	注意实验室卫生、不随意处置垃圾和废物		
11	合作精神	能够相互协作，相互帮助，不自以为是		
12	实施计划时的创新意识	确定实施方案时不随波逐流，有合理的独到见解		
13	实施结束后的任务完成情况	过程合理，规划设计定位准确，与组内成员合作融洽，语言表述清楚		
检查评价	评语： 组长签字：　　教师签字： 年　月　日			

八、项目考核评价

评价类别	项目	子项目	个人评价	组内互评	教师评价
专业能力（60%）	资讯（5%）	收集信息（3%）			
		引导问题回答（2%）			
	计划（5%）	计划可执行度（3%）			
		设备材料工具、量具安排（2%）			
	实施（25%）	工作步骤执行（5%）			
		功能实现（5%）			
		质量管理（5%）			
		安全保护（5%）			
		环境保护（5%）			
	检查（5%）	全面性、准确性（3%）			
		异常情况排除（2%）			

<table>
<tr><th>评价类别</th><th>项目</th><th>子项目</th><th>个人评价</th><th>组内互评</th><th>教师评价</th></tr>
<tr><td rowspan="4">专业能力（60%）</td><td rowspan="2">过程（5%）</td><td>使用工具、量具规范性（3%）</td><td></td><td></td><td></td></tr>
<tr><td>操作过程规范性（2%）</td><td></td><td></td><td></td></tr>
<tr><td>结果（10%）</td><td>结果质量（10%）</td><td></td><td></td><td></td></tr>
<tr><td>作业（5%）</td><td>完成质量（5%）</td><td></td><td></td><td></td></tr>
<tr><td rowspan="4">社会能力（20%）</td><td rowspan="2">团结协作（10%）</td><td>小组成员合作良好（5%）</td><td></td><td></td><td></td></tr>
<tr><td>对小组的贡献（5%）</td><td></td><td></td><td></td></tr>
<tr><td rowspan="2">敬业精神（10%）</td><td>学习纪律性（5%）</td><td></td><td></td><td></td></tr>
<tr><td>爱岗敬业、吃苦耐劳精神（5%）</td><td></td><td></td><td></td></tr>
<tr><td rowspan="4">方法能力（20%）</td><td rowspan="2">计划能力（10%）</td><td>考虑全面（5%）</td><td></td><td></td><td></td></tr>
<tr><td>细致有序（5%）</td><td></td><td></td><td></td></tr>
<tr><td rowspan="2">实施能力（10%）</td><td>方法正确（5%）</td><td></td><td></td><td></td></tr>
<tr><td>选择合理（5%）</td><td></td><td></td><td></td></tr>
<tr><td>评价评语</td><td colspan="5">评语：
组长签字：　　　教师签字：
年　　月　　日</td></tr>
</table>

九、思考题

撰写并提交实训总结报告。

测量对象为实验用家禽，可以鸡为主，分组进行。在测量过程中应及时把包括体重数据在内的每项数据记载于家禽体尺表（表 4-2）中。家禽的体重测定应在空腹时进行。取得体尺和体重的数据后，可根据这些数据，计算家禽的体型指数。

表 4-2　家禽体尺统计

项目	1 号	2 号	3 号	4 号
种类				
品种				
性别				

（续表）

项目	1号	2号	3号	4号
活重（kg）				
体斜长（cm）				
胸深（cm）				
胸宽（cm）				
胸骨长（cm）				
胫长（cm）				
胸角度（°）				
耻骨间距（cm）				
胸耻骨间距（cm）				

常用的家禽体型指数及计算公式见表4-3。

表4-3　家禽体型指数及计算公式

指数名称	计算公式	指数意义
强壮指数	体重×100/体长	体型的紧凑性和家禽的肥度
体躯指数	胸围×100/体长	体质的发育
第1胸指数	胸宽×100/胸深	胸部相对的发育
第2胸指数	胸宽×100/胸骨长	胸肌的发育
髋胸指数	胸宽×100/髋宽	背的发育（到尾部是宽的直的或者是狭窄的）
高脚指数	胫长×100/体长	脚的相对发育

计算出各项指数的结果之后，记录在家禽的体型指数表（表4-4）中，以供鉴定时互相比较之用。

表4-4　家禽的体型指数

禽号	种类	品种	性别	强壮指数（%）	体躯指数（%）	第1胸指数（%）	第2胸指数（%）	髋胸指数（%）	高脚指数（%）
1									
2									
3									
4									

项目二　禽蛋孵化技术

通过本项目实训，掌握禽蛋孵化的各项条件要求、胚胎发育的生理过程、胚胎检查方法和孵化过程的指标控制技术。

一、项目任务目标

（1）熟悉孵化的生物学检查方法和识别鸡的若干胚龄胚胎发育的主要特征。

（2）了解并掌握孵化的技术和方法，掌握孵化过程中的温度、湿度及通风等条件的要求。

（3）熟悉和掌握孵化的整个过程及胚胎发育的主要特征。

二、项目任务描述

1. 工作任务

（1）明确孵化机的使用方法。

（2）明确禽蛋孵化所需的条件。

（3）明确禽蛋孵化的生物学检查方法。

（4）明确禽蛋孵化和胚胎发育各阶段的主要特征。

2. 主要工作内容

（1）掌握孵化机温湿度和通风调节的基本操作。

（2）掌握禽蛋孵化的基本条件。

（3）掌握禽蛋孵化过程中的生物学检查方法。

三、项目任务要求

1. 知识技能要求

（1）掌握孵化机的使用方法。

（2）掌握禽蛋孵化的基本条件。

（3）掌握禽蛋胚胎发育各阶段的主要特征。

（4）掌握禽蛋孵化的效果评价方法。

2. 实习安全要求

在进行禽蛋孵化实际操作时，要严格按照规定进行操作，注意安全，防止被电器、孵化装置和辅助设备等造成意外伤害。

3. 职业行为要求

（1）实验材料要准备充足。

（2）着装整齐。

（3）遵守课堂纪律。

（4）具有团结合作精神。

四、项目训练材料

1. 器材

箱式孵化器、出雏器、孵化盘、出雏盘、受精种蛋（种鸡蛋、受精水禽蛋）、雏鸡盒、活死胚标本、照蛋器、镊子、培养皿、手术剪刀、大瓷盘、塑料桶、孵化场记录表格、纸箱、天平等。

2. 其他

工作服、工作帽、毛巾、肥皂、脸盆。

五、项目相关知识

1. 孵化条件及孵化前的准备

（1）孵化器的构造及要求。①箱体（外壳）。孵化器的外壳要求隔热（保温）性能好、防潮、坚固和美观。②种蛋盘。分 1～19 日胚龄的孵化盘和 19～21 日胚龄的出雏盘。要求通气性良好，以利于胚蛋充分、均匀受热和获氧。还应不易变形、安全可靠，孵化过程中不卡盘、掉盘，不能跑雏。③活动转蛋架。由电脑程序控制可以定时转动种蛋。有利于胚胎运动，促进胚胎的新陈代谢和血液循环。应控制每 2～3h 翻蛋 1 次。

（2）设备消毒。为保证种蛋不被污染，雏鸡不受疾病感染，种蛋入孵前，孵化室的地面、墙壁、天棚必须进行严格消毒。孵化器消毒应按每立方米空间用福尔马林 30mL 和高锰酸钾 15g 熏蒸消毒。方法是先将高锰酸钾放入搪瓷皿中，放入孵化器底部，然后注入福尔马林，随即关闭孵化器门保持正常孵化温度，相对湿度应为 68%左右，使风扇转动 30min 左右，然后打开机门，放出气味，也可以用消毒液喷雾或擦拭消毒。

（3）温湿度。入孵温度应控制在 38.2℃，湿度在 65%左右。以后随着孵化进行，逐步降低温度。

2. 入孵

用于孵化的种蛋越新鲜越好，大小要适中，内部品质要好。种蛋内部品质可用灯光照检。凡黏壳、散黄、蛋黄流动性大、蛋内有气泡、气室偏、气室流动、气室在中间或在小头的蛋，均不宜用于孵化。装盘时鸡蛋的大头端应朝上，可以用照蛋灯协助辨别大头端，有气室的朝上。

3. 孵化的生物学检

通过照蛋、出雏观察、死胎蛋外观和病理解剖以及死雏、死胎的微生物学检查，并结合各种蛋品质和孵化操作情况，综合分析、判断，查明原因。照蛋就是用照蛋灯透视胚胎发育情况，并以此作为调整孵化条件的依据。观察出雏时雏鸡绒毛、脐部愈合情况、精神状态和体型等。观察死雏和死胎蛋的外观及时了解造成孵化效果不良的原因。检查时注意观察啄壳情况，然后打开胚蛋，确定死亡时间。观察皮肤、绒毛生长、内脏、腹腔、卵黄囊、尿囊等有何病理变化，胎位是否正常，初步判断死亡原因。

鸡胚胎发育的特征明显，头照时鸡在5~6日胚龄，胚蛋可明显看到胚胎的眼睛，俗称“起珠”；二照时尿囊血管继续延伸，在胚蛋小头合拢，整个胚蛋除气室外布满了血管，俗称“合拢”；三照胚蛋气室内可以看到有黑影闪动，俗称“闪毛”（表4-5）。

表4-5　照蛋时发育正常胚蛋与各种异常胚蛋的辨别

类型	头照（6日胚龄）	二照（10~11日胚龄）	三照（18~19日胚龄）
发育正常的活胚	“起珠”，血管呈放射状，蛋色暗红	尿囊绒毛膜在蛋的小头“合拢”	气室里有黑影闪动，俗称“闪毛”
弱胚	胚小，血管纤细，蛋色浅红	因未“合拢”胚蛋小头浅白，胎动无力	气室小且边缘不齐，有较多的血管，蛋小头淡白
死胎或死胚	黑色血环，血线，黑色死胚贴壳，蛋黄沉散，蛋色浅白	死胚体小，且多贴内壳；蛋小头发亮，未“合拢”	气室小，不倾斜，边缘模糊，未见“闪毛”，无胎动，蛋身发凉
无精蛋	蛋色浅黄发亮，看不到血管或胚胎，蛋黄影子隐约可见，头照不散，然后散黄		
破蛋	有树枝裂纹或有破洞		
腐败蛋	蛋色褐色，有异臭味；有时蛋壳破裂，表面有很多点状的黄褐色渗出物		

啄壳和出壳观察。①如果出壳时间正常，啄壳整齐，出雏持续时间24h，死胚蛋（毛蛋）占6%~8%，这说明孵化条件掌握正确。②如果死胚超过15%，二照时胚胎发育正常，出雏时间提早，弱雏中有明显胶毛现象，这是二照后温度过高所致。③如果胚蛋集中在某日龄死亡，说明那天温度太高。

六、项目实施（职业能力训练）

禽蛋的孵化是家禽生产的关键环节，也是一项技术活，它在一定程度上可以决定家禽养殖者的效益。因此，禽蛋孵化的工作中需要细心、耐心，注意细节。

操作要点	操作要求
入孵前的准备	(1) 检查孵化器控温、通风设备是否工作正常，检查孵化室电源、水源供应是否能满足孵化要求。 (2) 种蛋入孵前，孵化器、孵化室的地面、墙壁、天棚必须进行严格消毒。 (3) 入孵前须将种蛋从冷库取出，使蛋内外温度达到平衡。 (4) 待蛋壳表面的水珠干后，才能对种蛋消毒。
入孵	(1) 种蛋必须来自健康、高产的种禽群，凡是生产性能低劣，品种不纯和患有蛋传染性疾病都不宜留种。 (2) 种蛋越新鲜越好，夏季不超过 5d，冬季不超过 7d。 (3) 蛋重一般在 55~68g 为好。种蛋的外壳结构要致密均匀。鸡蛋蛋壳厚 0.33~0.35mm。 (4) 蛋形指数一般为 0.72~0.76，蛋形过长、过圆或沙顶、沙皮、钢皮、腰凸及其他畸形等都不宜作为种蛋。 (5) 将选择好的种蛋消毒后放入孵化机准备孵化，注意将蛋大头朝上放置。
孵化中的生物学检查	(1) 头照时间。进行第 1 次照蛋，鸡 5~6d，鸭 6~7d，鹅 7~8d。①照蛋特征。起珠或双珠。②活胚。气室边界明显，可见弯曲胚体，头部有黑点，胚体血管向四周扩张分布如蜘蛛网状。③弱胚。胚体小，血管小且纤细，血管扩张面狭小。④无精蛋。蛋内透明，可见蛋黄浮动阴影，气室边界不明显。⑤死胚。气室边界模糊，蛋内呈血圈或半个血弧、血线条或血点。 (2) 二照时间。鸡 10~11d，鸭 13d，鹅 15d。①活胚。气室增大，边界明显，胚体增大，尿囊血管明显在蛋小端“合拢”包围所有蛋内蛋白，除气室外布满血管。②弱胚。发育迟缓，尿囊膜没有合拢，蛋的小头色淡透明。③死胚蛋。气室增大，边界模糊，蛋内半透明，无血管分布，蛋膜有团块即死胎。 (3) 三照时间。鸡 18~19d，鸭 24~25d，鹅 27~28d。①正常胚。以小头对准光源照蛋，小头再也看不到发亮部分或仅有少许发亮。此时蛋成“斜口”，有些蛋还出现“闪毛”现象。它们的肺脏可能有血管分布，尿囊膜血管开始退化，肝脏呈黄色，羊水、尿囊液明显减少，胚胎转身，喙朝向气室。②异常胚。气室明显增大，边界不明显，蛋内发暗，混浊不清，气室边界有暗黑色无血管，小头色浅，摸之无温暖感觉。
出雏	(1) 出雏时，要观察出壳雏鸡的活力及结实程度，体重大小，卵黄吸收情况，绒毛色泽、长短及整齐度，喙、脚、跗部的表现。 (2) 区分强弱雏，挑选出弱雏。健康雏鸡体格健壮，精神活泼，体重合适，蛋黄吸收腹内，脐部愈合良好，干燥，无黑斑。绒毛干燥，有光泽，站立稳健，叫声洪亮。

操作要点	操作要求
孵化效果评价	（1）受精率=（入孵蛋数-无精蛋数）/入孵蛋数×100%。 （2）受精蛋孵化率=出雏数/入孵受精蛋数×100%。 （3）8 日胚龄死胚率=死精蛋数/入孵受精蛋数×100%。 （4）12 日胚龄死胚率=死精蛋数/入孵受精蛋数×100%。 （5）18 日胚龄死胚率=死精蛋数/入孵受精蛋数×100%。 （6）入孵蛋孵化率=出雏数/入孵蛋数×100%。 （7）死胚率=（3 次照蛋死胚数+死雏数）/入孵受精蛋数×100%。

七、项目过程检查

序号	检查项目	检查标准	学生自检	教师检查
1	试验材料和教学工具、用具的准备	准备充分，细致周到		
2	课前预习、基本理论知识的准备	实施步骤合理，有利于提高评价质量		
3	实验操作的准确性	细心、耐心		
4	禽蛋孵化操作规范，孵化效果好	符合操作技能要求		
5	实验工具的准备	所需工具准备齐全，不影响实施进度		
6	教学过程中的课堂纪律	听课认真，遵守纪律，不迟到、不早退		
7	实施过程中的工作态度	在工作过程中乐于参与		
8	上课出勤状况	出勤 95%以上		
9	安全意识	无安全事故发生		
10	环保意识	注意实验室卫生、不随意处置垃圾和废物		
11	合作精神	能够相互协作，相互帮助，不自以为是		
12	实施计划时的创新意识	确定实施方案时不随波逐流，有合理的独到见解		

序号	检查项目	检查标准	学生自检	教师检查
13	实施结束后的任务完成情况	过程合理，规划设计定位准确，与组内成员合作融洽，语言表述清楚		
检查评价	评语： 组长签字：　　教师签字： 年　月　日			

八、项目考核评价

同项目一中禽的品种识别、外貌鉴定的项目考核评价方法。

九、项目训练报告

撰写并提交实训总结报告。

项目三　初生雏禽的分级与雌雄鉴别

通过本项目实训，掌握初生雏禽的分级标准和方法以及雏禽的雌雄鉴别的方法。

一、项目任务目标

（1）熟悉初生雏禽的分级。

（2）熟悉初生雏禽分级的标准。

（3）熟悉初生雏禽雌雄鉴别技术。

二、项目任务描述

1. 工作任务

（1）明确初生雏禽分级的意义。

（2）明确初生雏禽分级的标准和方法。

（3）明确初生雏禽雌雄鉴别意义和应用。

（4）明确初生雏禽雌雄鉴别的主要方法。

2. 主要工作内容

（1）掌握初生雏禽分级和雌雄鉴别的时间。

（2）掌握初生雏禽分级标准。

（3）掌握初生雏禽雌雄鉴别的方法。

三、项目任务要求

1. 知识技能要求

（1）掌握初生雏禽分级的判断标准。

（2）掌握初生雏禽雌雄鉴别的主要方法。

（3）掌握雏禽翻肛鉴别雌雄的操作方法。

2. 实习安全要求

在进行初生雏禽分级和雌雄鉴别实际操作时，要严格按照规定进行操作，注意安全，防止被电器和其他设备等造成意外伤害。

3. 职业行为要求

（1）实验材料要准备充足。

（2）着装整齐。

（3）遵守课堂纪律。

（4）具有团结合作精神。

四、项目训练材料

1. 器材

羽色、羽速自别雏鸡（或羽色羽速双自别雏鸡），初生雏鸭、鹅及台灯（包括 40~60W 乳白灯泡）1 台/组；幻灯片或图片。

2. 其他

工作服、工作帽、毛巾、肥皂、脸盆。

五、项目相关知识

（一）雏禽分级方法

在种禽饲养时按品种分群饲养，检蛋、保存、孵化过程中均应在种蛋壳上做好标记，分开放置，才便于将品种分开，否则难以区分。

健雏精神活泼，两脚站立稳健，叫声洪亮，活动正常，采食较多；羽毛发育良好、无污浊；体重适中，活泼好动，蛋黄吸收良好，腹部大小适中；脐带部愈合良好、干燥且被腹毛覆盖、无残痕；喙、趾湿润、鲜艳，有光泽。

残弱雏精神不活泼，缩头、垂翅，羽毛湿润，脐部突出或拖有卵黄囊，步态不稳，甚至像癞蛤蟆状趴在地上；还有错喙、残翅、羽毛生长不完全或其他遗传缺陷的残雏。

残弱雏不易养活，为了保证成活率和养殖效益，在将幼雏转入育雏室前或起运前需要分级，将强弱分开。

（二）性别鉴定

1. 翻肛法

翻肛鉴定法的操作可分为抓雏和握雏、排粪和翻肛、鉴别和放雏 3 个步骤。

（1）抓雏和握雏。雏禽的抓握法一般分 2 种，即夹握法和团握法（图 4-1）。

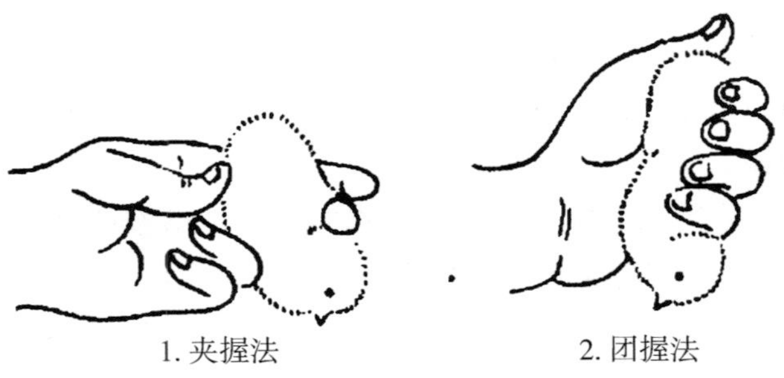

图 4-1　握雏手法

（2）排粪和翻肛。左手拇指轻压腹部左侧髋骨下缘，借助雏禽呼吸将粪便挤入排粪缸中，即排粪。翻肛是指在雏禽出壳 12h 内，鉴别人左手握雏禽，雏禽头向下，尾向上，雏禽腹部向人，在 200W 的白炽灯下，左手拇指从前述排粪位置移至肛门左侧，左食指弯曲贴与雏禽背侧，同时右手食指放在肛门右侧，右拇指放在脐带处，右手拇指沿直线往下顶推，右手食指往下拉，往肛门处收拢，左拇指也收拢，三指在肛门处形成一个三角区域，三指凑拢一挤，肛门即翻开（图 4–2）。

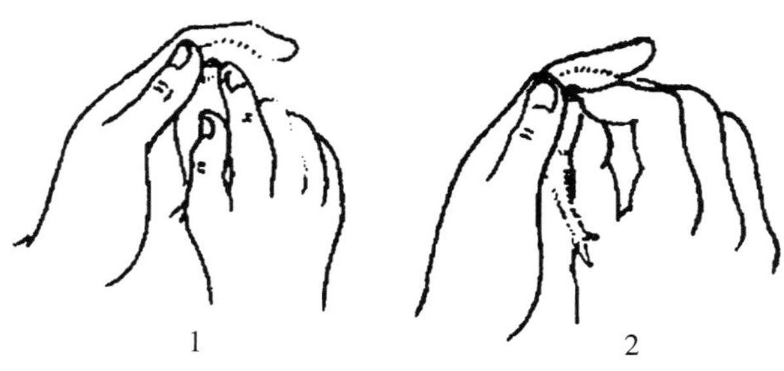

图 4–2　翻肛手法

（3）鉴别和放雏。翻肛后可见泄殖腔内腹壁有两个呈“八”字形半米粒状淡红色发亮的突起的八字壁。八字壁之间有一个圆形粉红色突起称生殖突；生殖突明显者为雄性，生殖突不明显或没有者为雌性。鸭、鹅公雏的生殖器官比鸡发达，呈螺旋形。刚出壳的雏鸭、鹅翻压泄殖腔挤出公雏生殖器就可进行鉴别，可见小阴茎者为雄性，比雏鸡容易掌握。技术熟练的工人还可用手指在泄殖腔外部触摸，若触到一米粒状硬结即可识别公雏。

2. 器械鉴别法

这种方法一般应配备专门的鉴别器。鉴别者左手握雏禽，雏禽头向前、尾向人，将雌雄鉴别玻璃管器物镜由禽泄殖腔插入正确位置，从放大镜筒中直接观察雏禽体内的生殖器官，开电源，母雏仅左侧有一个三角形，不规则，粉红色的卵巢，公雏两侧各有一个呈圆棒形，黄红色或白色的睾丸。此方法的正确性可以达到 100%，但同时会对初生雏的泄殖腔造成伤害，鉴别速度也非常慢，效率低，因而很少采用。

3. 伴性遗传鉴别法

这种方法的原理是根据性染色体上的伴性遗传所控制的相对性状，通过合理的交配方式，在杂交后代刚出壳时即可通过一些明显的表现性状把公母分开。雌雄家禽的性染色体是不同的，公禽的性染色体为同型对 ZZ，母禽是异型对 ZW。母禽的 W 染色体上一般没有 Z 染色体上的等位基因。假如家禽某一性状的基因位于性染色体上，而且母禽具有的这一性状对公禽的性状为显性时，则公母禽交配后，所产生的后代中，公雏均具有母禽的性状，母雏则具有公禽的性状。这种公母雏禽性状与亲代情况相反的现象，就称为伴性遗传。利用这种伴性遗传的规律培育出自别雌雄的品系，根据出壳雏禽的某种伴性性状就能准确地辨别雌雄。

（1）芦花羽和非芦花羽色。由于控制芦花性状的基因 B 位于性染色体 Z 之上，其等位基因为非芦花基因 b，芦花基因对非芦花基因为显性。芦花羽色母鸡与非芦花羽色公鸡交配，例如以芦花洛克鸡为母本，洛岛红鸡为父本，所产子一代母鸡是呈现非芦花的羽色，公鸡全为芦花羽色，出壳后即可区别雌雄。

（2）银色和金黄羽色伴性基因。影响雏鸡绒羽底色的基因有银白色基因 S，其雏鸡绒羽的底色为银白色或乳白色，还有金黄色基因，其雏鸡绒羽的底色为黄色或褐色。银白色基因 S 对金黄色基因 s 为显性。把具有金黄色基因 s 的品种作父本，具有银白色基因 S 的品种为母本，交配所产生的后代中，银白色绒羽的是公雏，金黄色绒羽的为母雏，根据初生雏的羽色即可区别出雌雄。

（3）快生羽和慢生羽伴性基因。影响鸡长羽速度的主要基因位于 Z 染色体上的慢羽基因 K 和快羽基因 k，慢羽对快羽为显性。在实际生产上通常是利用快羽公鸡（ZkZk）与慢羽母鸡（ZKW）交配，所得后代中，公母雏鸡羽毛的生长速度与亲代的情况相反，即公雏表现为慢羽型，母雏表现为快羽型。出壳后检查雏鸡翼羽生长情况即可鉴别雌雄。鉴别要点如下。①快羽型母雏（ZkW）。雏鸡出壳时，主翼羽长度比慢羽公雏的长，覆主翼羽通常短于主翼羽。②慢羽型公雏（ZKZk）。雏鸡出壳时主翼羽较短，覆主翼羽长度通常与主翼羽相等或长于主翼羽。检查主翼羽长度与覆主翼羽长度之间的关系比检查这些羽毛的绝对长度更为重要，因为这些羽毛的绝对长度取决于雏鸡出壳时间的长短。

六、项目实施（职业能力训练）

操作要点	操作要求和注意点
试验准备	（1）穿好白大褂，按照人员分成小组。 （2）熟悉仪器设备的使用和安全操作规程。
雏禽分级	（1）雏禽出壳后，检雏时按雏鸡的活力、卵黄吸收情况、体重大小、脐部愈合程度以及喙、趾、跖的色泽等进行判别分级。 （2）健雏活力好，无明显残疾和遗传缺陷，卵黄吸收完全，脐部愈合良好，体重适中而均匀，喙和趾湿润、颜色较浅。 （3）分出的健雏和弱残雏要分品种、分等级分开装好。
雌雄鉴定	（1）雏鸡雌雄鉴别的方法因人、因饲养品种而异，可依据条件许可进行。 （2）翻肛鉴别是简单易行的方法，但对操作人员的熟练程度和判定经验有要求。有经验的操作人员可减少对雏鸡的伤害，达到较高的准确率。

操作要点	操作要求和注意点
雌雄鉴定	（3）翻肛鉴别最适宜的时间是出雏后2~12h，不宜超过24h。在此期间雏禽的生殖突起特征明显，也易于抓握和翻肛。但刚出壳的雏禽身体软弱，呼吸力弱，容易造成损伤甚至死亡。过晚也不好，孵出1d以上，肛门发紧，不利于翻肛，生殖突起也不如早期明显，甚至陷入泄殖腔深处，不便观察。 （4）有条件的养禽企业可采用伴性遗传的方法自别雌雄，可节省人力物力和对雏鸡的伤害。 （5）在使用快慢羽自别雌雄检查时，展开初生雏鸡的翅膀，在明亮的光源之下，通过检查翅膀上的主翼羽和覆主翼羽来鉴别。注意必须从翅膀的背面而不是腹面进行检查。从翅膀下部边缘长出的羽毛为主翼羽，从翅膀上部边缘长出的为覆主翼羽，它覆盖在主翼羽的表面。

七、项目过程检查

序号	检查项目	检查标准	学生自检	教师检查
1	试验材料和教学工具、用具的准备	准备充分，细致周到		
2	课前预习、基本理论知识的准备	实施步骤合理，有利于提高评价质量		
3	实验操作的准确性	细心、耐心		
4	掌握初生雏禽的分级标准和雌雄鉴别方法和技术	符合操作技能要求		
5	实验工具的准备	所需工具准备齐全，不影响实施进度		
6	教学过程中的课堂纪律	听课认真，遵守纪律，不迟到、不早退		
7	实施过程中的工作态度	在工作过程中乐于参与		
8	上课出勤状况	出勤95%以上		
9	安全意识	无安全事故发生		
10	环保意识	注意实验室卫生、不随意处置垃圾和废物		

序号	检查项目	检查标准	学生自检	教师检查
11	合作精神	能够相互协作，相互帮助，不自以为是		
12	实施计划时的创新意识	确定实施方案时不随波逐流，有合理的独到见解		
13	实施结束后的任务完成情况	过程合理，规划设计定位准确，与组内成员合作融洽，语言表述清楚		
检查评价	评语： 组长签字： 教师签字： 年 月 日			

八、项目考核评价

同项目一中禽的品种识别、外貌鉴定的项目考核评价方法。

九、项目训练报告

撰写并提交实训总结报告。

项目四　雏鸡断喙、断趾和剪冠技术

通过本项目实训，掌握雏鸡断喙、断趾和剪冠的意义、时间选择、操作注意事项和术后护理，并能独立进行项目操作。

一、项目任务目标

（1）熟悉对雏鸡断喙、断趾和剪冠的作用和意义。

（2）熟悉雏鸡断喙和断趾的时间及操作方法。

（3）熟悉雏鸡剪冠的时间及操作方法。

二、项目任务描述

1. 工作任务

（1）明确雏鸡断喙、断趾和剪冠的作用和意义。

（2）明确雏鸡剪冠的时间及操作方法。

（3）明确雏鸡断喙和断趾的时间及操作方法。

（4）明确雏鸡断喙、断趾和剪冠后的护理。

2. 主要工作内容

（1）掌握雏鸡断喙、断趾和剪冠的时间和方法。

（2）掌握雏鸡断喙、断趾和剪冠的注意事项。

三、项目任务要求

1. 知识技能要求

（1）掌握雏鸡断喙、断趾和剪冠的时间。

（2）掌握雏鸡断喙、断趾和剪冠的具体操作方法。

（3）掌握雏鸡断喙、断趾和剪冠的注意事项。

2. 实习安全要求

在进行掌握雏鸡断喙、断趾和剪冠的实际操作时，要严格按照规定进行操作，注意安全，防止被操作的电器和其他设备等造成灼伤、触电等意外伤害。

3. 职业行为要求

（1）实验材料要准备充足。

（2）着装整齐。

（3）遵守课堂纪律。

（4）具有团结合作精神。

四、项目训练材料

1. 器材

健雏、弱雏鸡若干只，翅号、脚号、肩号若干，断喙器，弧形手术剪刀，断趾器，电烙铁，碘酊，带胶皮头的玻璃滴管（或专用的滴液瓶）和连续注射器等。

2. 其他

工作服、工作帽、毛巾、肥皂、脸盆。

五、项目相关知识

1. 断喙

为了防止啄癖和节省饲料，生产上通常会给鸡断喙。断喙的时间一般是6~10日龄。断喙时，刀片温度加热至700~800℃（暗红色）。断喙时，左手握鸡的两脚，右手拇指放在鸡头部枕骨处，食指轻压咽让鸡舌后缩，以防灼伤舌头。然后，将鸡喙插入4.4mm孔内边切边烧灼止血，烧灼时，喙切面在刀孔内的刀片上做四周滚动约2s，以使喙边圆滑。切烙时将鸡头稍向上提，使上喙多切些。雏鸡日龄大时，右手拇指和中指分别置于鸡头两侧，掰开鸡嘴，食指向后轻压鸡舌，然后分别切烙上喙和下喙。上喙切去1/3~1/2（从鼻孔至上喙尖），下喙切去1/3~1/4。公雏通常仅切喙尖或不断喙。

2. 切趾

一般是做标记或肉种公鸡切趾以防踩伤母鸡背部。种鸡配种时，母鸡的背部会被公鸡的爪划伤，严重时造成母鸡死亡，切趾有利于提高受精率和降低母鸡淘汰率。一般在出雏后或断喙时，用断趾器给鸡断趾，也可用断喙器或电烙铁切趾。做标记可根据需要切趾。切趾方法要将种公雏左、右脚的内侧脚趾和后面的脚趾，用断趾器或烙铁，切烙部位在趾甲（爪）与趾的交界处，在最末趾关节处也就是趾甲后断趾，并烧灼趾部组织，使其不再生长。以防再生。遇到出血应再烙烫止血。必要时也可用剪刀剪趾，然后在断趾处涂上碘酊。

3. 剪冠

寒冷地区为防冻冠而剪冠，也有笼养鸡为便于采食而剪冠。目前剪冠主要用于给鸡做标记。剪冠一般在出雏后24h内进行。用弧形手术剪刀紧贴鸡冠基部，从前往后剪去鸡冠。注意术前剪刀要用酒精浸泡消毒。如有出血，可在创口涂抹碘酊。

4. 剪肉垂

肉垂又称肉髯，是指从下颚长出下垂的皮肤衍生物，左右组成1对，大小相称，颜色鲜红。切除肉垂的目的是防止公鸡斗架时肉垂受损伤，使公鸡采食、饮水较方便。

5. 带翅号或肩号

左手握雏，拇指和食指掐住鸡右翅臂骨和桡骨之间的翼膜三角区（即肘关节外的翼膜）。右手持折成的“L”形的翅号，从下至上刺破翼膜中央，然后将翅号从下至上刺破翼膜中央，尾尖穿过前端孔中，折叠两次并掐紧，最后整理翅号。成年种鸡可带肩号，肩号由塑料牌和套环构成。种鸡转入成年鸡舍，经选择后，将肩号套带在近肩关节的臂骨上，肩牌上的编号向上显露，以便查看。

6. 脚环或蹼号

脚环作为家禽编号标记之一，多用铝片或塑料片制成，一般带在左胫部。常用在经选种后带上脚圈转入种鸡舍，但具有易脱落和编号受损等缺点。蹼号是水禽编号标记之一，一般用打蹼器在脚上打孔或将脚烙成豁状。

六、项目实施（职业能力训练）

操作要点	操作要求和注意点
实验准备	（1）穿好白大褂，按照人员分成小组。 （2）本实验中具有危险性的仪器较多，一定要先熟悉仪器设备的使用和安全操作规程，避免伤害和安全事故。
雏禽断喙	（1）注意雏鸡断喙的时间，一般日龄越大，对鸡的应激越大，造成的伤害也越大。 （2）断喙的前 3d 不能喂磺胺类药物，否则会导致断喙时出血过多。 （3）断喙应选择天气凉爽的时候进行。 （4）为防止断喙出血，断喙前后 3d 饲料中应添加维生素 K 3mg/kg。 （5）断喙后饲槽内应多加一些料，以便于鸡的采食。 （6）作种用的小公鸡可不断喙或只断去少许喙尖，以免影响配种。
切趾	（1）留种公雏应在 1 日龄或 6~9 日龄进行切趾、烙趾。 （2）用断趾器或 150W 电烙铁断趾，操作时一人用竹夹或镊子将趾部固定，然后用电烙铁烙断。 （3）要防止因操作不当，公鸡成年后趾又长出来。
剪冠、剪肉垂	（1）种用公雏最好在 1 日龄时进行剪冠，若在出壳后数周进行，常会发生严重流血。 （2）操作时剪刀翘面向上，从前向后紧贴头顶皮肤，在冠基部齐头剪去即可。 （3）蛋用型种公鸡，可在 12~14 周龄，选择凉爽时间，用剪刀在肉垂下颌约 0.3cm 处，将两侧肉垂剪去。 （4）为了减少出血，可在手术前后各 4 周，在饲粮中加维生素 K。 （5）手术后公鸡与母鸡分开饲养，以防母鸡啄伤肉垂切面。

操作要点	操作要求和注意点
带翅号等标记	（1）带翅号时注意翅圈不能太大或太紧，翅号不能带在翼膜边缘处，以防掉号，也不能将臂骨或桡骨带上，否则伤翅。 （2）翅号、脚环带上后要注意检查，以防脱落，而无法辨识身份。

七、项目过程检查

序号	检查项目	检查标准	学生自检	教师检查
1	试验材料和教学工具、用具的准备	准备充分，细致周到		
2	课前预习、基本理论知识的准备	实施步骤合理，有利于提高评价质量		
3	实验操作的准确性	细心、耐心		
4	雏鸡断喙、切趾和剪冠操作规范	符合操作技能要求		
5	实验工具的准备	所需工具准备齐全，不影响实施进度		
6	教学过程中的课堂纪律	听课认真，遵守纪律，不迟到、不早退		
7	实施过程中的工作态度	在工作过程中乐于参与		
8	上课出勤状况	出勤 95%以上		
9	安全意识	无安全事故发生		
10	环保意识	注意实验室卫生、不随意处置垃圾和废物		
11	合作精神	能够相互协作，相互帮助，不自以为是		
12	实施计划时的创新意识	确定实施方案时不随波逐流，有合理的独到见解		

序号	检查项目	检查标准	学生自检	教师检查
13	实施结束后的任务完成情况	过程合理，规划设计定位准确，与组内成员合作融洽，语言表述清楚		
检查评价	评语： 组长签字：　　　　教师签字： 年　　月　　日			

八、项目考核评价

同项目一中禽的品种识别、外貌鉴定的项目考核评价方法。

九、项目训练报告

撰写并提交实训总结报告。

项目五　禽体重均匀度的测定技术

通过本项目实训，掌握禽体重均匀度测定的意义、抽样方法、测定方法、计算方法和评定方法，并能独立进行项目操作。

一、项目任务目标

（1）熟悉禽体重均匀度测定的意义。

（2）熟悉禽体重均匀度测定的方法。

（3）熟悉禽体重均匀度的评定。

二、项目任务描述

1. 工作任务

（1）明确家禽体重均匀度测定的意义。

（2）明确家禽体重均匀度测定的操作方法。

（3）明确家禽体重均匀度的评定。

2. 主要工作内容

（1）掌握家禽体重均匀度测定的抽样。

（2）掌握家禽体重均匀度的计算和评定。

三、项目任务要求

1. 知识技能要求

（1）掌握家禽体重均匀度测定的操作方法。

（2）掌握家禽体重均匀度测定的抽样方法。

（3）掌握家禽体重均匀度的计算和评定。

2. 实习安全要求

在进行家禽体重均匀度测定的实际操作时，要严格按照规定进行操作，注意安全，防止被家禽抓伤或啄伤，以及其他设备等造成意外伤害。

3. 职业行为要求

（1）实验材料要准备充足。

（2）着装整齐。

（3）遵守课堂纪律。

（4）具有团结合作精神。

四、项目训练材料

1. 实验材料

鸡若干、计算器、电子秤等。

2. 其他

工作服、工作帽、毛巾、肥皂、脸盆。

五、项目相关知识

均匀度的测定是从一群鸡中按5%抽称体重，算出平均值后，用平均值分别加减平均值的10%所得到的值即为上下限，然后统计所称鸡的体重落在上下限内的比例数，比例数越大，均匀度越高。均匀度与遗传有关，但主要受饲养管理水平的影响，可以用体重和胫长两指标来衡量。性成熟时达到标准体重和胫长且均匀度好的鸡群，则开产整齐，产蛋高峰高而持久。

育成期间，每周要定时、多点、随机抽取鸡群的5%左右进行称重，进行体重均匀度的测定。一般而言，均匀度大于等于80%时为合格；在80%~85%为较好；达到90%以上时为理想。

体重均匀度测定方法：从鸡群中随机取样，鸡群越小取样比例越高，反之越低。一般500只的鸡群按10%取样；1 000~2 000只按5%取样，5 000~10 000只按2%取样，原则上每次不少于50只，称出取样鸡群总重并计算出每只鸡的平均体重。

鸡群的均匀度是指群体中体重落入平均体重±10%范围内的鸡所占的百分比。设某鸡群9周龄的平均体重为700g，体重以 W 表示，则平均体重±10%的范围是 $630g \leqslant W \leqslant 770g$

如果从5 000只的鸡群中，按照2%的比例抽取，则共抽取100只鸡，若100只鸡中有82只鸡的体重处于上述 $630g \leqslant W \leqslant 770g$ 的范围内，则说明体重均匀度为82%。

同理可测定鸡的胫长，计算出胫长均匀度，实际生产中胫长均匀度要在90%以上，表示鸡群发育正常。

六、项目实施（职业能力训练）

操作要点	操作要求和注意点
实验准备	（1）穿好白大褂，按照人员分成小组。 （2）抓鸡过程中注意安全，避免被鸡抓伤或造成其他意外伤害。 （3）调试好实验工具。

操作要点	操作要求和注意点
称体重	（1）抽取鸡群要随机，反映整体水平。 （2）按照群体规模的比例抽取，一般抽取的数量不得少于 50 只。 （3）将抽取的鸡逐只称重和记录。 （4）有必要还可测量每只鸡的胫长并记录。
计算均匀度	（1）查对应周龄的标准体重，计算±10%的范围。 （2）对比体重数据，算出在体重范围内的鸡数量。 （3）计算均匀度，得出百分比。 （4）可计算胫长均匀度。

七、项目过程检查

序号	检查项目	检查标准	学生自检	教师检查
1	试验材料和教学工具、用具的准备	准备充分，细致周到		
2	课前预习、基本理论知识的准备	实施步骤合理，有利于提高评价质量		
3	实验操作的准确性	细心、耐心		
4	家禽体重均匀度测定方法正确，操作规范	符合操作技能要求		
5	实验工具的准备	所需工具准备齐全，不影响实施进度		
6	教学过程中的课堂纪律	听课认真，遵守纪律，不迟到、不早退		
7	实施过程中的工作态度	在工作过程中乐于参与		
8	上课出勤状况	出勤 95%以上		
9	安全意识	无安全事故发生		
10	环保意识	注意实验室卫生、不随意处置垃圾和废物		
11	合作精神	能够相互协作，相互帮助，不自以为是		
12	实施计划时的创新意识	确定实施方案时不随波逐流，有合理的独到见解		

序号	检查项目	检查标准	学生自检	教师检查
13	实施结束后的任务完成情况	过程合理，规划设计定位准确，与组内成员合作融洽，语言表述清楚		
检查评价	评语： 组长签字：　　　　教师签字： 年　　月　　日			

八、项目考核评价

同项目一中禽的品种识别、外貌鉴定的项目考核评价方法。

九、项目训练报告

撰写并提交实训总结报告。

项目六　活拔羽绒技术

通过本项目实训，掌握家禽活拔羽绒的前期准备工作、操作方法、活拔羽绒后家禽的护理及羽绒的处理方法，能独立进行项目操作。

一、项目任务目标

（1）熟悉活拔羽绒的时间。

（2）熟悉活拔羽绒的操作方法。

（3）熟悉活拔羽绒后的家禽和羽绒的处理。

二、项目任务描述

1. 工作任务

（1）明确活拔羽绒前的准备工作。

（2）明确活拔羽绒的操作方法。

（3）明确活拔羽绒后的家禽和羽绒的处理。

2. 主要工作内容

（1）掌握活拔羽绒前的准备工作。

（2）掌握活拔羽绒的操作方法。

（3）掌握活拔羽绒后的家禽的护理和羽绒的处理。

三、项目任务要求

1. 知识技能要求

（1）掌握活拔羽绒前的准备工作。

（2）掌握活拔羽绒的操作方法。

（3）掌握活拔羽绒后的家禽的护理。

（4）掌握羽绒的处理方法。

2. 实习安全要求

在进行初生活拔羽绒实际操作时，要严格按照规定进行操作，注意安全，防止被禽啄伤和其他设备等造成意外伤害。

3. 职业行为要求

（1）实验材料要准备充足。

（2）着装整齐。

（3）遵守课堂纪律。

（4）具有团结合作精神。

四、项目训练材料

1. 器材

待拔羽绒的鸭或鹅若干只、紫药水、0.1%高锰酸钾、白酒、塑料布、凳子。

2. 其他

工作服、工作帽、毛巾、肥皂、脸盆。

五、项目相关知识

（一）活体拔毛前的准备

活体拔毛一般选在室内进行或者晴朗无风的天气下，如果是水泥地要将场地打扫干净，铺上干净的塑料布，准备好消毒药水、凳子、工作衣裤、口罩等；然后在拔毛前应对人员进行培训正确的拔毛操作技术；其次，在拔毛前几天对要拔毛的鹅要多游泳，洗净羽毛，再抽样检查，胸部羽毛根部是否干枯，鹅是否在换羽，此时可以拔毛；另外，拔毛前1d要停止喂料，只供应饮水，保持羽毛清洁，检查时剔除体弱有病、发育不良的；对首次进行活体拔毛的鹅可以提前10min灌服10mL白酒，以使毛囊扩张、皮肤松弛，容易拔毛。

（二）活体拔毛的操作方法

人坐在凳子上，一只手抓住鹅脖子，双腿夹紧鹅体，使其腹部朝上；用另一只手的大拇指、食指和中指提住毛绒拔下，也可先拔毛片、后拔绒朵。每次手捏毛绒宁少勿多，一撮一撮地往下拔，要尽可能把毛绒拔干净。拔完腹部后，再拔两肋、胸、肩背等部位。拔毛时，用力要均匀，动作要利索。如果遇到密集的毛片难拔时可避开不拔，或先从毛片根部紧贴皮肤处剪断，1次只能剪1片毛片，注意不要剪破皮肤和剪断绒朵。第1、第2次拔毛，以顺拔为好，以后顺拔、倒拔皆可。尽可能不要拔断毛绒，避免飞丝产生，否则会留下毛根，影响鹅毛生长。

（三）活体拔毛后出现问题的处理

1. 破皮出血的处理

如果小范围损伤，用紫药水涂抹一下即可；如皮破口较长，可先进行缝合，并作抗菌处理，内服磺胺类药物，外涂紫药水，隔离饲养至伤口愈合再放牧。

2. 脱肛的处理

在活拔绒操作时，由于剧烈应激，个别鹅会出现脱肛现象，一般不需要特别处理，过1~2d就能自然收缩恢复正常。也可用0.1%高锰酸钾，以药棉蘸湿，涂擦患处，将脱出部分送回，放于热处，使肛部受热即可，或送回后在肛门处缝合一针，愈后再拆除。

3. 遇有大片不好拔时的处理

一是对可避开的毛片可避开不拔。当难以避开时，可先将其剪断，然后再拔。剪毛片时，用剪尖在毛片根部皮肤处剪断，一次只能剪去一根毛，注意不要剪破皮肤和剪断绒朵。

4. 活体拔毛后不喜食的处理

有极少数的鹅因活体拔毛时受刺激较重，发蔫不喜食，放于僻静处，过两天就可以恢复食欲。

（四）羽绒的处理和储存

鹅羽绒是一种蛋白质，保温性能好，不易散失热量，如果储存不当，容易发生虫蛀、结块、变黄、霉变，影响羽绒质量，降低售价，因此，羽绒一定要经过处理。拔后的羽绒经过分拣，必要时可进行消毒，待羽绒干透后用干净不透气的塑料袋包装好，外面套上编制塑料袋，并用绳子分层捆紧，装包贮存，避免受潮。装袋时尽量保持羽毛的自然状态和弹性，不要强压。保存时必须注意防潮、防霉、防热、防虫蛀，存放毛绒的库房要地势高而干燥，通风良好。经常检查毛样，一旦受潮，必须及时晾晒或烘干。

（五）影响羽绒质量的因素

鹅有喜凉怕热、喜水怕潮的特点，因此由于鹅的所在地区不同，品种毛色年龄各异，饲养条件、营养状况、拔毛季节、初拔和屡拔以及光照关系、饲料的不一对羽绒的生长速度及羽绒质量有一定影响。如南方因气温高，原毛的含绒量就冬季而言不如北方高，而南方水分多的地方比北方干旱地区的鹅羽绒生长快；灰色鹅种不如白色鹅种羽绒质量高；青年鹅产绒多、老龄鹅产绒少，肥鹅比瘦鹅羽绒长得快。鹅久卧湿地则腹部羽绒不长，久喂酒糟的拔毛鹅羽绒不生；公鹅比母鹅产羽绒多，休产期比产蛋期产羽绒多、质量优；冬季羽绒比夏季羽绒质量好；光照充足比暗淡无光环境羽绒长得快；产蛋鹅拔毛后如不加强饲养管理的结果是虽然继续产蛋而羽绒不长。

六、项目实施（职业能力训练）

操作要点	操作要求和注意点
实验准备	（1）穿好白大褂，按照人员分成小组。 （2）抓鹅过程中注意安全，避免被鹅抓伤或造成其他意外伤害。 （3）准备好实验用具。 （4）检查鹅毛是否清洁，鹅是否适合拔羽绒。 （5）首次进行活体拔毛的鹅可以提前 10min 灌服 10mL 白酒。

操作要点	操作要求和注意点
拔绒	（1）教师先给学生示范和培训正确的拔绒方法。 （2）人坐在凳子上，一只手抓住鹅脖子，双腿夹紧鹅体，使其腹部朝上；用另一只手的大拇指、食指和中指提住毛绒拔下。 （3）可先拔毛片、后拔绒朵。每次手捏毛绒宁少勿多。 （4）拔完腹部后，再拔两肋、胸、肩背等部位。
拔绒后处理	（1）小范围损伤，用紫药水涂抹一下即可；如皮破口较长，先进行缝合，并作抗菌处理，内服磺胺类药物，外涂紫药水，隔离饲养至伤口愈合再放牧。 （2）个别鹅会出现脱肛现象，一般不需要特别处理，过 1~2d 就能自然收缩恢复正常。也可用 0.1%高锰酸钾涂擦患处，将脱出部分送回，或送回后在肛门处缝合 1 针，愈后再拆除。 （3）遇有大片毛不好拔时，对可避开的毛片可避开不拔。当难以避开时，可先将其剪断，然后再拔。 （4）有极少数的鹅因活拔时受刺激较重，发蔫不喜食，不需特别处理，放于僻静处，过 2d 就可以恢复食欲。
羽绒处理	（1）拔后的羽绒经过分拣，必要时可消毒，待羽绒干透后用干净不透气的塑料袋包装好，外面套上编制塑料袋，并用绳子分层捆紧，装包贮存，避免受潮。 （2）装袋时尽量保持羽毛的自然状态和弹性，不要强压。 （3）保存时必须注意防潮、防霉、防热、防虫蛀，存放在地势高而干燥、通风良好的库房。 （4）经常检查毛样，一旦受潮，必须及时晾晒或烘干。

七、项目过程检查

序号	检查项目	检查标准	学生自检	教师检查
1	试验材料和教学工具、用具的准备	准备充分，细致周到		
2	课前预习、基本理论知识的准备	实施步骤合理，有利于提高评价质量		
3	实验操作的准确性	细心、耐心		
4	活拔羽绒技术操作熟练，准备充分	符合操作技能要求		
5	实验工具的准备	所需工具准备齐全，不影响实施进度		

序号	检查项目	检查标准	学生自检	教师检查
6	教学过程中的课堂纪律	听课认真，遵守纪律，不迟到、不早退		
7	实施过程中的工作态度	在工作过程中乐于参与		
8	上课出勤状况	出勤95%以上		
9	安全意识	无安全事故发生		
10	环保意识	注意实验室卫生、不随意处置垃圾和废物		
11	合作精神	能够相互协作，相互帮助，不自以为是		
12	实施计划时的创新意识	确定实施方案时不随波逐流，有合理的独到见解		
13	实施结束后的任务完成情况	过程合理，规划设计定位准确，与组内成员合作融洽，语言表述清楚		
检查评价	评语： 组长签字：　　　　教师签字： 年　　月　　日			

八、项目考核评价

同项目一中禽的品种识别、外貌鉴定的项目考核评价方法。

九、项目训练报告

撰写并提交实训总结报告。

项目七　鸡的人工授精技术

通过本项目实训，掌握公鸡采精的操作方法、精液稀释方法、精液的品质检查方法及母鸡人工授精操作方法，能独立进行项目操作。

一、项目任务目标

（1）熟悉公鸡采精技术。

（2）熟悉母鸡人工授精技术。

（3）熟悉精液品质检测、精液稀释等技术。

二、项目任务描述

1. 工作任务

（1）明确种公鸡选择标准。

（2）明确种公鸡采精的操作方法。

（3）明确精液品质检查和稀释的方法。

（4）明确母鸡人工授精操作。

2. 主要工作内容

（1）掌握种公鸡的选择和采精操作。

（2）掌握精液品质检查的方法和精液稀释操作。

（3）掌握母鸡人工授精的操作方法。

三、项目任务要求

1. 知识技能要求

（1）掌握种公鸡的选择。

（2）掌握种公鸡采精的操作方法。

（3）掌握精液品质检查和稀释的操作方法。

（4）掌握人工授精的操作方法。

（5）掌握母鸡人工授精的注意事项。

2. 实习安全要求

在进行种鸡人工授精实际操作时，要严格按照规定进行操作，注意安全，防止被种鸡抓伤或啄伤等造成意外伤害。

3. 职业行为要求

（1）实验材料要准备充足。

（2）着装整齐。

（3）遵守课堂纪律。

（4）具有团结合作精神。

四、项目训练材料

1. 器材

种公鸡、种母鸡若干只、小试管、胶塞、采精杯、刻度试管、水温计、试管架、玻璃吸管、注射器、药棉、纱布、毛巾、橡胶手套、储精管、输精管、毛剪、显微镜、载玻片、盖玻片、保温箱、温度计、血细胞计数器、棉花、水浴锅、蒸馏水、生理盐水、3%氯化钠溶液、75%酒精、0.5%龙胆紫、2%伊红溶液。

2. 其他

工作服、工作帽、毛巾、肥皂、脸盆。

五、项目相关知识

（一）采精前的准备工作

1. 种公鸡的选择

选择双亲健康高产和体况结实的公鸡作人工授精用。60~70日龄进行第1次选择，留下品种或品系中最典型的，发育良好的公鸡。5月龄时进行第2次选择，选择腹部柔软，发育良好，龙骨平直的公鸡。按摩能外翻肛门，交配器能勃起和排出质量良好的精液。在7月龄，公鸡使用前2~3周就要转到采精的地方，进行单笼饲养。

2. 种公鸡采精适应性隔离训练

一般在正式采精前1周应对公鸡肛门周围的体毛进行修剪，并进行适应性按摩。公鸡每天训练1~2次，经3d后可对大部分公鸡采取精液。训练期间可对品质差、不出精液及与粪便一起排放的要进行淘汰。当公鸡进行条件反射后再采精就不需要按摩，可直接采集精液。

（二）采精方法

多采用按摩法采精，经过7~10d就能使公鸡形成条件反射。生产实际中多采用双人立式背腹部按摩采精法和单人按摩训练采精法。

1. 双人立式背腹部按摩采精法

采用两人合作按摩法采精。一人操作，一人作助手。助手从鸡笼里抓出公鸡，左手抓住鸡双翅膀，右手抓住双脚，人坐在事先准备好的小方凳上，并把鸡的双脚交叉夹在操作者双腿里，使鸡头向左背朝上。采精者左手掌心向下，紧贴公鸡腰背，向尾部做轻快而有节奏的按摩。同时右手接过采精杯，用中指和无名指夹住，杯口朝外，拇指与其余四指分开放在公鸡的耻骨下方，做腹部按摩准备。当左手从公鸡背部向尾部按摩，公鸡出现泄殖腔外翻或呈交尾动作（性反射）时，用按摩背部的左手掌迅速将尾羽压向背部，并将拇指与食指分开放于泄殖腔上方，做挤压准备。同时用右手在鸡腹部进行轻而快的抖动按摩，当泄殖腔外翻，露出勃起的退化阴茎时，左手拇指与食指立刻捏住泄殖腔外缘，轻轻压挤，当排精动作出现时，夹着采精杯的右手迅速翻转，手背朝上，将采精杯放在泄殖腔下边，配合左手将精液收入采精杯内。如此方法重复 2~3 次即完成每只公鸡的采精。采出精液后助手把公鸡放回原笼再作下一个公鸡的采精。公鸡的正常精液为乳白色，每只公鸡每次可采精液 0.5~1mL。每天或隔天采精 1 次。

2. 单人按摩训练采精法

保定者坐在凳子上，将公鸡两腿夹持在大腿部。将左腿放在右腿上，使公鸡胸部伏在大腿上，公鸡两翅应紧贴鸡体。右手中指和无名指夹采精杯。左手自鸡背部向尾部方向按摩 2~3 次，以引起公鸡性感，接着左手顺势将尾羽翻向背侧，并用拇指和食指捏压泄殖腔两侧。此时右手拇指和食指应立即插在腹部两侧的柔软部，施以迅速而敏捷的按压，这时公鸡翘尾，翻肛，射精，精液排出。右手夹着的采精杯应立即将口向上盛接精液。采集的精液的公鸡一般不超过 15 只，时间不能超过 0.5h，0.5h 内应立即开始输精，待输完后再采。

（三）精液品质评定

1. 精液的颜色

健康公鸡的精液为乳白色浓稠如牛奶。精子密度越高，乳白色越浓，反之越浅。若颜色不一致或混有血，粪尿等，或呈透明，都不是正常的精液，不能用于输精。

2. 射精量

射精量的多少与鸡的品种、年龄、生理状况、光照以及饲养管理条件有关，同时也与采精方法、技术水平、家禽体况、采精频率也都有影响。平均射精量为 0.3~0.45mL，其变化范围较大，0.05~1.00mL。

3. 精液的浓度

一般把鸡精液浓度分为浓、中、稀三种，检查应在 40℃ 左右恒温箱内 300~400 倍显微镜下观察视野中精子的数量，公鸡精液的平均浓度为 30.4 亿个/mL，变化范围在 1 亿~100 亿个/mL。选作人工授精的公鸡，其精液浓度应在 30 亿个/mL 以上。

4. 精子活力

精子活力对蛋的受精率大小影响很大，只有活力大的精子才能进入母鸡输卵管，到达漏斗部使卵子受精，精子的活力也是在显微镜下观察，用精液中直线摆动前进的精子的百分比来衡量。取精液、生理盐水各 1 滴置于载玻片上，然后用盖玻片盖好进行检查，评分一般用 10 级评分：视野中 90% 以上的精子呈直线运动，评为 0.9 级；80%~90% 则评为 0.8；依此类推，良好的鸡精子活力不低于 0.7。

5. 精液的 pH 值

采精过程中，有异物落入是导致精液 pH 值变化的主要原因。正常的精液 pH 值通常为 6.2~7.4，中性到弱碱性。精液 pH 值的变化影响精子的活力，从而也影响种蛋的受精率。

（四）精液的保存与稀释

鸡精液的稀释是用专门配制的稀释液稀释。稀释液一般包括稀释剂、营养剂、保护剂以及一些其他成分。对实际生产来讲，用新鲜的精液输精更为方便实用。值得注意的是，即使采用新鲜精液输精，鸡精液采出公鸡体外后，若环境温度太低也会影响其受精率。所以，当环境温度低于 20℃时，最好采用保温集精杯集精。保温杯中灌注 32℃的温水，实际操作时若无专用的保温集精杯，也可用其他方法对集精杯保温，比如用玻璃试管集精，然后置于盛有温水的器皿中即可。

（五）输精技术

输卵管口输精法也称阴道输精法、泄殖腔输精法，是目前最多采用的输精方法。

1. 输精前的准备

挑选健康、无病、开产母鸡，产蛋率达 70%以上开始输精最为理想。

2. 输精时间

每天 15 时以后，母鸡子宫内无硬壳蛋时最好。

3. 输精方法

持鸡一人用左手将母鸡双腿向后拉直。翻肛因输卵管口在左侧，左手大拇指在泄殖腔左侧下方用微力稍压输卵管口即可翻出。输卵管口颜色为粉红色，成圆形。输精另一人用输精管（吸管）吸取原精液，吸取的精量多少主要取决于精液中精子的浓度和活力，一般要求输入 8 000 万~1 亿个精子，约相当于 0.025mL 精液中的精子数量。将吸管插入输卵管口，深度为 1~1.5cm。即可把精液输入输卵管内，这时停止按压母鸡，以免精液外流。为保证高的受精率，第 1 次输精时，输精量可加倍、或连续 2d 输精。从理论上讲，一次输精后母鸡能在 12~16d 内产受精蛋，但生产实际中为保证种蛋的高受精率，以后每隔 5d 输精 1 次，肉鸡因其排卵间隔时间较蛋鸡长和生殖器官周围组织脂肪较多而肥厚，输精的间隔时间应短一些，一般 3d 为周期。每次输精应在大部分鸡产完蛋后进行，一般在 15—16 时以后。为平衡使用人力，一个鸡群常采用分期分批输精，即按一定的周期每天给一部分母鸡输精。第 1 次输精后过 48h 开始收种蛋，受精率一般可达到 85%~95%。

（六）输精的注意事项

一般情况下，只要遵守采精和输精的技术要求，受精率可以达到 85%以上。但进行鸡人工授精必须注意如下几个方面的问题。

（1）保持公鸡健壮。精液中精子浓度低或精子活力不高，死精和畸形精子多是影响受精率的因素。实践证明，有些公鸡射精量虽少，但精子浓度和精子活力都很高，输精量低仍能取得很高的受精率。挑选精液品质好的公鸡十分重要。因此必须对公鸡的精液品质进行定期检查，及时淘汰精液品质差的公鸡，并加强饲养管理，保证公鸡健壮、精液品质好。

（2）采精时，从鸡笼抓出公鸡要立即操作采精，否则，时间越长，动作越迟缓，越会导致采不出精液或采精量少。

（3）采出精液后要及时用吸管导入集精杯内，并及时把精液中的血、尿、屎等杂物清除，以免精液被污染而影响精液品质。

（4）精液存放的时间越长活力越低，受精率也越低，因此如果是原精液输精，必须在采出精液后 0.5h 内输完。如果稀释精液短期保存后输精，应于采精 15min 内稀释，在 5℃下保存。稀释时可用含 5.7%葡萄糖的生理盐水进行 1∶2 稀释。

（5）输精时，先将母鸡输卵管翻出，才能将精液输入。输精应注意输精的深度。不同的深度对受精率有较大的影响。

（6）输精量，一般情况下，原精液输精 0.015～0.03mL，稀释 1∶1 的输入量为 0.04～0.06mL。输精最好在 15 时绝大部分母鸡产完蛋后进行。

（7）在 44 周龄后，有些母鸡的输卵管难以翻出。在正确的手势下都难翻出输卵管的母鸡大多数是不产蛋的，对于这种母鸡应予淘汰。

（8）输精过程中，往往有极少数的母鸡输卵管内有待产蛋，这时应将这种鸡挑出，待产下蛋后再输精。

（9）输精人员应相对固定，以免鸡受到惊吓；输精过程中应及时做好标记，防止漏输。

六、项目实施（职业能力训练）

操作要点	操作要求和注意点
实验准备	（1）穿好白大褂，按照人员分成小组。 （2）抓鸡过程中注意安全，避免被鸡抓伤或造成其他意外伤害。 （3）准备好实验用具。
采精前准备	（1）选择双亲健康高产和体况结实的公鸡作人工授精用。60～70 日龄开始第 1 次选择，留下该品种或品系最典型的，发育良好的公鸡。在 5 月龄进行第 2 次选择，选择腹部柔软，发育良好，龙骨平直的公鸡。按摩能外翻肛门，交配器能勃起和排出质量良好的精液。 （2）在 7 月龄，公鸡使用前 2～3 周就要转到采精的地方，进行单笼饲养，以适应笼养环境。 （3）7～8 月龄，剪去公鸡泄殖腔周围的羽毛，以免妨碍操作和污染精液。 （4）种公鸡采精适应性隔离训练，当公鸡进行条件反射后再采精就不需要按摩，可直接采集精液。

操作要点	操作要求和注意点
采精	（1）多采用双人立式背腹部按摩采精法和单人按摩训练采精法。 （2）按摩公鸡背部和腹部。 （3）轻轻压挤外翻泄殖腔。 （4）出现排精动作时，将采精杯放在泄殖腔下边，将精液收入采精杯内。 （5）重复 2~3 次即完成每只公鸡的采精。
精液品质评定	（1）健康公鸡的精液为乳白色浓稠如牛奶。精子密度越高，乳白色越浓。 （2）公鸡平均射精量为 0.3~0.45mL （3）公鸡精液的平均浓度为 30.4 亿个/mL，变化范围在 1 亿~100 亿个/mL。作人工授精的公鸡，其精液浓度应在 30 亿个/mL 以上。 （4）良好的鸡精子活力不低于 0.7。 （5）正常的精液 pH 值通常为中性到弱碱性。
精液稀释	（1）鸡精液的稀释是用专门配制的稀释液稀释。 （2）实际生产中用新鲜的精液输精更方便实用。
输精	（1）挑选健康、无病、产蛋率达 70%以上的开产母鸡输精最为理想。 （2）输精时，一人持鸡用左手将母鸡双腿向后拉直，左手大拇指在泄殖腔左侧下方稍微用力压，即可翻出输卵管口。 （3）输精另一人用输精管吸取原精液，一般要求输入 0.8 亿~1 亿个精子，约相当于 0.025mL 精液中的精子数量。 （4）将吸管插入输卵管口，深度为 1~1.5cm。即可把精液输入输卵管内。 （5）为保证高的受精率，第 1 次输精时，输精量可加倍、或连续 2d 输精。每隔 5d 输精 1 次，肉鸡因其排卵间隔时间较蛋鸡长和生殖器官周围组织脂肪较多而肥厚，输精的间隔时间应短一些，一般 3d 为周期。 （6）每次输精应在大部分鸡产完蛋后进行，一般在 15—16 时以后。 （7）第 1 次输精后过 48h 开始收种蛋，受精率一般可达到 85%~95%。

七、项目过程检查

序号	检查项目	检查标准	学生自检	教师检查
1	试验材料和教学工具、用具的准备	准备充分，细致周到		
2	课前预习、基本理论知识的准备	实施步骤合理，有利于提高评价质量		
3	实验操作的准确性	细心、耐心		

序号	检查项目	检查标准	学生自检	教师检查
4	种公鸡采精、精液品质评定、精液稀释和输精等操作规范。	符合操作技能要求		
5	实验工具的准备	所需工具准备齐全，不影响实施进度		
6	教学过程中的课堂纪律	听课认真，遵守纪律，不迟到、不早退		
7	实施过程中的工作态度	在工作过程中乐于参与		
8	上课出勤状况	出勤95%以上		
9	安全意识	无安全事故发生		
10	环保意识	注意实验室卫生、不随意处置垃圾和废物		
11	合作精神	能够相互协作，相互帮助，不自以为是		
12	实施计划时的创新意识	确定实施方案时不随波逐流，有合理的独到见解		
13	实施结束后的任务完成情况	过程合理，规划设计定位准确，与组内成员合作融洽，语言表述清楚		
检查评价	评语： 组长签字：　　教师签字： 年　月　日			

八、项目考核评价

同项目一中禽的品种识别、外貌鉴定的项目考核评价方法。

九、项目训练报告

撰写并提交实训总结报告。

项目八　禽场管理及卫生防疫制度的制定

通过本项目实训，掌握禽场日常生产管理制度及卫生防疫制度，能根据实际情况制定禽场生产管理及卫生防疫制度或手册。

一、项目任务目标

（1）熟悉禽场的日常管理工作。

（2）熟悉禽场卫生防疫的具体工作内容。

（3）能根据禽场实际制定卫生防疫制度。

二、项目任务描述

1. 工作任务

（1）明确禽场日常管理工作的内容。

（2）明确禽场卫生防疫制度的内容。

（3）制定禽场的卫生防疫制度。

2. 主要工作内容

（1）掌握禽场日常管理工作的具体内容。

（2）掌握禽场卫生防疫工作的具体内容。

（3）制定禽场管理和卫生防疫制度。

三、项目任务要求

1. 知识技能要求

（1）掌握禽场日常管理工作的具体内容。

（2）掌握禽场卫生防疫工作的具体内容。

2. 实习安全要求

在进行禽场管理和卫生防疫制度制定的实际操作时，要严格按照规定进行操作，注意安全，防止被禽场的电器和其他工具设备等造成意外伤害。

3. 职业行为要求

（1）实验材料要准备充足。

（2）着装整齐。

（3）遵守课堂纪律。

（4）具有团结合作精神。

四、项目训练材料

1. 器材

远程参观禽场，观看禽场纪录片。

2. 其他

工作服、工作帽、毛巾、肥皂、脸盆。

五、项目相关知识

掌握家禽场的经营管理是充分调动场内人员生产积极性，充分利用场内房舍、设备，最大限度发挥家禽生产力，以提高产品的质量和产量，降低生产成本，最终获得良好经济效益的关键；而卫生防疫是养殖场对各种传染病的控制和监测，并逐渐消灭了各种传染病的发展和流行的主要措施，包括动物疫病的预防、控制、扑灭和动物、动物产品的检疫。因此，认真搞好生产管理和卫生防疫，才能生产高质量、价格有竞争力的禽产品，从而在市场上获得应有的效益和声誉。

（一）家禽场的管理

1. 经营与管理的概念

经营是指在国家法律、条例所允许的范围内，面对市场的需要，根据企业内部的环境和条件，合理的确定企业的生产方向和经营总目标；合理组织企业的供、产、销活动，以求用最少的人、财、物消耗，取得最多的物质产出和最大的经济效益，即利润。管理是指根据企业经营的总目标，对企业生产总过程的经济活动进行计划、组织、指挥、调节、控制、监督和协调等工作。

2. 搞好经营管理的意义

只有搞好经营管理才能取得最大的经济效益，才能合理地使用人、财、物，提高企业的生产和生存能力，及时更新设备、采用新技术才能提高市场竞争力，吸引和留住人才。

3. 经营管理者素质要求

除懂得相关专业知识外，还应该具有掌握国家方针、政策的能力，对市场有准确的分析、预测和应变；善于处理社会关系和调动下属积极性的能力，及时在集约化养禽业中能筹集到合理的资金以转化为生产力，增加利润；并且能根据自身优势有确定生产方向、生产规模的能力，能制定近期、中期、长期目标和实施措施，应用先进科学技术解决遇到的技术障碍或问题。

4. 家禽场的技术管理

（1）选择优良品种。尽量选择适应性强、市场容量大、生长速度快、产蛋率高、饲料转化率高的优良品种，对提高生产水平，取得好的经济效益有十分重要的作用。

（2）饲料全价化。饲料成本在养殖中约占总成本的 70%。因此，必须在家禽不同生理阶段，合理配制日粮，提高饲料利用率，降低饲料成本，这是饲料管理的重点工作之一。

（3）设备标准化。现代集约化养禽业已步入高效、高产、低耗时代，因此必须利用先进设备，提高生产水平，才能取得较高经济效益。

（4）管理科学化。养禽场特别是现代化大型养殖场，许多人协同合作劳动和进行社会化的生产。对内、外必须合理组织和管理。对禽场类型、饲养规模、饲料供应、市场情况等进行深入调查和可行性分析，然后做出科学的决策。

（5）技术档案管理系统化。在家禽生产中每天工作人员要对工作进行详细的记录，按照类型分类整理和存档，以对今后生产和经营提供科学的参考依据。

（二）卫生防疫制度的制定

1. 卫生制度

卫生制度是环境卫生控制的理论指导和行为规范，通过良好的制度约束和卫生控制，能解决环境污染的根本问题，并能从防疫的意义上有效地减少和消灭病原微生物。

（1）生活区和生产区分开，达到现代养殖的相关卫生标准。保持生活区、生产区的环境卫生，清除一切杂草、树叶、羽毛、粪便、污染的垫料、包装物、生活垃圾等，定点设立垃圾桶并及时清理。

（2）保持饲养人员个人卫生，每个饲养员配备可供换洗的工作服，坚持每 1～2d 洗 1 次澡，保持工作服整洁。每批鸡出栏以后彻底换洗工作服和床上用品等，必要时熏蒸消毒后在阳光下暴晒。

（3）保持餐厅、厕所卫生，定期冲刷、擦洗，做好无油污、无烟渍、无异味。养殖期间杜绝食用一切外来禽类产品，禁止食用本场的病死家禽。

（4）保持道路卫生，不定期清扫，定期消毒。有条件的养殖场可以将净道和污道水泥硬化，便于交通运输、便于内部人员日常操作、便于冲刷消毒。

（5）保持进入生活区、生产区大门的消毒池内干净，池内无漂浮污物、死亡的小动物和生活垃圾，定期（5～7d）更换消毒液，特殊情况可以随时更换，最常见的消毒液是 3%～5%氢氧化钠溶液。

（6）鸡场配备兽医室、剖检室、焚尸炉，能对病死的家禽剖检、禽病的诊断和病禽、病料的无害化处理提供条件和方便。

（7）养殖用水最好是自来水或深井水，定期检测饮水的卫生标准，确保卫生无污物，大肠杆菌污染指数符合国家规定的饮用水的卫生指标。

（8）配备粪便生物发酵处理池，确保鸡场作为肥料的鸡粪和垫料对社会对其他养殖没有危害性。

（9）饲料要保持新鲜和干净，饲料场、散装料罐、养殖场、散装料仓，都要避免人为的接触和污染。在鸡群发病时期特别要注意剩料的处理。

（10）鸡舍内卫生。①地面卫生。确保网架干净，选用大小适中的塑料网便于粪便能漏下去。②空气质量卫生。从育雏到出栏，根据养殖的需要、季节温度的变化、空气质量的变化等，不断调节通风量，确保舍内空气质量新鲜、氧气充足、有害气体不超标。③育雏期间每天都要清理掉水杯中的垫料并擦洗干净。每批鸡出栏以后根据需要用相关的消毒剂或特殊的除垢剂浸泡或高压冲刷自动饮水线，以便能有效去除水线中的青苔、沉积物和滋生物等。④顶棚卫生。在饲料中添加灭蝇蛆药物或采取药杀措施，避免苍蝇粪便污染顶棚、灯泡、墙壁设备等，同时也避免了大量的苍蝇滋生而加大禽病传播的风险。⑤每批鸡出栏以后，对鸡舍内的所有设施设备、控制仪表等都要仔细的除尘、擦洗，避免留有卫生死角。⑥凡接触过病、死鸡后要及时用消毒药清洗双手，避免人为地扩大污染。

2. 隔离制度

隔离制度是维护养殖环境安全和约束外来疫病入侵的有效保障，现代肉鸡的养殖周期在42~45d，在养殖过程中，有很多因素会由于隔离不力而让外来的疫病侵害和感染到鸡群。

（1）对外来人员的隔离，在养殖场周围除了必要的净道和污道的门口之外，要有能够阻挡人员和大的野生动物出入的篱笆等作为防护屏障。

（2）尽量减少养殖过程中的一切对外交往，每次人员外出、残鸡处理、清理鸡粪、垫辅料等都是有风险的。

（3）养殖区内定期灭鼠、灭蝇：在鸡舍通风窗上安装防鸟网，家犬要拴养或圈养，不能到处乱跑，更不能喂食病死鸡。

3. 防疫制度

（1）常规消毒制度。①育雏前的喷雾消毒和熏蒸消毒。②养育过程中的带鸡消毒。③生活区的一次消毒，生产区的二次消毒，进入鸡舍的三次消毒。④个人卫生和宿舍卫生。

（2）预防性用药制度。推广酶制剂和微生态产品的应用，提高机体抵抗力和家禽抗感染能力。

（3）免疫接种制度。①必须进行的免疫接种如新城疫、传染性法氏囊炎、传染性支气管炎等要进行合理的免疫接种。②在疫区可考虑增加的免疫接种如禽流感灭活疫苗。③根据区域差异，可以考虑如大肠杆菌多价灭活疫苗、沙门氏菌灭活疫苗、多种球虫卵囊制成的球虫苗等的免疫。

（4）病群封锁制度。①对疑似或确诊发生疫情的病群进行空间上的隔离，禁止与外界交流。②对可能受到病群威胁的健康的鸡群，落实针对性的保护和防范措施（紧急接种、预防性用药、强化消毒、提前出栏等）。③病群处理或康复后，先全面消毒再解除封锁。

（5）疫病档案管理制度。①疫情记录，对发生疫情的鸡群的日龄、表现、外观症状、剖检变化、诊断结果或疑似诊断结果、伤亡情况等进行实事求是的记录。②疗效评估。对治疗方案、用药情况、疗程、治疗效果等进行详细记录并进行评估，为以后的疫情防控（防治）提供经验和参考。

（6）疫情报告制度。①按照动物防疫法的相关规定，对发生在养殖场内的经过确诊或存在可疑的急性、重大疫情要及时上报当地畜牧行政主管部门。②疫情上报后，本着对行业负责的态度积极与相关部门进行协调和沟通。制定合理的控制和扑灭方案，尽量杜绝和减轻疫情的蔓延。

（7）疫情扑灭制度。①对已经发生的疫情采取科学合理的控制措施（药物治疗、疫苗紧急接种、淘汰病弱残、隔离病群、有计划扑杀等）。②对综合防治方案进行具体落实，对因治疗、对症治疗、辅助治疗、保健治疗等。③根据疫情的发展及时进行治疗方案的调整。

（三）卫生消毒

1. 卫生清理

借助机械和物理的方法对环境进行清理和初级净化，主要是通过彻底的铲除、清扫、高压冲刷等方法对养殖环境中的垫料、粪便、羽毛以及其他的污染物和有机物进行处理，为药物消毒创造条件和奠定基础。

2. 消毒药的选择

消毒药的选择受消毒目的、季节、病原的特点、环境温度、价格等影响很大。例如，可根据禽病的流行情况选择对相关病原微生物敏感的药物，针对性地杀灭病原微生物，有的放矢，药敏试验的目的就在于此；当季节气温高的时候可以不用高锰酸钾，只用福尔马林喷雾就可以达到熏蒸的消毒效果；含碘的消毒剂由于挥发性强，最好不要在夏季使用；当多种消毒药物交替使用的情况下，要充分考察药物的性质，特别是酸碱性和 2 次消毒间隔的时间，以免相互中和或拮抗而影响或降低消毒效果。

3. 消毒方法

现代养殖场消毒方法最常用的是喷雾消毒、熏蒸消毒、浸泡消毒、紫外线照射、焚烧或深埋、生物发酵消毒等。

4. 消毒对象

（1）环境和道路。环境包括鸡舍内环境和鸡舍外周、道路等环境。在饲养期间内，工作间的墙壁、地面、鸡舍周围每周消毒 1~2 次。尤其是鸡舍的必经之路，每天喷洒消毒 1 次。鸡舍周围的杂草、杂物等要定时清理。鸡舍的进风口和排风口每天至少消毒 2 次。

（2）衣服和被褥等。工作人员的工作服和鞋帽在清洗干净的前提下暴晒，熏蒸或紫外线照射消毒，杀灭微生物。

（3）污物处理消毒。主要是通过堆积、密封进行生物热发酵消毒或深埋、焚烧处理。

（4）器械消毒。生产使用中的器械类型较多，这些器械直接接触病死鸡，使用前后要经过消毒处理。

（5）人员和车辆消毒。人员和车辆是病原体传播的重要媒介，进入生产区的人员和车辆必须经过消毒室或消毒池，人员要通过紫外线、喷雾消毒等才能进入生产区。

六、项目实施（职业能力训练）

操作要点	操作要求和注意点
实验准备	（1）穿好白大褂，按照人员分成小组。 （2）各小组讨论禽场管理和卫生防疫制度的内容。
养禽场的管理	（1）尽量选择饲养适应性强、市场容量大、生长速度快、产蛋率高、饲料转化率高的优良品种。 （2）饲料成本在养殖中约占总成本的70%。合理配制日粮，提高饲料利用率，降低饲料成本，这是饲料管理的重点工作之一。 （3）现代集约化养禽业已步入高效、高产、低耗时代，必须利用先进设备，提高生产水平。 （4）管理科学化。养禽场特别是现代化大型养殖场，许多人协同合作劳动和进行社会化的生产。对养禽场内外必须合理组织和管理，科学决策。 （5）技术档案管理系统化，对今后生产和经营提供科学的参考依据。
卫生防疫制度制定	（1）卫生制度。 （2）隔离制度。 （3）防疫制度。 （4）无害化处理方法。
卫生消毒	（1）消毒药的选择。 （2）消毒方法。 （3）消毒对象。

七、项目过程检查

序号	检查项目	检查标准	学生自检	教师检查
1	试验材料和教学工具、用具的准备	准备充分，细致周到		
2	课前预习、基本理论知识的准备	实施步骤合理，有利于提高评价质量		
3	实验操作的准确性	细心、耐心		
4	接受禽场管理理念，能按照管理要求制定禽场的卫生防疫制度	符合操作技能要求		

序号	检查项目	检查标准	学生自检	教师检查
5	实验工具的准备	所需工具准备齐全，不影响实施进度		
6	教学过程中的课堂纪律	听课认真，遵守纪律，不迟到、不早退		
7	实施过程中的工作态度	在工作过程中乐于参与		
8	上课出勤状况	出勤 95%以上		
9	安全意识	无安全事故发生		
10	环保意识	注意实验室卫生、不随意处置垃圾和废物		
11	合作精神	能够相互协作，相互帮助，不自以为是		
12	实施计划时的创新意识	确定实施方案时不随波逐流，有合理的独到见解		
13	实施结束后的任务完成情况	过程合理，规划设计定位准确，与组内成员合作融洽，语言表述清楚		
检查评价	评语： 组长签字：　　　　教师签字： 年　　月　　日			

八、项目考核评价

同项目一中禽的品种识别、外貌鉴定的项目考核评价方法。

九、项目训练报告

撰写并提交实训总结报告。

模块五

动物防疫技术技能实训

项目一 消毒技术

通过本项目实训，掌握常见消毒剂的配制及使用方法，能根据实际需要选取合适的消毒方式，并进行消毒操作。

一、项目任务目标

（1）通过对各种消毒剂进行配制，使学生熟练掌握各种消毒剂的用法和配制方法及注意事项。

（2）通过对环境进行喷洒消毒、畜舍进行熏蒸消毒、皮肤表面进行涂抹消毒等消毒方式，使学生熟练掌握各种消毒方法、操作方式及注意事项。

二、项目任务描述

1. 工作任务

（1）消毒剂配制。

（2）环境、动物、器械及用具、皮肤黏膜的消毒。

2. 主要工作内容

（1）掌握消毒前需准备的材料。

（2）掌握各种消毒剂的适用消毒方法。

（3）掌握各种消毒剂的配制方法。

（4）掌握各种消毒剂使用时的方式方法。

（5）掌握各种消毒剂使用时的注意事项。

三、项目任务要求

1. 知识技能要求

（1）掌握常用消毒剂的适用范围。

（2）掌握常用消毒剂的有效浓度和配制方法。

（3）学会对各种消毒需要合理选用消毒剂进行消毒。

（4）掌握各种消毒剂消毒过程中的注意事项。

2. 实习安全要求

在消毒实际操作时，要严格按照规定进行操作，注意安全，防止病毒或细菌感染以及消毒药物伤害人或动物。

3. 职业行为要求

(1) 实验材料要准备充足。

(2) 着装整齐。

(3) 遵守课堂纪律。

(4) 具有团结合作精神。

四、项目训练材料

1. 器材

塑料桶、药勺、漏斗、过滤网、搅拌棒、量杯、磅秤、天平、手动喷雾器、熏蒸用气体发生装置、脱脂棉球、温/湿度仪、镊子、毛剪等。

2. 药品

福尔马林、高锰酸钾、过氧乙酸、5%碘酊、75%酒精。

3. 动物

兔或犬。

4. 其他

工作服、工作帽、口罩、眼镜、胶皮手套、围裙、胶靴、毛巾、肥皂、搪瓷盆等。

五、项目实施(职业能力训练)

(一)常用消毒剂使用方法

常用消毒剂的适用范围、使用方法、注意事项见表5-1。

表5-1 常用消毒剂

类型	药物名称	主要成分	适用范围	使用方法	注意事项
含氯类	漂白粉	次氯酸钙(32%~36%)氯化钙(29%)氧化钙(10%~18%)氢氧化钙(15%)水(10%)	器械、污水、运输工具、地面、铺垫材料等。	喷洒、浸泡,常用浓度5%~20%	对物品有漂白和腐蚀作用
过氧化物类	二氧化氯	分子式为ClO_2	运输工具、装载容器、铺垫材料、场地、废弃物等	1. 浸泡或擦洗,有效氯含量200mg/L,30~60min 2. 喷洒或喷雾,有效氯含量500~1 500mg/L,用量20~30mL/m^2,作用30~60min	1. 不适用于航空器消毒 2. 药剂应在通风良好的地方现配现用,配药时应先加水,然后再往水中加消毒剂,严禁在消毒剂中加水 3. 消毒物品中有机物过多时,应冲洗干净后再消毒

（续表）

类型	药物名称	主要成分	适用范围	使用方法	注意事项
过氧化物类	过氧乙酸	分子式为 $C_2H_4O_3$	运输工具、装载容器、铺垫材料、场地、废弃物等	1. 喷洒、擦拭使用浓度 0.2%～1%，作用 30～60min 2. 熏蒸使用浓度 5～15mL/m^3，作用时间 1～2h	密封熏蒸（要求现场相对湿度 60%～80%，温度 20℃以上）
	臭氧	分子式为 O_3	水体消毒、空气消毒、物体表面	1. 水体消毒，加臭氧量 0.5～1.5mg/L，水中臭氧浓度在 0.1～0.5mg/L，维持 5～10min。对于质量较差的水，加臭氧量可提高到 3～6mg/L 2. 空气消毒，30mg/m^3 的臭氧，作用 15～30min 3. 物体表面消毒，臭氧浓度 > 12mg/L，作用时间 15～20min	1. 高浓度臭氧对人有毒，大气中允许浓度为 0.2mg/m^3，工作场所允许浓度为 1.0mg/m^3 2. 臭氧为强氧化剂，对多种物品有腐蚀作用 3. 臭氧对物品表面上污染的微生物有杀灭作用，但作用缓慢
杂环类	环氧乙烷	分子式为 C_2H_4O	运输工具、装载容器、包装物、铺垫材料、场地等	熏蒸，用量 50～100g/m^3，密闭 24～72h	1. 易燃易爆 2. 不能用于可食用动物产品和饲料等物品的熏蒸
季铵盐类	新洁尔灭	双链季铵盐	运输工具、装载容器、铺垫材料、场地、废弃物等	喷洒、擦拭或浸泡，用水稀释 100～500 倍，作用 30min	不宜与其他消毒剂、阴离子类洗涤剂混用
含碘类	碘伏	聚乙烯吡咯烷酮碘	皮肤、黏膜	1. 2% 的碘伏用于外科手术中手和其他部位皮肤的消毒 2. 0.5% 的碘伏用于黏膜冲洗治疗	1. 碘伏应于阴凉处避光、防潮、密封保存 2. 碘伏对二价金属制品有腐蚀性，不应做相应金属制品的消毒 3. 消毒时，若存在有机物，应提高药物浓度或延长消毒时间 4. 避免与拮抗药物同用

（续表）

类型	药物名称	主要成分	适用范围	使用方法	注意事项
醛类	甲醛	含 37%～40% 甲醛的水溶液，内含 8%～15%甲醛	受污染的房间、仓库及船舱的表面	甲醛溶液 40mL/m^3，高锰酸钾 30g/m^3 熏蒸 12～24h，熏蒸时房间门窗紧闭，熏蒸后通风换气	熏蒸完毕后需通风 1～2h 后，方可作业
		2%碱性戊二醛强化酸性戊二醛（商品名为 Sonacide）	木质、搪瓷、陶瓷、金属和玻璃器械、纺织品、橡皮制品	喷雾或浸泡，10min 至 3h	
碱类	烧碱	氢氧化钠	运输工具、装载容器、铺垫材料、场地等	常用浓度 2%～5%	对金属有腐蚀性，能灼伤皮肤和黏膜，注意自身防护
	生石灰	氧化钙	运输工具、装载容器、铺垫材料、场地、动物尸体等	常用浓度 10%～20%	现配现用，不宜久贮
酚类消毒剂	来苏尔	通用名为甲酚皂溶液，是甲酚的肥皂溶液	污染物表面消毒，如地面、墙壁、衣服和实验室污染物品等	浸泡或喷洒，1%～5%，0.5～2h	本品对皮肤有一定刺激作用和腐蚀作用，而且对人体毒性很大

（二）消毒剂的配制

消毒剂的浓度配制公式：

$$c_1 \times V_1 = c_2 \times V_2$$

式中，c_1 为原液浓度（%）；c_2 为拟稀释溶液浓度（%）；V_1 为原液容量（mL）；V_2 为稀释液容量（mL）。

投药量计算公式：

$$m = \frac{dV}{1\ 000}$$

式中，m 为投药量（kg）；d 为投药剂量（g/m^3）；V 为熏蒸体积（m^3）。

（三）环境消毒与操作要求

工作程序	操作要求
消毒前准备	穿好工作服、胶靴、戴工作帽、眼镜、围裙、胶皮手套。

工作程序	操作要求
消毒剂配制	按消毒剂配制要求，准确称量并配制0.5%浓度的过氧乙酸溶液进行喷洒消毒，按每立方米空间40%福尔马林42mL，高锰酸钾21g的比例配制熏蒸消毒液，配制75%酒精溶液、2%碘酊溶液以备皮肤消毒。
喷洒消毒	先对场地进行机械消毒，清扫干净粪便及污物后使用喷雾器对场地、器械进行均匀喷洒，喷洒过程避免消毒剂喷洒至动物或人。
熏蒸消毒	按畜舍空间配制好消毒液，放入熏蒸用气体发生装置内，实施熏蒸消毒，注意关闭门窗，处理温度不低于15℃，相对湿度60%～80%。
皮肤消毒	先对消毒部位进行剪毛处理，并用肥皂清洗，然后用脱脂棉球蘸取2%的碘酊涂擦消毒部位，涂擦方式为从消毒部中心位置向外画圈，最后用75%的酒精按同样的方式进行涂擦消毒。

六、项目过程检查

序号	检查项目	检查标准	学生自检	教师检查
1	人员准备	穿戴标准、防护措施规范		
2	消毒剂配制	计算准确、配制过程规范		
3	消毒前准备	污物清扫干净、皮肤被毛剪除彻底		
4	喷洒消毒	喷洒消毒均匀彻底、消毒剂不接触动物及人		
5	熏蒸消毒	温度、湿度控制到位、环境空间不通风		
6	皮肤消毒	消毒过程标准、动作规范		
7	教学过程中的课堂纪律	听课认真，遵守纪律，不迟到、不早退		
8	实施过程中的工作态度	在工作过程中乐于参与		
9	上课出勤状况	出勤95%以上		
10	安全意识	无安全事故发生		
11	合作精神	能够相互协作，相互帮助，不自以为是		
12	实施计划时的创新意识	确定实施方案时不随波逐流，有合理的独到见解		

序号	检查项目	检查标准	学生自检	教师检查
13	实施结束后的任务完成情况	过程合理，鉴定准确，与组内成员合作融洽，语言表述清楚		
检查评价	评语： 组长签字：　　教师签字： 年　月　日			

七、项目考核评价

评价类别	项目	子项目	个人评价	组内互评	教师评价
专业能力（60%）	资讯（5%）	收集信息（3%）			
		引导问题回答（2%）			
	计划（5%）	计划可执行度（3%）			
		设备材料工具、量具安排（2%）			
	实施（25%）	工作步骤执行（5%）			
		功能实现（5%）			
		质量管理（5%）			
		安全保护（5%）			
		环境保护（5%）			
	检查（5%）	全面性、准确性（3%）			
		异常情况排除（2%）			
	过程（5%）	使用工具、量具规范性（3%）			
		操作过程规范性（2%）			
	结果（10%）	结果质量（10%）			
	作业（5%）	完成质量（5%）			

<table>
<tr><th>评价类别</th><th>项目</th><th>子项目</th><th>个人评价</th><th>组内互评</th><th>教师评价</th></tr>
<tr><td rowspan="4">社会能力（20%）</td><td rowspan="2">团结协作（10%）</td><td>小组成员合作良好（5%）</td><td></td><td></td><td></td></tr>
<tr><td>对小组的贡献（5%）</td><td></td><td></td><td></td></tr>
<tr><td rowspan="2">敬业精神（10%）</td><td>学习纪律性（5%）</td><td></td><td></td><td></td></tr>
<tr><td>爱岗敬业、吃苦耐劳精神（5%）</td><td></td><td></td><td></td></tr>
<tr><td rowspan="4">方法能力（20%）</td><td rowspan="2">计划能力（10%）</td><td>考虑全面（5%）</td><td></td><td></td><td></td></tr>
<tr><td>细致有序（5%）</td><td></td><td></td><td></td></tr>
<tr><td rowspan="2">实施能力（10%）</td><td>方法正确（5%）</td><td></td><td></td><td></td></tr>
<tr><td>选择合理（5%）</td><td></td><td></td><td></td></tr>
<tr><td>评价评语</td><td colspan="5">评语：
组长签字：　　　　教师签字：
年　　月　　日</td></tr>
</table>

八、项目训练报告

撰写并提交实训总结报告。

项目二　药物防治技术

通过本项目实训，掌握常见防治药物的药理作用、使用方法、投药方法，并能根据实际情况制订相应的药物防治方案。

一、项目任务目标

（一）知识目标

（1）掌握药物防治常用药物的药理作用。

（2）掌握常见药物防治的疾病种类。

（3）掌握药物防治的程序及用法用量。

（二）技能目标

（1）熟悉常见药物防治的种类和使用方法。

（2）能根据实际情况制订药物防治方案。

（3）能熟练进行投药操作。

二、项目任务描述

1. 工作任务

识别药物防治常用药物；掌握常见药物的使用方法，根据实际情况制订药物防治方案。

2. 主要工作内容

（1）掌握药物防治常用药物的药理作用和使用方法。

（2）掌握当地养殖动物场常见疾病种类与流行情况。

（3）掌握药物的性质、保存的环境条件。

（4）根据掌握的疾病发生状况制定出完整的符合本地区、养殖场具体情况的药物防治程序，并实施。

三、项目任务要求

1. 知识技能要求

（1）熟练掌握药理知识（表5-2）。

（2）熟练掌握不同年龄猪病发生概况，弄清楚细菌性疾病、寄生虫流行特点及规律（表5-3）。

（3）掌握坚持健全规模化养殖场药物防治的重要性和时效性。

（4）树立预防为主、群体预防、群防群治和主要致病菌为主线索的观念。

2. 训练安全要求

在进行投药防治时注意药物的用量，保障人畜安全。

3. 职业行为要求

（1）药物防治方案符合时效性和实用性。

（2）药物器械准备充足。

（3）着装整齐。

（4）遵守课堂纪律。

（5）具有团结合作精神。

表5-2　兽用抗生素的分类及配伍

<table>
<tr><th colspan="2">类别</th><th>药物</th><th>配伍药物</th><th>结果</th><th>功效</th></tr>
<tr><td rowspan="3">β-内酰胺类</td><td>青霉素类</td><td>青霉素钠、青霉素钾、青霉素V、长效青霉素、甲氧西林（甲氧苯青霉素）、苯唑西林钠（新青霉素II）、阿莫西林、氨苄西林钠、阿帕西林、阿洛西林、羧苄西林、氯唑西林钠、双氯西林钠、呋脲苄青霉素、美西林、美洛西林、盘尼西林、哌拉西林钠、普鲁卡因青霉素、磺苄青霉素钠、替莫西林、替卡西林钠</td><td>氨茶碱、磺胺类</td><td>沉淀、分解失效</td><td rowspan="3">主要抗 G^+ 菌，部分抗 G^- 菌</td></tr>
<tr><td rowspan="2">头孢菌素类</td><td rowspan="2">氨曲南、头孢赛曲、头孢克洛、头孢拉定、头孢羟氨苄、头孢氨苄、头孢孟多、头孢匹林、头孢曲秦、头孢硫脒、头孢唑林钠、头孢地尼、头孢甲肟、头孢美唑、头孢米诺、头孢地秦、头孢哌酮、头孢噻肟、头孢替坦、头孢替安、头孢西丁、头孢匹罗、头孢塔齐定、头孢特仑、头孢布烯、头孢唑肟、头孢曲松、头孢磺胺、头孢呋辛酯、头孢唑喃、头孢噻定、头孢噻呋钠、氟氧头孢、亚胺培南、拉氧头孢、甲砜霉素</td><td>氨茶碱、磺胺类、大环内脂类、四环素类、氟苯尼考</td><td>分解失效</td></tr>
<tr><td>氨基糖苷类、喹诺酮类、硫酸黏杆素</td><td>疗效增强</td></tr>
<tr><td colspan="2">β-内酰胺酶抑制剂</td><td>舒巴坦钠、克拉维酸（棒酸）</td><td>青霉素类、头孢菌素类</td><td>疗效增强</td><td>主要抗 G^+ 菌，部分抗 G^- 菌</td></tr>
</table>

（续表）

类别	药物	配伍药物	结果	功效
氨基糖苷类	硫酸壮观霉素、硫酸安普霉素、硫酸新霉素、庆大霉素、卡那霉素（硫酸阿米卡星、链霉素、越霉素A、潮霉素、妥布霉素、核糖霉素、小诺米星、阿斯霉素、阿司米星、地贝卡星、异帕米星、西索米星、去甲万古霉素、盐酸万古霉素	维生素C	抗菌减弱	主要抗G^-菌，部分抗G^+菌
		同类药物	毒性增强	
		青霉素类、头孢菌素类、大环内酯类、磺胺类	疗效增强	
四环素类	土霉素、金霉素、盐酸美他环素、四环素、米诺环素、美他环素、多西霉素等	大环内酯类、磺胺类	增强疗效	广谱
		氨茶碱	分解失效	
		三价阳离子	络合物	
氯胺苯醇类	甲砜霉素、氟苯尼考	四环素类、大环内酯类、硫酸黏杆菌素	疗效增强	广谱
		β-内酰胺类	降低疗效	
		氨基糖苷类、磺胺类、喹诺酮类、呋喃类	毒性增强	
大环内酯类	泰乐菌素、替米考星、酒石酸乙酰乙戊酰泰乐菌素、北里霉素、延胡索酸泰妙菌素、乙酰螺旋霉素、罗红霉素、硫氰酸红霉素、阿奇霉素、麦迪霉素、交沙霉素、麦白霉素、罗他霉素、地红霉素、依托红霉素	氨基糖苷类、氟苯尼考	增强疗效	G^+菌、支原体、衣原体、立克次氏体
		维生素C、阿司匹林、头孢菌素类、β-内酰胺类	降低疗效	
		磺胺类、氨茶碱	毒性增强	
多黏菌素类	硫酸黏杆菌素（B、E）	阿托品、氨基糖苷类	毒性增强	G^-菌
		四环素类、氟苯尼考、大环内脂类、喹诺酮类、β-内酰胺类	疗效增强	
磷酸化多糖类	黄霉素、魁北霉素（克柏霉素）	多黏菌素类	疗效增强	G^+菌
多肽类	弗吉尼亚霉素、恩拉霉素、效霉素、杆菌肽、硫肽菌素、赛地卡霉素、托地卡霉素、诺肽霉素（诺西肽）、米加霉素、美卡霉素、阿伏霉素、持久霉素	多黏菌素类	疗效增强	G^+菌
磺胺类	磺胺喹噁啉钠、磺胺嘧啶钠、SMZ、磺胺五甲氧嘧啶、磺胺六甲氧嘧啶	TMP、DVD、丙磺舒、氨基糖苷类	疗效增强	G^+菌、G^-菌、原虫
		β内酰胺类、维生素C	疗效降低	
		氟苯尼考、红霉素类	毒性增强	

（续表）

类别	药物	配伍药物	结果	功效
林可霉素类	林可霉素、克林霉素	甲硝唑、氨基糖苷类	疗效增强	G^+菌、支原体、衣原体
		青霉素类、头孢菌素类	疗效降低	
		B族维生素、维生素C	浑浊失效毒性增强	
喹诺酮类	诺氟沙星、环丙沙星、恩诺沙星、左旋氧氟沙星、培氟沙星、二氟沙星、达诺（单诺）沙星、氟甲喹（酸）、沙拉沙星、马波沙星、洛美沙星、奥喹酸、吡哌酸、萘啶酸	β-内酰胺类、氨基糖苷类、磺胺类	疗效增强	广谱易产生耐药性
		四环素类、氟苯尼考、硝基呋喃类、大环内酯类	疗效降低	
		氨茶碱	沉淀、分解失效	
		金属阳离子（Ca^{2+}、Mg^{2+}、Fe^{2+}、Al^{3+}）	形成不溶络合物	
磷霉素类	磷霉素钠	β-内酰胺类抗生素、氨基糖苷类	协同作用	G^+菌
利福霉素类	利福平、利福霉素SV、利福定、利福喷汀	β-内酰胺类抗生素	协同作用	结核病
聚醚类	盐霉素、莫能霉素、甲基盐霉素、海南霉素、马杜拉霉素	延胡索酸泰妙菌素、竹桃霉素	毒性增强	G^+菌、原虫
硝基咪唑类	甲硝唑、替硝唑、洛硝达唑、左旋咪唑、二甲硝唑、异丙硝达唑	大环内酯类	疗效增强	广谱
硝基酰胺类	对氨基苯砷酸、阿散酸、洛克沙生	多肽类、聚醚类	疗效增强	广谱
喹啉类	乙酰甲奎（痢菌净）、塞多克司、喹乙醇、喹烯酮、卡巴多	多肽类、聚醚类	疗效增强	广谱

表 5-3　规模化猪场用药明示与猪病易感年龄

病名	病原	发生阶段	首选药品	次选药品
黄痢	大肠杆菌	0~10 日龄	壮观霉素、硫酸安普霉素、硫酸新霉素、硫酸黏菌素、阿米卡星、庆大霉素、链霉素	四环素、土霉素、金霉素、多西环素、磺胺类、痢菌净、恩诺沙星、环丙沙星等
白痢	大肠杆菌	10~30 日龄		
水肿病	大肠杆菌	30 日龄至 5 周		
仔猪副伤寒	沙门氏菌	5~7 周龄		
猪肺疫	巴氏杆菌	10~16 周龄		

（续表）

病名	病原	发生阶段	首选药品	次选药品
萎缩性鼻炎	波氏杆菌	2~3 周龄	磺胺类、青霉素+链霉素	土霉素、多西环素、青霉素+链霉素、恩诺沙星、环丙沙星等
	多杀性巴氏杆菌	10~12 周龄	同猪肺疫	同猪肺疫
梭菌性肠炎	A 型魏氏梭菌	0~1 周龄	盐霉素、亚甲基水杨酸杆菌肽、青霉素、阿莫西林、泰乐菌素、头孢菌素	氟喹诺酮类、四环素、土霉素、金霉素、多西环素、磺胺类、痢菌净
传染性胸膜肺炎	放线杆菌	春冬、秋冬 6~9 周龄	青霉素、阿莫西林+舒巴坦钠、头孢曲松、头孢噻呋钠	氟苯尼考、磺胺类
多发性浆膜炎和关节炎	副嗜血杆菌	6 周龄、12 周龄	青霉素、阿莫西林+舒巴坦钠、头孢曲松、头孢噻呋钠	氟苯尼考、磺胺类
喘气病	支原体（霉形体）	3~10 周龄和 16 周龄	延胡索酸泰妙菌素、磷酸替米考星、酒石酸乙酰乙戊酰泰乐菌素、硫酸壮观霉素	氟喹诺酮类（恩诺沙星、环丙沙星等）、泰乐菌素、林可霉素、吉他霉素、螺旋霉素、红霉素、阿奇霉素
猪鼻支原体性浆膜炎和关节炎		3~10 周龄		
滑液支原体性关节炎		4~8 周龄		
链球菌病	链球菌	5~10 周龄	β-内酰胺类（青霉素、阿莫西林、头孢菌素），氟喹诺酮类（恩诺沙星、环丙沙星等），磺胺类	庆大霉素、壮观霉素、泰乐菌素、土霉素、多西环素
猪痢疾	密螺旋体	4~9 周龄	泰乐菌素、林可霉素、壮观霉素、痢菌净	庆大霉素、链霉素
钩端螺旋体病	钩端螺旋体	5 日龄至 10 周龄	壮观霉素、庆大霉素	氟苯尼考、磺胺类
李斯特菌病	李斯特菌	怀孕母猪、仔猪	庆大霉素+阿莫西林	氟苯尼考、磺胺类
弓形体病	弓形体	怀孕母猪、仔猪	磺胺类	泰乐菌素+磺胺二甲嘧啶
附红细胞体病	附红细胞体	怀孕母猪、仔猪	贝尼尔-黄色素	盐霉素、土霉素、阿散酸、四环素、多西环素
衣原体病	衣原体	怀孕母猪、其他猪	泰乐菌素、替米考星、多西环素	土霉素、金霉素

四、项目训练材料

1. 器材

投药用饮水器、量筒、拌料器、食槽、天平等。

2. 药品

克虫安（0.25%伊维菌素+5%芬苯哒唑）、酒石酸泰乐菌素、硫酸黏菌素、红砂糖、益母草、口服补液盐、盐酸吗啉胍等。

3. 动物

不同时期猪若干。

4. 其他

工作服、工作帽、口罩、脸盆、搪瓷盆、毛巾工作服、登记册、卡片等。

五、项目相关知识

1. 药物防治的定义

（1）规模化猪场药物防治就是指在防治猪的慢性消耗性疾病为主的基础之上，根据不同年龄、季节防治猪的急性细菌性传染病。

（2）慢性消耗性疾病是指由病原微生物引起的在猪的不同生长阶段、季节都发生的且潜伏时间长的传染病，主要引起生长速度下降，免疫功能下降的原发病。主要有寄生虫病、肠炎、支原体肺炎。

（3）急性细菌性传染病是由病原微生物引起的潜伏时间短、突然发病、季节和年龄分明的原发性传染病。主要有胸膜肺炎放线杆菌病、支气管败血波氏杆菌病、仔猪副伤寒、水肿病、多杀性巴氏杆菌病、链球菌病、弓形体病及大多数病毒性疾病。

2. 药物防治的主要观点

（1）树立群防群治的观点。规模化猪场要重视群体的预防和治疗。所采取的措施要从群体出发，要有益于群体。对一些主要细菌性疫病，应在疫病发生之前给药物预防，而不是发病一头治疗一头。为了避免耐药株的出现和有效的药物防治，可采用“脉冲式”给药方式。

（2）树立群体预防的观点。确保猪群整体健康，特别是对怀孕、哺乳和保育期的猪要进行保健预防，而不是病后治疗的观点。

（3）确立多病因论为辅，主病因论为主的观点。即以单一病原致病为主要线索。规模化猪场疫病的发生往往涉及多种因素，在生产中主要抓住规模化猪场慢性消耗性疾病为主要疾病。

（4）树立预防为主的观点，由被动防疫转为主动防疫，从产前、产中、产后着手，切实做好隔离饲养、全进全出、消毒、免疫接种、药物防治等各项工作。

六、项目实施（职业能力训练）

（一）寄生虫病的药物防治

1. 猪场寄生虫病驱虫药物及驱虫程序

（1）危害规模化猪场的体内寄生虫主要是蛔虫、肺虫、肾虫、蛲虫、鞭虫、结节虫等；外寄生虫主要是疥螨、虱、蜱、蝇、蚤等；特别是蛔虫与疥螨危害最大。

（2）控制寄生虫的关键。①阻断寄生虫从母体垂直向仔猪传播。②防止在生长育肥阶段猪只再度感染寄生虫而引起饲料转换率低，生长速度下降。

（3）合理选用驱虫药物。①如果使用的驱虫药不能杀灭成虫、幼虫和无感染性的虫卵而阻断寄生虫的生活周期，那么就不可能成功地解决猪场的寄生虫问题。因为在用药处理之后很短的时间内未被杀灭的虫卵和未成熟的幼虫会很快发育成熟，使寄生虫的生活周期继续进行。②必须确保妊娠母猪的安全，防止引起流产或其他异常危害反应。③目前较为安全的药物主要有伊维菌素、乙胺基阿维菌素、多拉菌素、芬苯哒唑（丙硫苯咪唑）、左旋咪唑、敌百虫、环丙胺嗪等。

（4）驱虫程序。①对猪场全群驱虫 1 次。②母猪产仔前 1 周驱虫 1 次。③种公猪一年驱虫 2 次。④后备母猪引种回场后隔离结束前 1 周驱虫 1 次。⑤仔猪断奶转群前驱虫 1 次。⑥育肥猪每月驱虫 1 次。⑦彻底清洁环境，加强粪便管理，防止再次感染。

2. 寄生虫拌料投药操作要求

工作程序	操作要求
投药前基础准备	（1）调查寄生虫发病史。 （2）根据动物年龄、生产时期、群体数量，确定投药时机和投药方案。
药物准备	（1）按照投药方案确定药物。 （2）查看药物有效期、生产单位、保存期、有效浓度、配伍禁忌、使用注意事项。 （3）饲料检查。新鲜、无霉变。
药物拌料	（1）药物的称量。克虫安（0.25%伊维菌素+5%芬苯哒唑）10g。 （2）饲料的称取。称取饲料 20kg。 （3）手动拌料先取少量饲料与药物拌匀，再将其拌匀于所有饲料当中。
药物投喂	（1）投喂药物前动物适当保持饥饿感，保障一次吃完所有拌料。 （2）投料分散，保证不因抢食而导致喂料不均。 （3）投药后保证充足的饮水。

工作程序	操作要求
投药记录	（1）记录动物进食情况。 （2）按照投药方案的要求记录好投药量和投药次数。

（二）细菌性疾病的药物防治

1. 细菌性疾病药物防治程序（表 5-4）

表 5-4 细菌性疾病防治药物

使用对象	使用药物及剂量	使用阶段	备注
怀孕母猪	磷酸泰乐菌素每千克体重 100mg	每月连用 1 周	防治梭菌性、坏死性、增生性肠炎
哺乳母猪	替米考星每千克体重 100mg	哺乳期	防治支原体、衣原体的垂直传播
	硫酸安普霉素每千克体重 100mg	哺乳期	防治大肠杆菌的垂直传播
	阿莫西林每千克体重 150mg	产前 1 周	防治链球菌、葡萄球菌、副猪嗜血杆菌的垂直传播
	甲硝唑每千克体重 670mg	产后 1 周	防治子宫炎、乳腺炎、无乳综合征
仔猪	替米考星每千克体重 100mg	21~35 日龄	防治支原体、衣原体、立克次氏体
	硫酸安普霉素每千克体重 100mg	21~35 日龄	防治大肠杆菌、沙门氏菌性肠炎
	阿莫西林每千克体重 200mg 利安欣-44 每千克体重 1 000mg	35~42 日龄	防治链球菌、葡萄球菌、副猪嗜血杆菌
中猪	磷酸泰乐菌素每千克体重 100mg	每月连用 1 周	防治梭菌性、坏死性、增生性肠炎
	氟苯尼考每千克体重 50mg	秋冬与春冬	防治传染性胸膜肺炎
育肥猪	磷酸泰乐菌素每千克体重 100mg	每月 1 周	防治梭菌性、坏死性、增生性肠炎
种公猪及后备母猪	硫酸壮观霉素每千克体重 44mg 盐酸林可霉素每千克体重 44mg	适时连用 10d	防治病毒性、细菌性疾病

2. 细菌性疾病拌料投药操作要求

工作程序	操作要求
投药前基础准备	（1）调查细菌性疾病的发病史。 （2）根据动物年龄、生产时期、群体数量，确定投药时机和投药方案。
药物准备	（1）按照投药方案确定药物。 （2）查看药物有效期、生产单位、保存期、有效浓度、配伍禁忌、使用注意事项。 （3）饲料检查。新鲜、无霉变。
药物拌料	（1）药物的称量。 （2）饲料的称取。 （3）手动拌料先取少量饲料与药物拌匀，再将其拌匀于所有饲料当中。
药物投喂	（1）投喂药物前动物适当保持饥饿感，保障一次吃完所有拌料。 （2）投料分散，保证不因抢食而导致喂料不均。 （3）投药后保证充足的饮水。
投药记录	（1）记录动物进食情况。 （2）按照投药方案的要求记录好投药量和投药次数。

七、项目实施过程检查

序号	检查项目	检查标准	学生自检	教师检查
1	对猪群发病史的调查	符合当地实际流行病学情况		
2	药物防治方案的制订	符合实际需要和发病规律		
3	药物的选择和使用	符合国家对药物的使用标准		
4	药物和饲料的称取和搅拌	用量合理、拌料均匀		
5	投药	动物吃料均匀，一次性进食完		
6	教学过程中的课堂纪律	听课认真，遵守纪律，不迟到、不早退		

序号	检查项目	检查标准	学生自检	教师检查
7	实施过程中的工作态度	在工作过程中乐于参与		
8	上课出勤状况	出勤95%以上		
9	安全意识	无安全事故发生		
10	环保意识	猪粪便及时处理，不污染周边环境		
11	合作精神	能够相互协作，相互帮助，不自以为是		
12	实施计划时的创新意识	确定实施方案时不随波逐流，有合理的独到见解		
13	实施结束后的任务完成情况	方案科学，过程合理，与组内成员合作融洽		
检查评价	评语： 组长签字： 教师签字： 年 月 日			

八、项目考核评价

同项目一消毒技术中的项目考核评价。

九、项目训练报告

撰写并提交实训总结报告。

项目三　免疫预防技术

通过本项目实训，掌握常见疫苗的保存方法、使用方法、注射方法，能根据实际情况合理制定免疫程序，并进行免疫接种操作。

一、项目任务目标

（一）知识目标

（1）掌握动物常见传染病免疫程序的制定方法。

（2）掌握动物用疫苗使用方法及注意事项。

（3）掌握动物诊断制剂的用法与结果判定。

（4）掌握动物治疗用生物制品的用法与用量。

（二）技能目标

（1）能在动物生产中应用各种疫苗。

（2）能处理动物在疫苗使用中出现的各种问题。

（3）能熟练进行疫苗接种操作。

二、项目任务描述

1. 工作任务

（1）识别常用疫苗。

（2）掌握疫苗使用方法。

2. 主要工作内容

（1）掌握当地养殖动物场疫病种类与流行情况。

（2）掌握疫苗的性质、保存的环境条件。

（3）掌握当地养殖动物群的健康情况。

（4）根据掌握的材料制定出完整的符合本地区、主要养殖动物场具体情况的免疫程序并实施。

三、项目任务要求

1. 知识技能要求

（1）掌握养殖动物不同阶段制定的接种程序知识要点。

（2）了解疫苗的生产作为拓展知识进行学习，了解其基本知识即可。

（3）掌握不同疫苗的使用方法及注意事项。

（4）在对养殖动物进行接种时，要正确使用注射工具，用后要及时保管。

（5）要做好接种后的饲养和管理工作。

（6）本次注射结果作为本次作业的任务。

2. 训练安全要求

在对活体进行疫苗接种时，注意人、动物安全，防止动物伤人。

3. 职业行为要求

（1）对注射对象要符合要求。

（2）疫苗器械准备充足。

（3）着装整齐。

（4）遵守课堂纪律。

（5）具有团结合作精神。

四、项目训练材料

1. 器材

金属注射器（5mL、10mL、20mL 等规格）、玻璃注射器（1mL、2mL、5mL 等规格）、金属皮内注射器（螺口）、针头（兽用 12~14 号、人用 6~9 号和 19~25 号螺口皮内针头）、煮沸消毒锅、镊子、毛剪、纱布、脱脂棉、气雾免疫器、体温计、出诊箱。

2. 药品

5%碘酊、70%酒精、来苏尔、新洁尔灭等消毒剂、疫苗、免疫血清。

3. 动物

马、牛、猪、鸡。

4. 其他

工作服、工作帽、口罩、脸盆、搪瓷盆、毛巾、登记册、卡片、保定家畜用具。

五、项目相关知识

动物免疫接种的方法主要有注射免疫法、经口免疫法和气雾免疫法 3 种。

1. 注射免疫法

注射免疫法可分为皮下注射、皮内注射、肌内注射和静脉注射等。

（1）皮下注射法。对马、牛等大家畜皮下注射时，一律采用颈侧部位，猪、羊在股内侧、肘后及耳根后方，家禽在胸部、大腿内侧。根据药液的浓度和家畜的大小，一般选用 16~20 号针头，长 1.27~2.54cm。禽用 20~22 号针头。

皮下注射的优点是操作简单，吸收较皮内接种为快，缺点是使用剂量多。而且同一疫苗，应用皮下注射时，其反应较皮内为大。大部分疫苗和免疫血清，一般均采用皮下注射。

（2）皮内注射法。马在颈侧部位，牛、羊除颈侧外还可在尾根或肩胛中央部位。猪大多在耳根后。鸡在肉髯部位。

现用兽医生物制品用作皮内注射的，仅有羊痘弱毒菌苗、猪瘟结晶紫疫苗等少数制品，其他均属于诊断液方面。一般使用专供皮内注射的注射器（容量 2~10mL），0.6~1.2cm 长的螺旋针头（19~25 号），也可使用蓝心注射器（容量 1mL）和相应的注射针头。

皮内注射的优点是使用药液少，同样的疫苗皮内注射较之于皮下注射反应小。同时，真皮层的组织比较致密，神经末梢分布广泛，特别是猪的耳根皮内比其他部位容易保持清洁。同量药液皮内注射时所产生的免疫力较皮下注射为高。皮内注射的缺点是手续比较麻烦。

（3）肌内注射法。马、牛、羊的肌内注射，一律采用臀部和颈部两侧肌肉。猪以颈侧为宜，鸡在胸肌注射。一般使用 14~20 号针头，长 2.54~3.81cm。

现有兽医生物制品，除猪瘟弱毒疫苗、牛肺疫弱毒疫苗以及在某些情况下注射血清采用肌内注射外，其他生物制品一般都不用此法。

肌内注射的优点是药液吸收快，注射方法也较简便。其缺点是在一个部位不能大量注射。同时臀部注射如部位不当，易引起跛行。

（4）静脉注射法。马、牛、羊的静脉注射，一律在颈静脉部位，猪在耳静脉部位。鸡则在翼下静脉部位。

现用兽医生物制品中的免疫血清，除皮下或肌内注射外，也可采用静脉注射，特别在急于治疗传染病患畜时。疫苗、诊断液一般不进行静脉注射。马、牛、羊的静脉注射部位在左右颈侧均可，一般以右侧较方便。根据家畜的大小和注射剂量的多少，一般使用 14~20 号针头，长 2.54~3.81cm。猪的静脉注射在耳朵正面下翼的两则。一般使用 19~23 号针头，长 2.5~5cm。

静脉注射的优点是可使用大剂量，奏效快，可以及时抢救病畜。缺点是手续比较麻烦，如设备与技术不完备时，难以进行。此外，如所用血清为异种动物者，可能引起过敏反应（血清病）。

2. 经口免疫法

分饮水免疫和喂食免疫两种。前者是将可供口服的疫苗混于水中，畜、禽通过饮水而获得免疫，后者是将可供口服的疫苗用冷的清水稀释后拌入饲料，畜、禽通过吃食而获得免疫。疫苗经口免疫时，应按畜、禽头数和每头畜、禽平均饮水量或吃食量，准确计算需用的疫苗剂量。免疫前，应停水或停料半天，夏季停水或停料时间可以缩短，以保证饮喂疫苗时，每头畜、禽都能饮入一定量的水或吃入一定量的料。饮水免疫时，一定要增加饮水器，让每头畜、禽同时都能饮到足够量的水。稀释疫苗应当用清洁的水，禁用含漂白粉的自来水。混有疫苗的饮水和饲料一般不应超过室温。已稀释的疫苗，应迅速饮喂。本法具有省时、省力的优点，适用规模化养殖场的免疫。缺点是由于畜、禽的饮水量或吃食量有多有少，因此进入每头畜、禽体内的疫苗量不同，出现免疫后畜、禽的抗体水平不均匀，不如注射免疫法那样准确一致。

3. 气雾免疫法

此法是用气泵产生的压缩空气通过气雾发生器（即喷头），将稀释疫苗喷出去，使疫苗形成直径 1~10μm 的雾化粒子，均匀地浮游于空气中，畜、禽通过呼吸道吸入肺内，以达到免疫。鸡感染支原体病时禁用气雾免疫，因为免疫后往往激发支原体病发生，雏鸡首免时慎用气雾免疫，以免发生呼吸道疾病而造成损失。

气雾免疫的装置由气雾发生器（即喷头）及动力机械组成。可因地制宜，利用各种气泵或用电动机、柴油机带动空气压缩泵。无论以何种方法做动力，都要保持每平方厘米 2kg 以上的压力，才能达到疫苗雾化的目的。

雾化粒子大小与免疫效果有很大关系。一般粒子大小在 1~10μm 为有效粒子。气雾发生器的有效粒子在 70%以上者为合格。测定雾化粒子大小时，用一拭好的盖玻片，周围涂以凡士林油，在盖玻片中央滴一小滴机油，用拇指和食指持盖玻片，机油液面朝喷头，在距喷头 10~30cm 处迅速通过，使雾化粒子吹于机油面上，然后将盖玻片液面朝下放于凹玻片上，在显微镜下观察，移动视野，用目测微尺测量其大小（方法与测量细菌大小相同），并计算其有效粒子率。

（1）室内气雾免疫法。此法需有一定的房舍设备。免疫时，疫苗用量主要根据房舍大小而定，可按下式计算：

疫苗用量 $=D\times A\div T\times V$

式中，D 为计划免疫剂量；A 为免疫室容积（L）；T 为免疫时间（min）；V 为呼吸常数，即动物每分钟吸入的空气量（L），如对绵羊免疫，即为 3~6L。

疫苗用量计算好以后，即可将动物赶入室内，关闭门窗。操作者将喷头由门窗缝伸入室内，使喷头保持与动物头部同高，向室内四面均匀喷射。喷射完毕后，让动物在室内停留 20~30min。

（2）野外气雾免疫法。疫苗用量主要以动物数量而定。以羊为例，如为 1 000 只，每羊免疫剂量为 50 亿个活菌，则需 50 000 亿个，如果每瓶疫苗含活菌 4 000 亿个，则需 12. 5 瓶，用 500mL 灭菌生理盐水稀释。实际应用时，往往要比实际用量略高一些。免疫时，将畜群赶入四周有矮墙的圈内。操作人员手持喷头，站在畜群中，喷头与动物头部同高，朝动物头部方向喷射。操作人员要随时走动，使每一动物都有吸入机会。如遇微风，操作者应站在上风处，以免雾化粒子被风吹走。喷射完毕，让动物在圈内停留数分钟即可放出。

气雾免疫时，如雾化粒子过大或过小，温度过高，湿度过高或过低，野外免疫时风力过大、风速过急，均可影响免疫效果。本法具有省时、省力的优点，适于大群动物的免疫，缺点是需要的疫（菌）苗数量较多。

气雾免疫时，操作者更应注意自身防护，要穿工作衣裤和胶靴，戴大而厚的口罩，如出现症状，应及时就医。

六、项目实施（职业能力训练）

（一）疫苗的选购、运输、保存和使用的操作要求

工作程序	操作要求
采购疫苗	（1）从具备相关资质的厂家选购（有 GMP 认证），保证疫苗质量，根据需求确定购入疫苗数量。 （2）注意疫苗的有效期。 （3）注意不合格疫苗的识别（冻干苗是否失真空，疫苗中有无异物，油佐剂苗是否破乳分层，疫苗有无变质和长霉，疫苗是否过期等）。
运输	灭活疫苗应在 2～8℃下避光运输，并要求包装完好，防止瓶体破裂，途中避免日光直射和高温，尽快送到保存地点或预防接种的场所；弱毒疫苗应在低温条件下运输，大量运送应用冷藏车，少量运输可装在盛有冰袋或冰块（用塑料袋装好系紧，以防浸湿疫苗标签而脱落）的冷藏箱中，以免降低或丧失疫苗的性能。
贮存	（1）疫苗入库应做好记录。 （2）弱毒冻干疫苗，应在－15℃以下冷冻保存（看好疫苗使用说明书），切忌反复冻融。灭活苗或油苗在 2～8℃阴暗处保存，不可冻结。
使用	（1）用规定的稀释液稀释疫苗，稀释倍数准确。 （2）疫苗稀释后要避免高温及阳光直接照射。 （3）接种剂量、部位准确（看好说明书）。 （4）要做到头头免疫，避免出现免疫空白。 （5）用过的空疫苗瓶要集中起来烧掉或深埋。

（二）制定免疫程序，实施免疫接种操作

依据所在猪场情况，制定本场的免疫程序，并实施免疫接种操作。

1. 猪场免疫程序的制定

目前国内外尚无一个可供各地规模化猪场共同使用的免疫程序，各猪场流行的疫病不同，其猪群免疫状况也不同，在制定免疫程序时，既要考虑到本场的饲养条件、疫病流行情况，还要考虑本地区其他猪场发病情况，根据本猪场生产特点，按照各种疫苗的免疫特性，合理地制定接种次数、剂量、间隔时间。一般可将免疫预防的疫病分为以下几类。

（1）常规预防的疫病。这类疫病包括猪瘟、猪丹毒、猪肺疫、猪副伤寒、口蹄疫、伪狂犬病等，其中猪瘟、口蹄疫和伪狂犬病必须进行免疫注射；猪丹毒、猪肺疫、猪副伤寒 3 种疫病则应视猪场所在地的流行状况及本场防疫条件选择应用。就目前我国的疫情现状来看，散养户和小型猪场最好采用这 3 种疫苗进行免疫接种。

（2）种猪必须预防的疫病。除了上述疫病外，种猪还应该对猪乙型脑炎、猪细小病毒病进行免疫，酌情对猪繁殖与呼吸综合征进行免疫，这些疫病主要引起猪的繁殖障碍，在我国广大地区均有发生与流行。由于这类疫病危害严重，又无治疗药物，只能严格按免疫程序进行接种才有可能控制其危害。

（3）可选择性预防的疫病。这类疫病较多，主要有猪大肠杆菌病（仔猪黄痢、白痢和水肿病）、仔猪红痢、猪链球菌病、猪传染性萎缩性鼻炎、猪支原体肺炎、猪传染性胃肠炎、猪流行性腹泻、猪衣原体病、猪传染性胸膜肺炎、副猪嗜血杆菌病、猪轮状病毒病等。规模化猪场应在诊断的基础上，有选择地进行免疫接种。

规模化猪场免疫水平较高，其所产仔猪吸食初乳后可获得较高水平的母源抗体，这种高水平的母源抗体一方面可使仔猪对疫病有较强且较为持久的抵抗力，另一方面又对仔猪律立自身主动免疫力产生较大的抑制作用。为了克服母源抗体的干扰，制定合理的免疫程序，最好的办法是通过对猪群的免疫状况不断进行抗体监测，确定本场免疫种类及免疫流程，达到预防和控制传染病发生的目的。

2. 进行免疫接种操作

进行免疫接种操作要求如下。

工作程序	操作要求
注射前基础准备	（1）对拟实施预防接种的猪群健康状况进行检查，凡属患病的瘦弱猪只应暂缓注射，待其痊愈、体质好转及分娩后再行补种。 （2）对拟注猪群进行登记，按猪群所在的栋号、栏号、头数登记后汇总。 （3）对注射器和针头进行消毒，并准备2%~5%碘酊棉球或75%酒精棉球。
疫苗准备	（1）按照本次注射猪只数量自冰箱中取出疫苗，逐瓶检查瓶签有无及是否清楚，无瓶签或瓶签模糊不清者不得使用。 （2）所取疫苗与当日注射疫苗名称是否相符。 （3）疫苗瓶有无破损，疫苗有无长霉、异物、瓶塞松动、变色，液体苗有无结块、冻结，油苗是否破乳，冻干苗有无失真空等，如有上述任一情况，则该瓶疫苗不能使用。 （4）登记疫苗批号、有效期（生产日期）、生产单位、购入日期及保存期，过期应废弃。
疫苗稀释	（1）冻干苗从冷冻室中取出后，在使用前必须先放置于室温下升温1~2h，其温度与室温一致后方可用专用稀释剂稀释。 （2）由于冻干苗均以小瓶包装，各生产厂家每瓶装量不尽相同，因此在稀释前须仔细阅读使用说明书，严格按照装量和规定的稀释剂进行稀释。 （3）在临用时进行稀释，稀释时如发现疫苗已失去真空，应废弃不用。 （4）已稀释的疫苗应在4h内用完，气温较高季节，稀释后的疫苗应置于加冰的保温箱中保存，避免阳光直接照射。

工作程序	操作要求
疫苗注射	（1）疫苗稀释或摇匀后，将其放入已消毒的瓷盘内，同时还应将已消毒的针头、碘酊棉或酒精棉、记号笔一并放入，注射器吸入疫苗，即可开始注射。 （2）注射部位一般为颈部耳根后区域肌内注射。有的疫苗采用穴位注射的方法，如猪传染性胃肠炎、口蹄疫等疫苗可采用后海穴注射，有的疫苗需按其他规定的部位注射，如气喘病弱毒疫苗应采用胸腔注射等。具体可根据疫苗使用说明书中有关规定注射。 （3）对成年猪及架子猪应使用 12 号的针头，对哺乳及保育猪应使用 9 号的针头。注射中每注射 1 头猪后更换 1 个针头，以防止传播疾病。在免疫注射前和注射过程中，应注意检查针头质量，凡出现弯折、针座松动、针尖毛刺等情形的应废弃。注射时如出现针头折断，应马上停止注射，针头断端如遗留在注射部位肌肉中时，必须设法用器械取出。 （4）发生疫苗漏出时应进行补注，保证注射剂量准确。
免疫记录	免疫接种时应严格按照相关规定做好各项记录，遇到异常情况，如发生严重过敏反应或死亡、导致猪群发病等而怀疑疫苗有问题时，应保存所使用的同一批号的疫苗 1～2 瓶备查，同时迅速通知制剂生产者，以共同查明原因，防止类似事故再次发生。
抗体检测	开展对主要传染病的抗体水平检测，既可了解接种的效果，又可开展血清流行病学的调查，为正确制定本场的免疫程序等获取第一手资料。
注意事项	（1）接种时应严格执行消毒和无菌操作。工作人员需穿着工作服及胶鞋，必要时戴口罩，工作前后均应洗手消毒，工作中不准吸烟和进食；注射器、针头、镊子等，临用时煮沸消毒至少 15min，注射时每头家畜必须调换一个针头，如针头不足，也应每吸液 1 次调换 1 个针头，但每注射 1 头后，应用酒精棉球将针头拭净消毒后再用。针筒排气溢出的药液，应吸积于酒精棉花上，并将其收集于专用瓶内，用过的酒精棉花或碘酊棉花和吸入注射器内未用完的药液也应收集于或注入专用瓶内，集中后烧毁。 （2）除去疫苗封口上的火漆或石蜡，用酒精棉球消毒瓶塞。瓶塞上固定一个消毒的针头专供吸取药液，吸取药液后不拔出，用酒精棉球包裹，以供再次吸液。注射用过的针头不能吸取药液，以免污染疫苗。 （3）疫苗使用前，必须充分振荡，需经稀释后才能使用的疫苗，应按要求进行稀释。已经打开瓶塞或稀释过的疫苗，必须当天用完或按规定时间用完，未用完的处理后弃去。

（三）建立动物免疫档案

1. 建立免疫档案要求

对实施强制性免疫的动物须建立免疫档案，严格按农业部《动物免疫标识管理办法》规定填写。免疫档案内容须包括畜主姓名、动物种类、年、月、日、免疫日期、疫苗名称、疫苗批号、疫苗厂家、疫苗销售商、免疫耳标号、防疫员签字等。

2. 填写猪免疫档案表（表 5-5）

表 5-5　猪免疫档案

猪耳标号		栏号	
进栏日期	年　月　日	存栏数	
防疫员		场主管兽医	
疫苗名称			
疫苗厂家及批号			
一免日期	年　月　日	年　月　日	
二免日期	年　月　日	年　月　日	
备注			

七、项目实施过程检查

序号	检查项目	检查标准	学生自检	教师检查
1	对准备接种的猪群准备	准备充分，细致周到		
2	猪进行免疫接种的计划实施步骤	实施步骤合理，有利于提高评价质量		
3	猪的不同年龄阶段及疫苗识别准确性	符合相应年龄阶段		
4	接种过程中猪的保定	人为控制		
5	实施前接种工具的准备	鉴定所需工具准备齐全，不影响实施进度		
6	教学过程中的课堂纪律	听课认真，遵守纪律，不迟到、不早退		
7	实施过程中的工作态度	在工作过程中乐于参与		
8	上课出勤状况	出勤 95%以上		
9	安全意识	无安全事故发生		
10	环保意识	猪粪便及时处理，不污染周边环境		
11	合作精神	能够相互协作，相互帮助，不自以为是		

序号	检查项目	检查标准	学生自检	教师检查
12	实施计划时的创新意识	确定实施方案时不随波逐流，有合理的独到见解		
13	实施结束后的任务完成情况	过程合理，鉴定准确，与组内成员合作融洽，语言表述清楚		
检查评价	评语： 组长签字： 教师签字： 年 月 日			

八、项目考核评价

同项目一消毒技术中的项目考核评价。

九、项目训练报告

撰写并提交实训总结报告。

项目四　投药技术

通过本项目实训，掌握牛咽喉部的生理结构、牛胃管投药的材料准备及插胃管的操作方法和注意事项，能正确判断胃导管已插入食管。

一、项目任务目标

（1）通过对1头牛实施片剂投药和胃管投药，使学生掌握在饮食欲废绝情况下的投药方法。

（2）通过对1头牛插胃管投药，使学生掌握插胃管技术及注意事项。

二、项目任务描述

1. 工作任务

（1）对1头牛实施口腔片剂、丸剂投药。

（2）对1头牛实施插胃管投药。

2. 主要工作内容

（1）掌握插胃管前需准备的材料。

（2）掌握动物的咽喉部生理结构。

（3）掌握插胃管的方法和胃导管进入食道的判定方法。

（4）掌握通过胃导管的投药方法。

三、项目任务要求

1. 知识技能要求

（1）掌握动物咽喉部的生理结构。

（2）掌握插胃导管前的处理方法。

（3）掌握插胃管的方法和注意事项。

（4）胃导管进入食道的判定方法。

（5）掌握胃导管灌药方法。

2. 实习安全要求

在进行插胃导管实际操作时，要细致操作，判断好胃导管正确进入食道，保证牛的安全，同时注意保定好动物，保障人身安全。

3. 职业行为要求

（1）实验材料要准备充足。

（2）着装整齐。
（3）遵守课堂纪律。
（4）具有团结合作精神。

四、项目训练材料

1. 器材

胃导管、开口器、洗耳球、木勺、丸剂投药器、漏斗。

2. 药品

2%来苏尔、液体石蜡、面粉、人工盐、需投放的药物。

3. 动物

成年牛。

4. 其他

工作服、工作帽、口罩、胶皮手套、围裙、胶靴、毛巾、肥皂、脸盆等。

五、项目实施（职业能力训练）

（一）片剂、丸剂、舔剂口腔投药法与操作要求

工作程序	操作要求
投药前准备	穿好工作服、胶靴、戴工作帽、围裙、胶皮手套，做好人员消毒。
药物准备	将需投放的药物及人工盐与面粉混合，制成糊剂或丸剂。
牛只保定	将牛只保定在六柱栏内，保持仰头姿势。
开口技术	徒手开口或用开口器打开牛的口腔，注意不要损伤口腔黏膜。
口腔投药	（1）术者用一手保持牛口腔打开，另手持药片、药丸或用木勺刮取舔剂自另侧口角送入其舌背部。 （2）投药后，口腔自然闭合，药物即可咽下。 （3）如有丸剂投药器，则事先将药丸装入投药器内；术者持投药器自牛一侧口角伸入并送向舌根部，迅即将药丸打（推）出；抽出投药器，待其自行咽下。 （4）必要时投药后灌饮少量的水。

（二）胃管投药法操作要求

工作程序	操作要求
投药前准备	（1）穿好工作服、胶靴、戴工作帽、围裙、胶皮手套，做好人员消毒。 （2）清洗好胃导管，并用2%煤酚皂溶液浸泡消毒。
药物准备	将需投放的药物制成溶液并加入适量人工盐。
牛只保定	将牛只保定在六柱栏内，保持仰头姿势。
插胃导管	（1）将消毒后的胃管涂上润滑油。 （2）将胃导管从鼻孔缓慢插入，当感觉管尖不能前进时即到达咽喉部。 （3）停止推进，等牛吞咽时，温柔地将胃导管推入食道。
胃导管进入食道的判定	（1）如插入气管，牛只会反应强烈且剧烈咳嗽。 （2）用洗耳球向管内吹气，洗耳球不再鼓起为插入食道，立刻鼓起为插入气管。 （3）将导管的另一端插入水盆，如大量冒气泡则为插入气管。 （4）用手放在导管另一端，如感觉有气流冲击则为插入气管。
灌药	确定胃管插入食管无误后，接上漏斗完成灌药。

六、项目过程检查

序号	检查项目	检查标准	学生自检	教师检查
1	投药前的准备工作	准备充分，细致周到		
2	药物的准备工作	丸剂、糊剂、溶剂的制备合理		
3	牛只的保定和开口技术	安全保定，开口规范		
4	插胃导管	符合操作技能要求		
5	投药操作	投药迅速、动物自然咽下		
6	教学过程中的课堂纪律	听课认真，遵守纪律，不迟到、不早退		
7	实施过程中的工作态度	在工作过程中乐于参与		
8	上课出勤状况	出勤95%以上		
9	安全意识	无安全事故发生		

序号	检查项目	检查标准	学生自检	教师检查
10	环保意识	操作过程不污染周边环境		
11	合作精神	能够相互协作，相互帮助，不自以为是		
12	实施结束后的任务完成情况	过程合理，操作规范，与组内成员合作融洽，不造成动物损伤		
检查评价	评语： 组长签字：　　　　教师签字： 年　　月　　日			

七、项目考核评价

同项目一消毒技术中的项目考核评价。

八、项目训练报告

撰写并提交实训总结报告。

项目五　注射技术

通过本项目实训，掌握皮内注射、皮下注射、肌内注射、静脉注射的适用范围、注射部位、操作规范和注意事项，能根据实际情况选取合适的注射方式，并实施注射操作。

一、项目任务目标

（一）知识目标

（1）掌握动物常见的注射方法的适用范围。
（2）掌握动物常见的注射方法的注射部位。
（3）掌握动物常见的注射方法的操作注意事项。

（二）技能目标

（1）能在动物生产中灵活应用各种注射方法。
（2）能规范地对动物实施注射给药。

二、项目任务描述

1. 工作任务
掌握动物常见的注射方法的适用范围、注射部位和注射操作规范。
2. 主要工作内容
（1）清楚动物所患疾病所需的注射给药方式。
（2）掌握皮内注射、皮下注射、肌内注射、静脉注射的操作规范。

三、项目任务要求

1. 知识技能要求
（1）掌握皮内注射、皮下注射、肌内注射、静脉注射的适用范围。
（2）掌握皮内注射、皮下注射、肌内注射、静脉注射的注射部位。
（3）掌握皮内注射、皮下注射、肌内注射、静脉注射的操作规范。
（4）掌握皮内注射、皮下注射、肌内注射、静脉注射的注意事项。
（5）掌握注射前的消毒方法。
（6）本次注射结果作为本次作业的任务。

2. 训练安全要求

在对动物进行注射给药时，注意人、动物安全，防止动物伤人。

3. 职业行为要求

（1）注射方式的选择和操作过程规范。

（2）药物及器械准备充足。

（3）着装整齐。

（4）遵守课堂纪律。

（5）具有团结合作精神。

四、项目训练材料

1. 器材

一次性无菌注射器（1mL、5mL、10mL、20mL 等规格）、一次性静脉输液针、煮沸消毒锅、镊子、毛剪、纱布、脱脂棉球、头套。

2. 药品

5%碘酊、75%酒精、生理盐水。

3. 动物

犬。

4. 其他

工作服、工作帽、口罩、搪瓷盆、登记册、保定动物用具。

五、项目相关知识

1. 皮内注射

将药液注射于皮肤的表皮与真皮之间。多用于预防接种、过敏试验以及某些疾病的变态反应诊断。注射部位应选择不易受到摩擦及舐咬处的皮肤。马多在颈侧部，牛在尾根部，猪在耳根部，禽类在肉髯部皮肤。以左手拇指和食指将皮肤捏成皱襞，右手持注射器，针头与皮肤呈 30°角刺入皮内约 0.5cm，缓慢注射药液，每点不超过 0.5mL，注射完毕，拔出针头，用酒精棉球轻轻压迫针孔，以免药液外溢。

推药时感到阻力很大，在注射部位呈现小丘疹状隆起为注射正确，否则将影响诊断和预防接种效果。若推药很容易，表明注于皮下，应重新刺针。皮内注射疼痛剧烈，应注意保定。

2. 皮下注射

将药液注射于皮下结缔组织内，药液经过毛细血管、淋巴管吸收进入血液循环。因皮下有脂肪层，吸收速度较慢，注射药液后经 10~15min 被吸收。一般易溶解、无强刺激性的药品以及菌苗等可作皮下注射。注射部位选择富有皮下组织，皮肤容易移动，且不易被摩擦和啃咬的部位。马、骡多在颈侧，牛在颈侧或肩胛后方的胸侧，犬在颈侧、背部或股内侧，猪在耳根或股内侧，羊在颈侧、肘后或股内侧，禽类在翼下。左手拇指与中指捏起皮肤，食指压其顶点，使其成三角形凹窝。右手如执笔姿势持注射器，垂直于凹窝中心，迅速将针头刺入皮下深约2cm。右手继续固定注射器，左手放开皮肤，抽动活塞，不见回血时推动活塞注入药液。注射完毕，以酒精棉球压迫针孔，拔出注射针头，最后以碘酊涂布针孔。

正确刺入皮下时，针头可自由活动。如果针头刺入肌肉内，则针头固定不能左右摆动。抽动活塞如有回血，表明刺在血管内，应稍向后退出。注射药量大时，可采取分点注射，强刺激性药物不能皮下注射。

3. 肌内注射

肌肉内血管丰富，注射药液后吸收较快，仅次于静脉注射。又因感觉神经较皮下少，故疼痛较轻，临床上应用较多。凡肌肉丰富的部位，均可进行肌内注射。大动物在臀部或颈部，猪、羊多在颈部。对体瘦的猪、羊，最好不在臀部注射，以免误伤坐骨神经。犬在颈侧、臀部或背部，禽类在胸肌部。对中、小动物，可不用分解动作，而进行直接刺针注射。对大动物，为防止损坏注射器或针头折断，可用分解动作进行刺针注射，即先刺入针头，而后连接注射器注射。用分解动作时，先以右手拇指与食指捏住针头基部，中指标定针的刺入深度，用腕力将针头垂直皮肤迅速刺入肌肉内，深2~4cm。然后右手持注射器与针头连接，回抽活塞，以抽出针头内的空气及检查有无回血。如果证明刺入正确，随即推进活塞，注入药液。注射完毕，拔出注射针，涂布5%碘酊。

注意针头不要全长刺入肌肉内，以免折断。强烈刺激性药液，如水合氯醛、氯化钙、高渗盐水等均不能作肌内注射。注射时左手固定针头，右手固定针筒及推动活塞，并随动物的运动而运动，以免损坏注射器。

4. 静脉注射

将药液直接注射于静脉管内，随着血流很快分布到全身，奏效迅速，但排泄也较快，作用时间短。对局部刺激性大的药液可采用本法。大量输液、输血、急救时，须用静脉内注射。犬及猫科动物的注射部位在小腿跖背外侧静脉、前臂内侧皮下静脉或颈静脉。猪、兔的注射部位在耳缘静脉、前腔静脉。羊在颈静脉，禽在肘部内侧的尺骨皮下静脉，鸵鸟在颈静脉。犬及猫科动物小腿跖背外侧静脉或前臂内侧皮下静脉注射时，先在刺针部上方扎上橡胶管，以使静脉怒张显露，于刺入后注药前，松开橡胶管。输液时用胶布粘贴固定针头及输液管。流入完毕，左手拿酒精棉球紧压针孔，同时，将注入器放低见有回血时，右手迅速拔出针头，最后涂布5%碘酊。

注意严格无菌操作。确实保定，看准颈静脉后再刺入针头，避免多次扎针，引起血肿或静脉炎。反复刺针时要注意针头是否畅通，当针头被组织块或血凝块堵塞时应随时更换。针头确实刺入血管后，方能注入药液。注入大量药液时，注入速度不应太快，可通过温水的方法来加温输液管内的药液。油类制剂不能作血管内注射，要排净注射器或脉管内空气。注射强刺激性药物时，绝不能漏于血管外组织。输液过程中要随时观察动物的表情，若发现骚动、出汗、气喘、肌肉震颤等异常现象，应及时停止注药，并采取相应措施。若输液速度突然减慢或停止，局部出现肿胀，应立即放低输液瓶，检查有无回血。

六、项目实施（职业能力训练）

皮内注射、皮下注射、肌内注射、静脉注射的操作要求。

工作程序	操作要求
注射器具的选择	（1）肌内注射、静脉注射及皮下注射常选用20号针头；静脉注射采用静脉输液针。 （2）针筒视注射剂量而定，皮内注射常采用1mL注射器、皮下注射和肌内注射常采用5mL、10mL注射器，静脉注射输液量约50mL。
保定、剪毛、消毒	（1）给犬戴上头套，防止伤人。 （2）静脉注射需对注射部位进行剪毛处理。 （3）注射部位用75%酒精涂擦消毒。
皮内注射	（1）将针面朝上，以手握持住针筒，几乎与皮肤平行，入针角度为5°~10°。 （2）以拇指及四指将皮肤绷紧。 （3）针头插入的深度，只要能覆盖针斜面即可，如果位置正确的话，通常可以经皮肤见到针斜面。 （4）将针筒内物质注入，若能触到或看到内含有液体的水泡，则为正确的方法。 （5）将针头抽出。 （6）将此次注射登记于医疗记录上。
皮下注射	（1）以拇指和四指将皮肤捏起，使之形成一个皱褶区域。 （2）将针由皱褶区域的腹侧面刺入。 （3）回抽，确定没有误入血管。 （4）将药物注入。 （5）将针抽出皮肤。 （6）将此次注射登记于医疗记录上。
肌内注射	（1）半膜性/半腱性注射。将肌肉握于拇指及其他四指间，瞄准稍后方之位置从侧面刺入，避免伤及坐骨神经。 （2）腰部最长肌注射：注射于此肌肉中段区域，距离脊突外侧1~2cm，视动物大小而定。 （3）四头肌及三头肌注射：将肌肉紧握于拇指及其他四指之间，以垂直于股骨之后方或肱骨之前方刺入。 （4）稍微回抽针筒以确定避开血管，若回抽发现血液回流，则需要更换注射部位。 （5）以中等速度注射。 （6）将针头抽出。 （7）将此次注射登于医疗记录上。

工作程序	操作要求
静脉注射	（1）助手按住静脉近心端，使静脉浮现。 （2）以 20°~30°的角度入针，刺穿皮肤后而进入静脉，然后继续深入静脉中，以达到稳固的程度（较大犬只至少深入 1cm 以上，小型犬则为 0.5cm）。 （3）回抽试验可以确认针头所在的位置，必须要有鲜血进入针筒中。 （4）助手将加压于静脉的拇指松开。 （5）以手握住脚肢，并以同手的拇指及其他四指握持住针头底部或针筒。 （6）以中等的速度将针筒内物质注射进入静脉，同时注意注射部位热和肿胀，因为这可能是静脉注射漏出的现象。 （7）如果注射量大时，应时常确认针头在适当的位置，可请助手再压住静脉，然后回抽，看是否有回血。 （8）抽出针头后，直接加压于注射部位止血或放置纱布（或脱脂棉）于注射部位，然后以胶布粘贴住。 （9）将此次注射登载于医疗记录上。

七、项目实施过程检查

序号	检查项目	检查标准	学生自检	教师检查
1	注射前的器械准备	准备充分，注射器选择合理		
2	保定	安全保定		
3	剪毛、消毒	根据需要剪毛暴露血管，消毒到位		
4	实施注射	注射部位准确、操作规范		
5	记录	记录细致		
6	教学过程中的课堂纪律	听课认真，遵守纪律，不迟到、不早退		
7	实施过程中的工作态度	在工作过程中乐于参与		
8	上课出勤状况	出勤 95%以上		
9	安全意识	无安全事故发生		
10	环保意识	废弃注射器及针头集中回收，不污染周边环境		

序号	检查项目	检查标准	学生自检	教师检查
11	合作精神	能够相互协作，相互帮助，不自以为是		
12	实施计划时的创新意识	依据实际情况选择注射方式和注射部位		
13	实施结束后的任务完成情况	过程合理，鉴定准确，与组内成员合作融洽，语言表述清楚		
检查评价	评语： 组长签字：　　教师签字： 年　月　日			

八、项目考核评价

同项目一消毒技术中的项目考核评价。

九、项目训练报告

撰写并提交实训总结报告。

项目六　剖检和病料采集与送检技术

通过本项目实训，掌握不同病料的采集部位及方法、固定保存方法及各项操作的注意事项，能独立完成病料的采集与保存并及时送检。

一、项目任务目标

（1）通过对一例猪场病例剖检的实际操作，使学生熟悉掌握病猪尸体的剖检方法及注意事项。

（2）通过观看录像、图片等影像资料，使学生熟练掌握各种病料的采集方法、处理方式及送检原则。

二、项目任务描述

1. 工作任务

（1）对某猪场提供的一例病猪病例进行剖检。

（2）病料的采集、固定、送检包装和运送方法。

2. 主要工作内容

（1）掌握剖检前需准备的材料。

（2）掌握剖检时由外到内的观察顺序。

（3）掌握各种病料采集的不同方法。

（4）掌握病料采集的无菌原则。

（5）掌握病料处理的新鲜原则。

（6）掌握病料送检的封闭原则。

三、项目任务要求

1. 知识技能要求

（1）掌握病猪尸体剖检的顺序及注意事项。

（2）学会对各种疑似猪病病例进行病料采集。

（3）学会对各种病料进行正确的保存处理。

（4）掌握病料送检的原则。

2. 实习安全要求

在进行剖检实际操作时，要严格按照规定进行操作，注意安全，防止病毒或细菌感染。

3. 职业行为要求

（1）实验材料要准备充足。

（2）着装整齐。

（3）遵守课堂纪律。

（4）具有团结合作精神。

四、项目训练材料

1. 器材

剥皮刀、解剖刀、检查刀、软骨刀、脑刀、外科刀、肠剪、骨剪、尖头剪、圆头剪、弓锯、双刃锯、骨锯、电动多用锯、斧子、尺子、探针、镊子、酒精灯、试管、注射器、针头、青霉素瓶、广口瓶、高压灭菌器、载玻片、灭菌纱布、脱脂棉。

2. 药品

3%来苏尔、0.1%新洁尔灭、5%碘酊、70%酒精。

3. 动物

新鲜病猪尸体。

4. 其他

工作服、工作帽、口罩、眼镜、胶皮手套、围裙、胶靴、毛巾、肥皂、脸盆。

五、项目实施（职业能力训练）

（一）动物尸体剖检与操作要求

工作程序	操作要求
剖检前准备	穿好工作服、胶靴、戴工作帽、眼镜、围裙、胶皮手套。
外部观察	（1）观察皮肤有无脱毛、创伤、充血、淤血、疹块、肿胀、乳房是否肿胀以及体表的寄生虫，蹄部有无水泡、烂斑。 （2）对尸体变化和卧位的观察。对尸体变化的检查，对判定死亡时间以及病理变化有重要的参考价值。卧位的判定与成对器官（肾、肺）的病变认定有关，以便区别生前的淤血与死亡后的赘积性淤血。
剥皮	根据诊断需要以及皮的利用价值可采用全剥皮或部分剥皮。尸体仰卧，从下颌间隙向后直至尾根沿腹侧正中线做一纵切口，对生殖器、肛门等应绕开，在四肢内侧与正中线垂直切开皮肤，止于腕、跗关节作一环状切线，随后进行剥皮。在剥皮的同时检查皮下组织的含水程度，皮下血管的充盈程度，血管断端流出血液的颜色、性状，皮下有无出血性浸润及胶样浸润，有无脓肿，同时检查皮下脂肪的颜色、厚度。检查体表淋巴结的颜色、体积，然后纵切或横切，观察切面的变化。

工作程序	操作要求
检查关节与肌肉	在剥皮后检查四肢关节有无异常，同时检查肌肉的变化，是否有肌肉变白、多水、变软。
剖开腹腔	由剑状软骨向耻骨联合，沿腹正中线切开腹壁，然后沿肋骨弓向左右切开，再从耻骨联合处向左右切开，暴露腹腔器官。观察腹腔内各器官的外观，有无胃肠破裂，腹腔是否积液，有无纤维素性渗出物。按脾、胃、肠、肝、肾的顺序依次将内脏取出。
剖开胸腔	在剖开之前应检查是否存在气胸，在胸壁 5~6 肋间，用刀尖刺一小口，此时如听到有空气进入，同时膈后移，即为正常。切断肋软骨和胸骨连接部，切开膈肌，将刀伸入胸腔划断肋骨和胸椎连接部的胸膜和肌肉，然后双手按压两侧胸壁肋骨，敞开胸腔，取出心肺。观察是否存在胸腔积液、胸膜有无纤维素性渗出物。
检查咽、喉	在下颌骨内侧切开，取出舌及喉头气管，观察扁桃体是否有肿胀，化脓、坏死，检查舌有无出血溃疡，喉头是否有出血。
检查心脏	检查心脏是否有心包积液，积液数量，有无纤维素渗出物；心冠脂肪是否存在出血；心肌是否松软；心外膜是否有出血斑，有无坏死灶；必要时测量心脏大小、重量。切开心脏，检查心瓣膜有无赘生物及心内膜有无出血。
检查气管和肺	观察气管内有无泡沫状液体，以及液体颜色、气管黏膜有无充血。检查肺的颜色、体积、光泽、硬度，判断是否存在淤血出血，间质性炎，是否水肿。对于病灶可切一小块放入水中，如含有气体则浮于水面上；若沉入水底，则为肺炎或无气肺。
检查脾	观察脾的长、宽、厚、颜色，有无出血、梗死、坏死或肌化。检查其质地是坚硬、柔软或是质脆。检查其切面是否外翻，刀刮切面检查刮取物数量。
检查肝脏	观察肝的体积、颜色、形态、被膜紧张情况。判断是否存在出血、淤血、变性和肝硬化。
检查胰脏	观察形态、大小、颜色。胰脏最早出现死后变化，此时胰脏呈红褐色，绿色或黑色，质地极软，甚至呈泥状。
检查肾及肾上腺	检查肾脂肪囊的脂肪有无出血和脂肪坏死。剥离脂肪囊检查肾脏的大小、颜色、表面是否光滑，观察是否存在淤血、出血、贫血，以及肾脏是否存在脂肪变性和颗粒变性。将肾沿其长轴从肾的外缘向肾门切开，检查被膜是否易剥离，检查切面的颜色、纹理。检查肾盂内容物的形状、数量。检查肾上腺的外形、大小、颜色，然后纵切检查皮质与髓质的厚度比例。

工作程序	操作要求
检查膀胱	先检查其充盈程度．浆膜有无出血等变化。然后从基部剖开检查尿液色泽、性状、有无结石，翻开膀胱检查黏膜有无出血溃疡等。
检查生殖器官	分离骨盆入口的软组织，取出阴道、子宫、卵巢。依次剪开阴道，子宫颈、子宫体及子宫角，检查黏膜颜色、是否出血、内容物性状，妊娠母猪应检查羊水、胎衣、胎儿。对公猪检查包皮、阴茎、睾丸。
检查颅腔及脑	先将头从第 1 颈椎处分离下来，去掉头顶部肌肉。在眶上突后缘 2～3cm 的额骨上锯一横线，再在锯线的两端沿颞骨到枕骨大孔中线各锯一线，用斧头和骨凿除去颅顶骨，露出大脑。用外科刀切断硬脑膜，将脑上提，同时切断脑底部的神经和各脑的神经根，即可将脑取出。检查脑膜血管的充盈状态，有无出血。检查脑回和脑沟的状态。将脑沿正中线纵向切开，进行观察，然后进行横向切开。
检查鼻中隔及鼻甲骨	在第 1 臼齿前缘锯断上颌骨，检查鼻中隔及鼻甲骨。
检查胃肠	首先观察胃的大小、浆膜有无出血。然后从贲门到幽门沿胃大弯剪开，检查胃内容物的数量和性状，胃壁是否肿胀，黏膜是否存在出血和溃疡。检查猪各段肠管的浆膜有无出血，肠系膜淋巴结是否肿胀、充血、出血；然后剪开，检查黏膜是否出血、肿胀、溃疡。
注意事项	一般情况下是按照以上程序进行剖检，实际剖检时应根据临床资料灵活改变程序。虽然一般最后检查胃肠，但临床显示主要是胃肠疾病时，应首先检查胃肠。当怀疑炭疽时不要剖检。病死猪要及时剖检，角膜浑浊、腹下发绿的尸体已无剖检价值。 （1）在猪死亡以后，尸体剖检进行越快、准确诊断的机会越多。尸体剖检必须在死后变性不太严重时尽快进行。夏季必须在死后 4～8h 完成，冬季不得超过 24h。 （2）剖检中要做记录，将每项检查的各种异常现象详细记录下来，以便根据异常现象做出初步诊断。 （3）剖检过程中要注意个人的防护，剖检人员必须戴手套，防止手划伤感染。 （4）尸体剖检应在规定的解剖室进行，剖检后要进行尸体无害化处理，如抛到规定的氢氧化钠坑内。剖检完后所用的器具要用消毒液浸泡消毒。解剖台、解剖室地面等都要进行消毒处理，最后进行熏蒸消毒处理。防止病原扩散，以便下次使用。解剖人员剖检完后应换衣消毒，特别应注意鞋底的消毒。

（二）病料采集、处理、送检包装程序与操作要求

工作程序	操作要求
采样准备	采集病理材料的基本要求是防止被检材料的细菌污染和病原扩散，因此，采集病料时要无菌操作。 （1）取料时间要求在病猪死后立即采取，最好不超过 6h 剖开胸、腹腔后，先取材料，再做检查，因时间拖长后肠道和空气中的微生物都可能污染病料。 （2）所用的容器和器械都要经过灭菌处理。刀、剪、镊子用火焰消毒或煮沸消毒；玻璃器皿（如试管、吸管、注射器及针头等）要洗干净，用纸包好，高压灭菌。
采样操作	采集病料要有一定的目的性，按照怀疑的疾病范围采集病料，否则应尽可能地全面采集病料。取病料的方法如下。 （1）实质器官（肝、脾、肾、淋巴结）。先将手术刀在酒精灯上烧红后，烧烙取材器官的表面，再用灭菌的刀、剪、镊从组织深部取病料（1~2cm），放在灭菌的容器内。 （2）血液、胆汁、渗出液、脓汁等液体病料。先烧烙心脏、胆囊或病变处的表面，然后用灭菌注射器插入器官或病变组织内抽取，再注入灭菌的试管或小瓶内，同时应做涂片，2~3 张。猪死后不久血液就凝固，无法采血样，但从心室内尚可取出少量（多数为血浆）。若死于败血症或某些毒物中毒，则血液凝固不良。 （3）全血。全血是指加抗凝剂的血液。无菌操作法从耳静脉采血 3~5mL，盛于灭菌的小瓶内，瓶内先加抗凝剂（20%枸橼酸钠或 10%乙二胺四乙酸钠）2~3 滴，轻轻振摇，使血液与抗凝剂充分混合。 （4）血清。无菌操作法从耳静脉采出 3~5mL 血液，置于干燥的灭菌试管内，经 1~2h 后即自然凝固，析出血清。必要时可进行离心，再将血清吸出置于另一灭菌的小管内，冰冻保存。 （5）肠内容物及肠壁。烧烙肠道表面，将吸管插入肠壁，从肠腔内吸取内容物，置于试管内，也可将肠管两端结扎后送检。 （6）皮肤、结痂、皮毛等。用刀、剪割取所需的样品，主要用于真菌、疥癣、痘疮的检查。 （7）脑、脊髓等病料。常用于病毒学的检查，无菌操作法采集病死猪的脑或脊髓，冰冻保存和送检。
病料固定	（1）及时取材，及时固定，以免自溶，影响诊断。 （2）选取的组织不宜太大，一般为 3cm×2cm×0.5cm 或 1.5cm×1.5cm×0.5cm，尸体检取标本时可先切取稍大的组织块，待固定一段时间（数小时至过夜）后，再修整成适当大小，并换固定液继续固定。常用的固定液是 10%福尔马林，固定液量为组织体积的 5~10 倍。容器可以用大小适宜的广口瓶。 （3）将固定好的病理组织块，整理好的尸检记录及有关材料编同送检，并在送检单中说明送检的目的和要求。

工作程序	操作要求
材料送检的包装和运送要求	（1）涂片自然干燥，在玻片之间垫上半节火柴棒，避免摩擦，将最外面的一张倒过来使涂面朝下，然后捆扎，用纸包好。 （2）装在试管、广口瓶或青霉素瓶内的病料，均需盖好盖，或塞好棉塞，然后用胶布粘好，再用蜡封固，放入保温箱中。盛病料的容器均应保持正立，切勿翻倒，每件标本都要写明标签。 （3）病料送检时，远道应航空托运或专人送检，并附带说明。内容包括送检单位、地址、动物种类、何种病料、检验目的、保存方法、死亡时间、剖检取材时间、送检日期、送检者姓名及电话号码，并附上临床病例摘要。
病理检材注意事项	（1）采取病料的工具、刀剪要锋利，切割时应采取切拉法。切勿挤压（可使组织变形）、刮抹（使组织缺损）、冲洗（水洗易使红细胞和其他细胞成分吸水而胀大，甚至破裂）。 （2）所切取的组织，应包括病灶和其邻近的正常组织两部分。这样便于对照观察，更主要的是看病灶周围的炎症反应变化。 （3）采取的病理组织材料，要包括各器官的主要结构，如肾应包括皮质、髓质、肾乳头及被膜。 （4）当类似的组织块较多，易造成混淆时，可分别固定于不同的小瓶内，并附上标记。

六、项目过程检查

序号	检查项目	检查标准	学生自检	教师检查
1	尸体剖检及病料采集、处理、送检的实施准备	准备充分，细致周到		
2	尸体剖检及病料采集、处理、送检的计划实施步骤	实施步骤合理，有利于提高评价质量		
3	剖检操作的准确性	细心、耐心		
4	病料采集、保存的方法	符合操作技能要求		
5	实施前剖检工具的准备	鉴定所需工具准备齐全，不影响实施进度		
6	教学过程中的课堂纪律	听课认真，遵守纪律，不迟到、不早退		
7	实施过程中的工作态度	在工作过程中乐于参与		
8	上课出勤状况	出勤 95%以上		
9	安全意识	无安全事故发生		

序号	检查项目	检查标准	学生自检	教师检查
10	环保意识	尸体与病料及时处理，不污染周边环境		
11	合作精神	能够相互协作，相互帮助，不自以为是		
12	实施计划时的创新意识	确定实施方案时不随波逐流，有合理的独到见解		
13	实施结束后的任务完成情况	过程合理，鉴定准确，与组内成员合作融洽，语言表述清楚		
检查评价	评语： 组长签字： 教师签字： 年 月 日			

七、项目考核评价

同项目一消毒技术中的项目考核评价。

八、项目训练报告

撰写并提交实训总结报告。